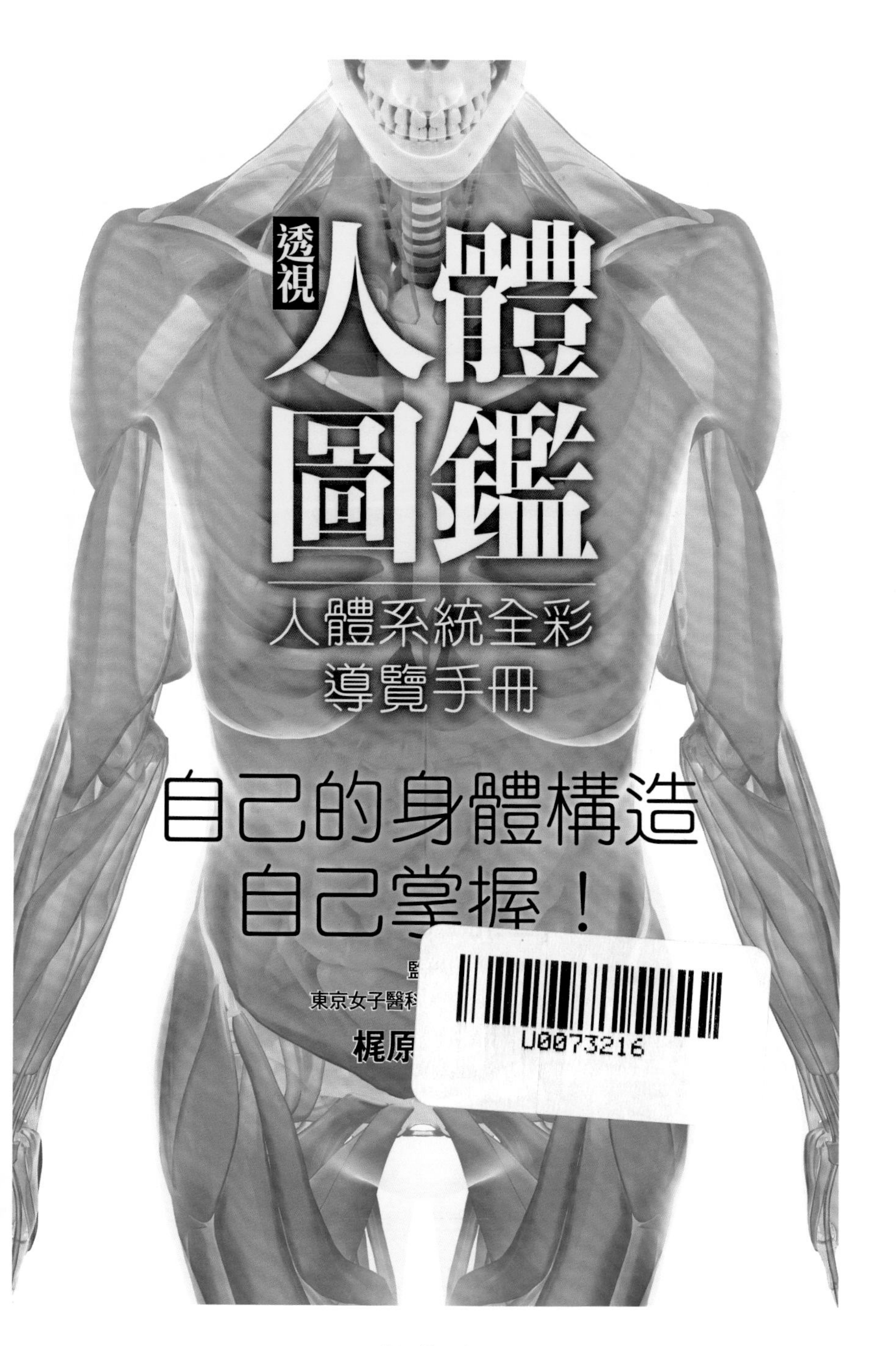

透視 人體圖鑑

人體系統全彩導覽手冊

自己的身體構造
自己掌握！

監
東京女子醫科
梶原

U0073216

楓葉社

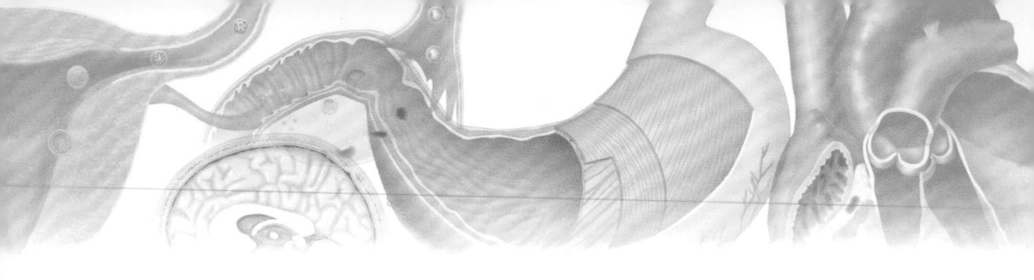

序

我們的身體大約由60兆個細胞所構成。這些數量龐大的細胞，可再依形狀與功用不同，分為兩百多種類型，有些細胞成為腦部神經細胞，有些細胞構成心臟肌肉（心肌），有些細胞則成為小腸黏膜的一部分。

這些細胞構成了臟器，維持人體生命所需 ——心臟每分每秒不停跳動，小腸吸收食物裡的營養素，大腦支配身體活動（但我們感覺不到大腦的掌控）。運動過後或是身體發熱時會流汗，感覺冷的時候會縮起肩膀且全身顫抖，這些日常生活中的身體反應，各位或許早已習以為常，很少會深入思考為什麼我們會產生這些反應吧？

即使我們不曾意識到，但此時此刻，我們的內臟與器官仍然為了維持生命活動而不間歇地運作；流汗、縮肩等生理反應，也都是為了保持體內環境達到平衡。任何一個為了維繫生命、調整體內環境而努力工作的內臟或器官，全都具備了十分巧妙的構造與驚人的功能。

首先，腦的主角是神經細胞（神經元）。大腦有數百億個神經元，小腦則約有1千億個，整個腦部加起來達數萬億個細胞。數量龐大的神經元負責架構複雜的資訊網，掌控我們的生命活動與認知活動。

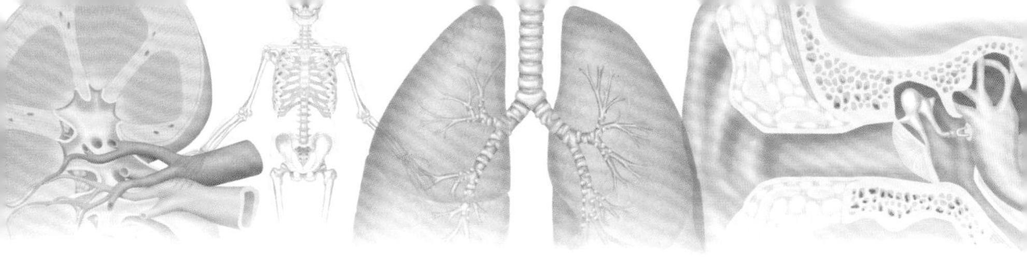

其次，心臟每分鐘跳動約70次，平均送出4～5公升的血液。負責將血液運送至全身各處的血管，總長約可達9萬公里，是地球周長的兩倍以上。

肝臟由大約50萬個肝小葉（由肝細胞組成）所構成，肝小葉裡進行上千種化學反應，合成或分解500多種維持生命與日常活動所需的物質，並且將對人體有害的有毒物質轉變成無毒。

雖然本書只是簡單列舉腦、心臟、血管、肝臟的構造與各項功能，但各位看了以上的簡短說明，是不是也開始對人體構造感到好奇呢？

為了方便大家更容易理解人體的構造與功能，本書收錄許多內臟與器官的精美插圖，並附上簡單易懂的解說。筆者也期望藉由這本書，幫助大家更進一步認識自己的身體。

2013年1月

東京女子醫科大學名譽教授

梶原 哲郎

「生命現象」的探索&解密之旅

始於西元前的人體解剖

遠在西元紀年之前，先民為了瞭解人體構造，想盡了各種方法試圖解開生命之謎。

十七世紀，荷蘭生物學家哈特蘇克（Nicolaas Hartsoeker）繪製了一幅名為《精子裡的小人》的圖畫，描繪有著長尾、呈卵形的精子裡有個小人抱膝而坐。這幅圖源於胚胎學兩派理論的其中一派──預先形成（Präformationslehre）理論，亦即哈特蘇克認為：胎兒一開始在母體中即具備人類雛形，之後雛體只是逐漸放大，最後產出體外。

對現代人來說，這幅畫簡直就是異想天開。大家都知道當精子與卵子結合後，受精卵著床於子宮，經多次細胞分裂才發育成胚胎，演變成胎兒。但從另一個角度來想，人們自古以來便已經透過解剖和觀察，提出各種假設，探究生命現象的本質。

為了研究人類的身體構造，自古便有動物解剖。史上第一個解剖人體的紀錄，正是由古希臘時代的亞歷山大人赫洛菲洛斯（Herophilos，約西元前335～280年）完成。人稱「醫學之父」的古希臘人希波克拉底（Hippocrates，西元前460～370年），也曾在著作中詳細記載人體骨骼。從文集中對血管、內臟等詳細論述來看，可以推測希波克拉底也曾經解剖過動物。

自此之後，解剖始終是探究人體最有效的方法，不斷精進發展直至現在。

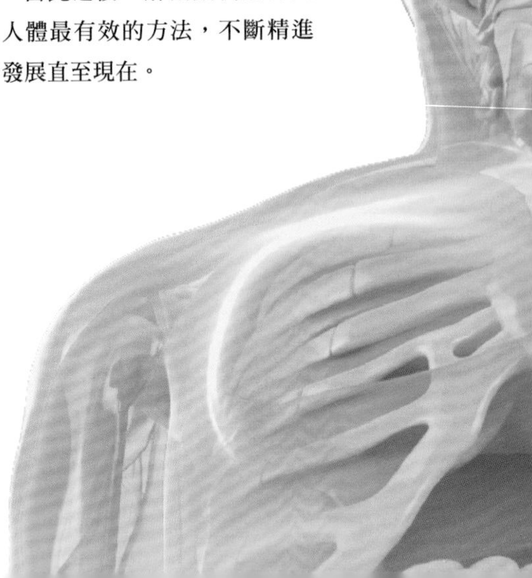

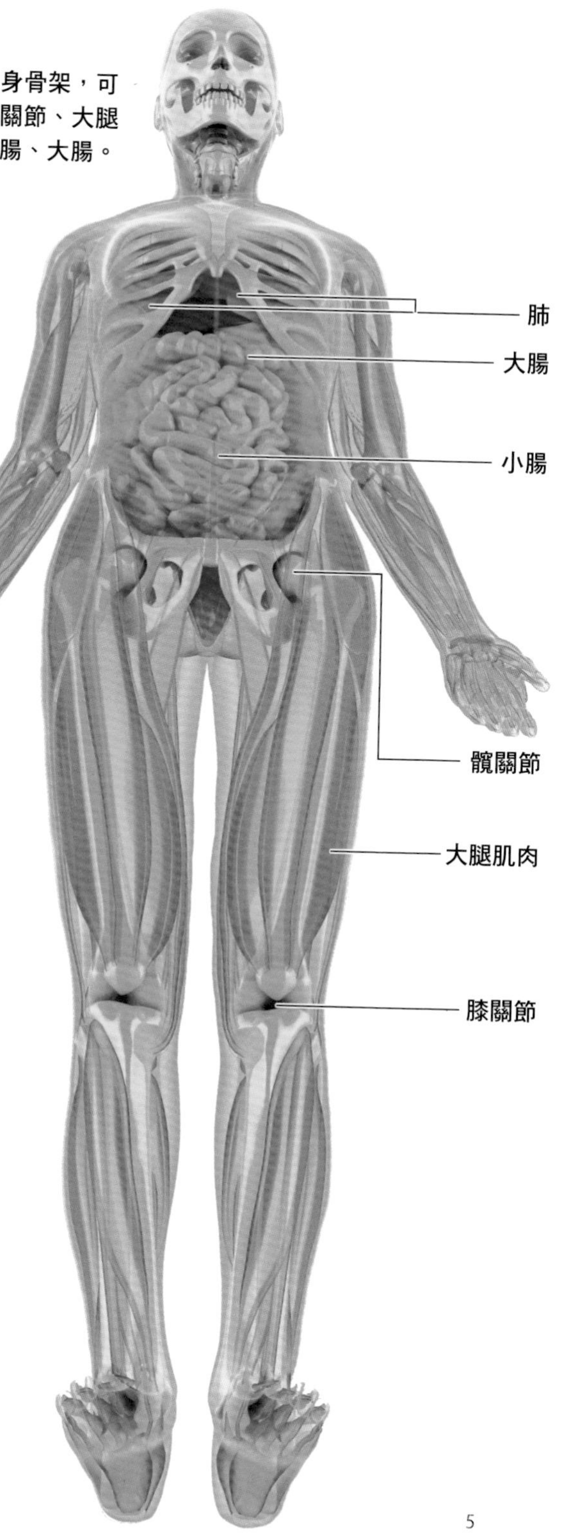
肺
大腸
小腸
髖關節
大腿肌肉
膝關節

● 從下方透視全身骨架，可見髖關節、膝關節、大腿肌肉、肺、小腸、大腸。

古典時代的兩大流派

為了解開生命現象之謎，除了基於解剖的實證觀察，從生物學觀點探究人體，學者也從事各項研究。

關於生命現象，自古便有兩大流派理論——「生機論」與「機械論」。生機論偏向宗教觀點，相信生命現象的本質超越生命力與靈魂等現實中的存在；機械論者則將人體細分成內臟、組織、細胞，透過觀察並基於物理和化學反應來解釋生命現象。

古希臘的偉大哲學家暨科學家——亞里斯多德（西元前384～322年），正是生機論的始祖。亞里斯多德善

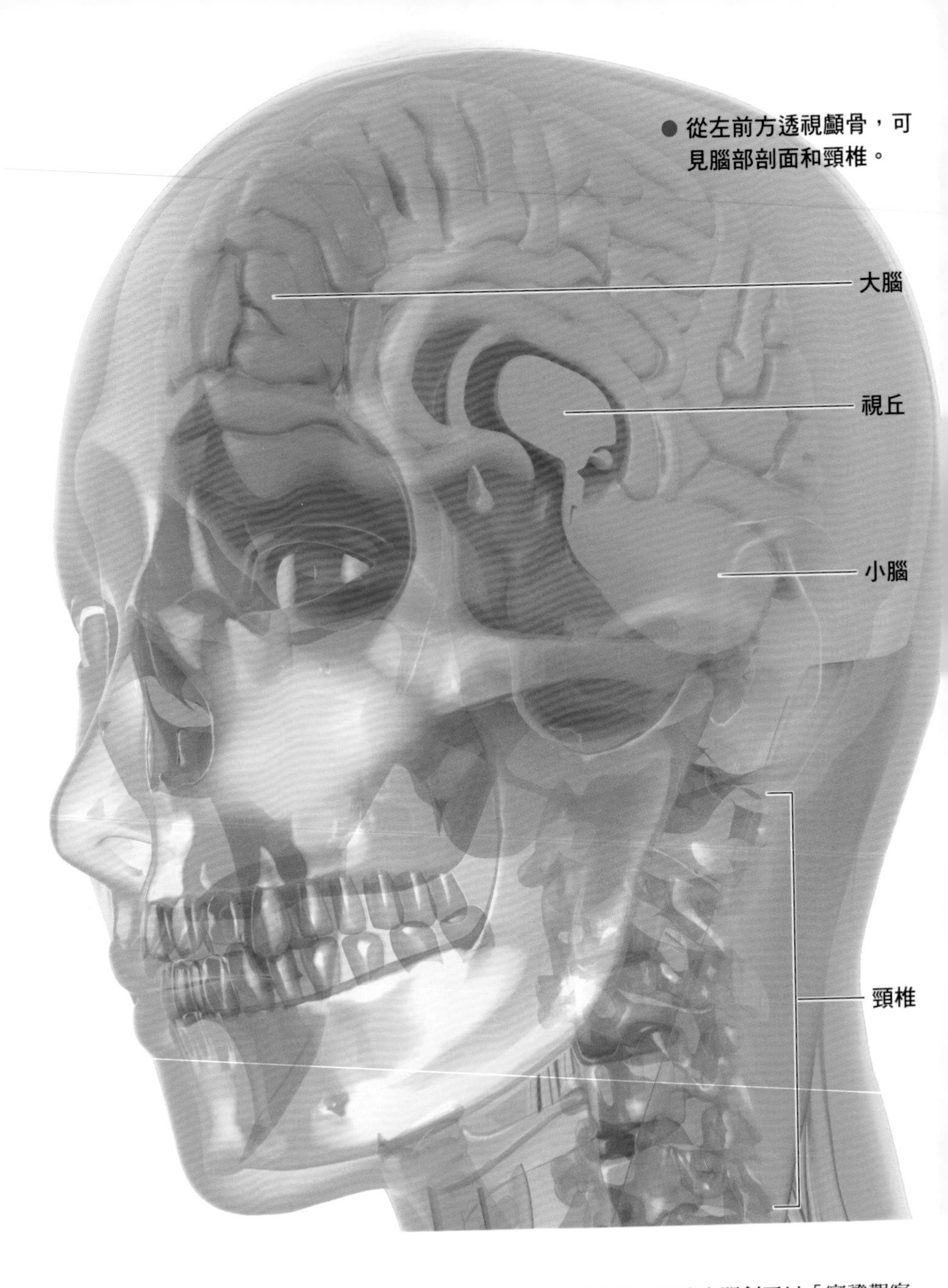

大腦
視丘
小腦
頸椎

● 從左前方透視顱骨，可見腦部剖面和頸椎。

於觀察動物，不僅解剖過無數動物，小至蜜蜂，大至大象，同時也開創了以「實證觀察」（親眼見證）為基礎的生物學。他觀察解剖後的動物，得到骨骼與肌腱運動好比機械裝置的結論，認為生命活動源於物理機制（機械論）。然而在骨骼與肌腱等機械運作之上，亞里斯多德認為生命活動乃是由「靈魂」主宰，確立生機論為至高原則的地位。

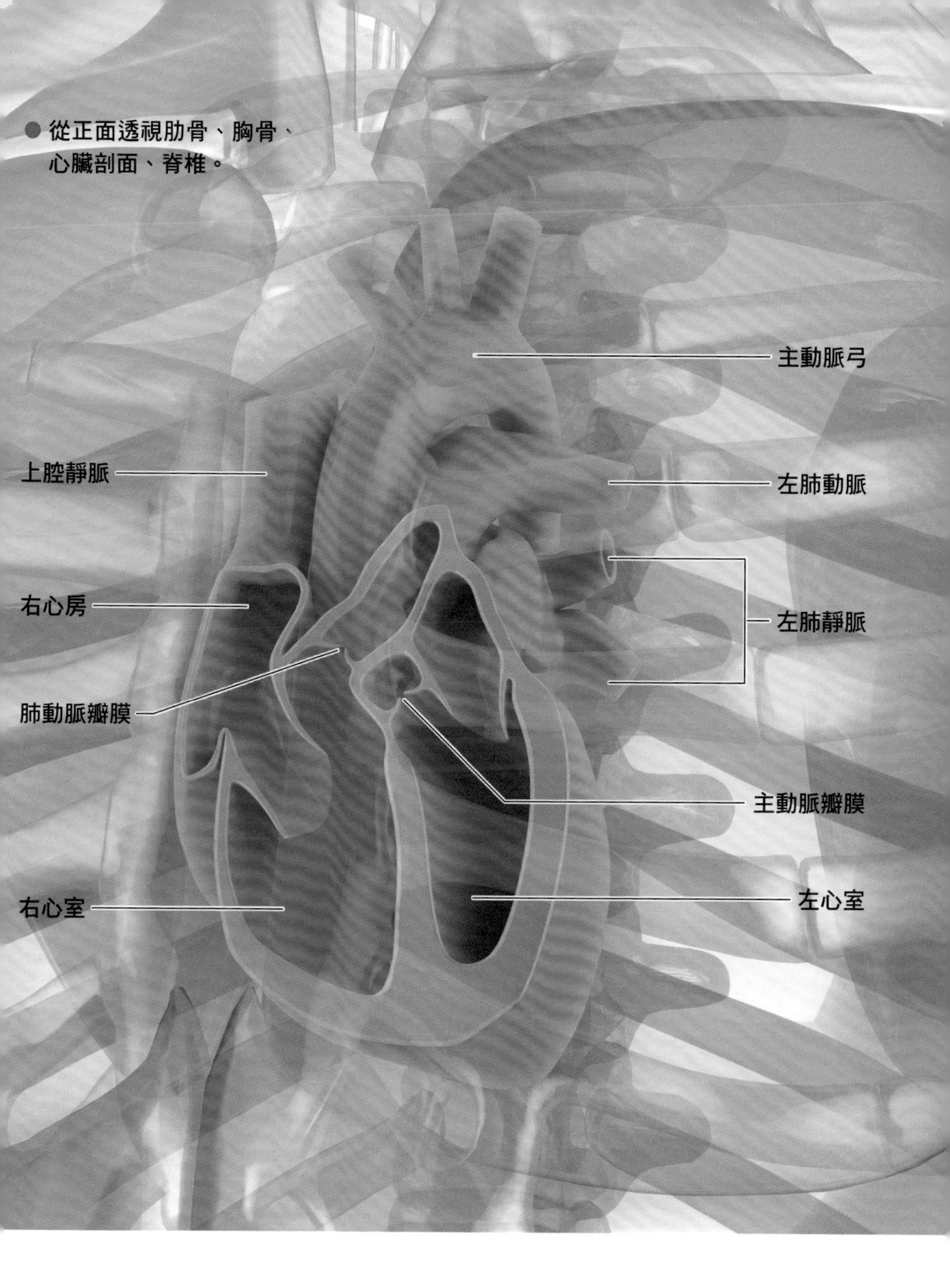
● 從正面透視肋骨、胸骨、心臟剖面、脊椎。
主動脈弓
上腔靜脈
左肺動脈
右心房
左肺靜脈
肺動脈瓣膜
主動脈瓣膜
右心室
左心室

進化論至DNA雙股螺旋結構

到了十七世紀，顯微鏡的發明，使許多學者對生命活動的本質有了全然不同的見解，因而大幅傾向機械論。機械論著重將人體細分成各部分，進行觀察和分析，但受到肉眼或放大鏡可見範圍局限，以往分類極其有限。然而自從顯微鏡登場後，從前看不見的微血管、

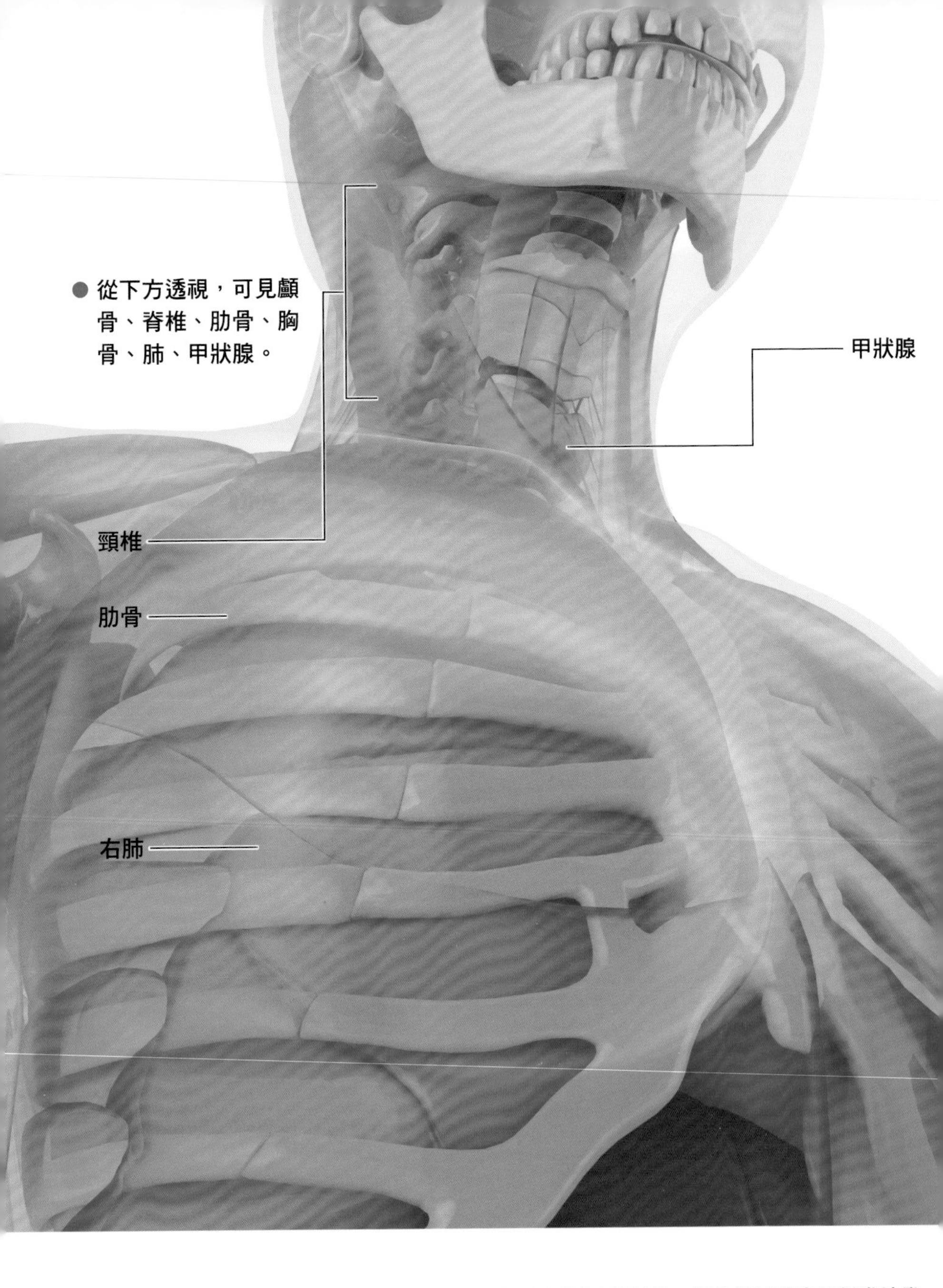
● 從下方透視，可見顱骨、脊椎、肋骨、胸骨、肺、甲狀腺。
甲狀腺
頸椎
肋骨
右肺

腎絲球，甚至細胞、微生物等微觀世界，全都赤裸裸呈現眼前，促使機械論突飛猛進地發展，相關理論臻至成熟。

進入十八世紀後，法國哲學家拉美特利（La Mettrie，1709～1751年），在其著作《人是機器》（*L'Homme Machine*）中，大膽提倡人體是機器。書中許多插圖將人體類比

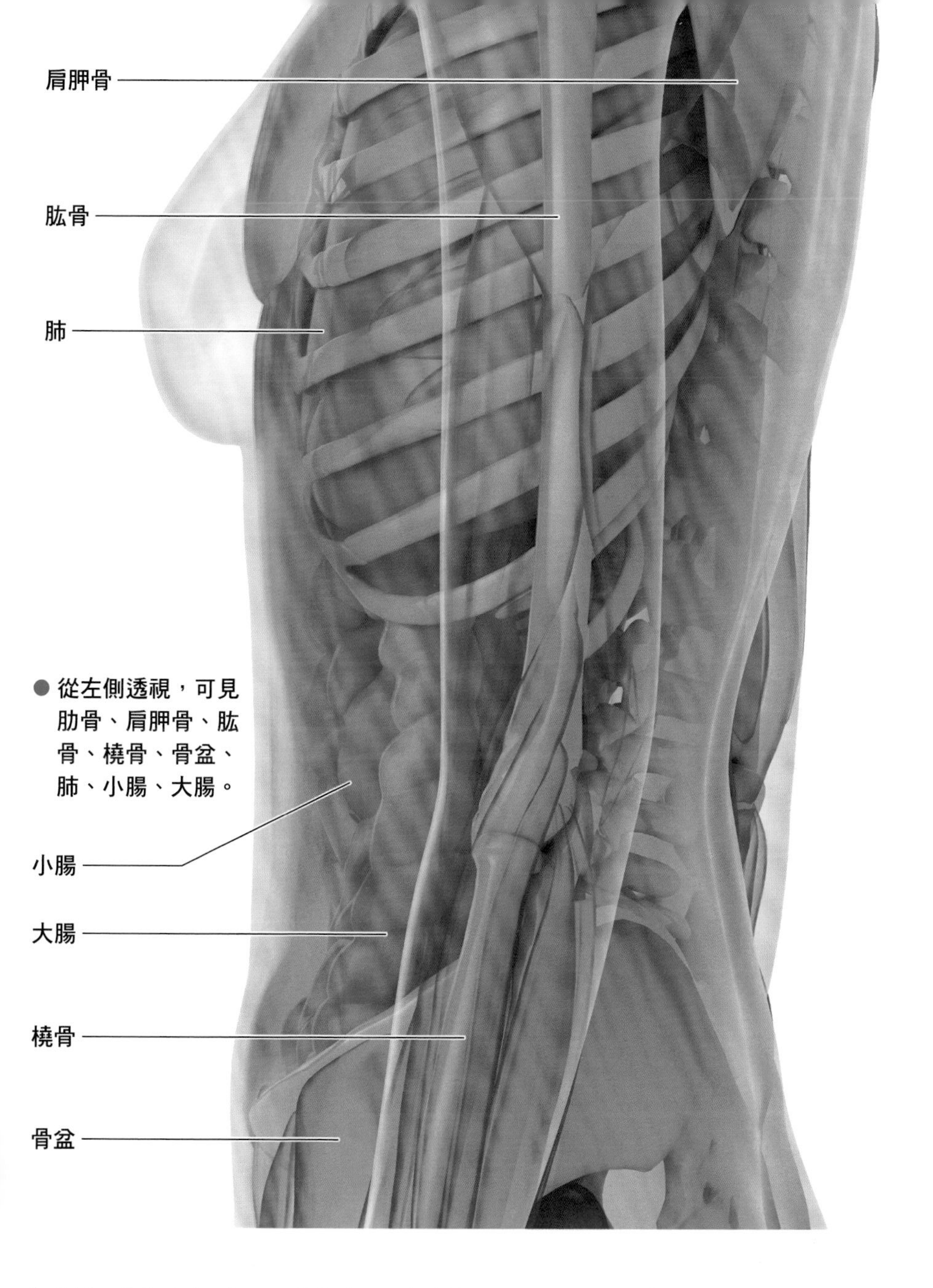
肩胛骨
肱骨
肺
小腸
大腸
橈骨
骨盆

● 從左側透視，可見肋骨、肩胛骨、肱骨、橈骨、骨盆、肺、小腸、大腸。

為機器，並比喻成一棟五層樓的建築，中央樓梯冒著火焰，正是「心臟」所在；輸送風（空氣）至心臟的空氣泵（手動式風箱）是「肺」；樓梯下噴出乾淨水源的則是「腎臟」。另一方面，自十八世紀起，探索各內臟器官如何運作的生物學研究也開始興盛，因此以生命力與靈魂為論點的生機論逐漸被摒棄一旁。

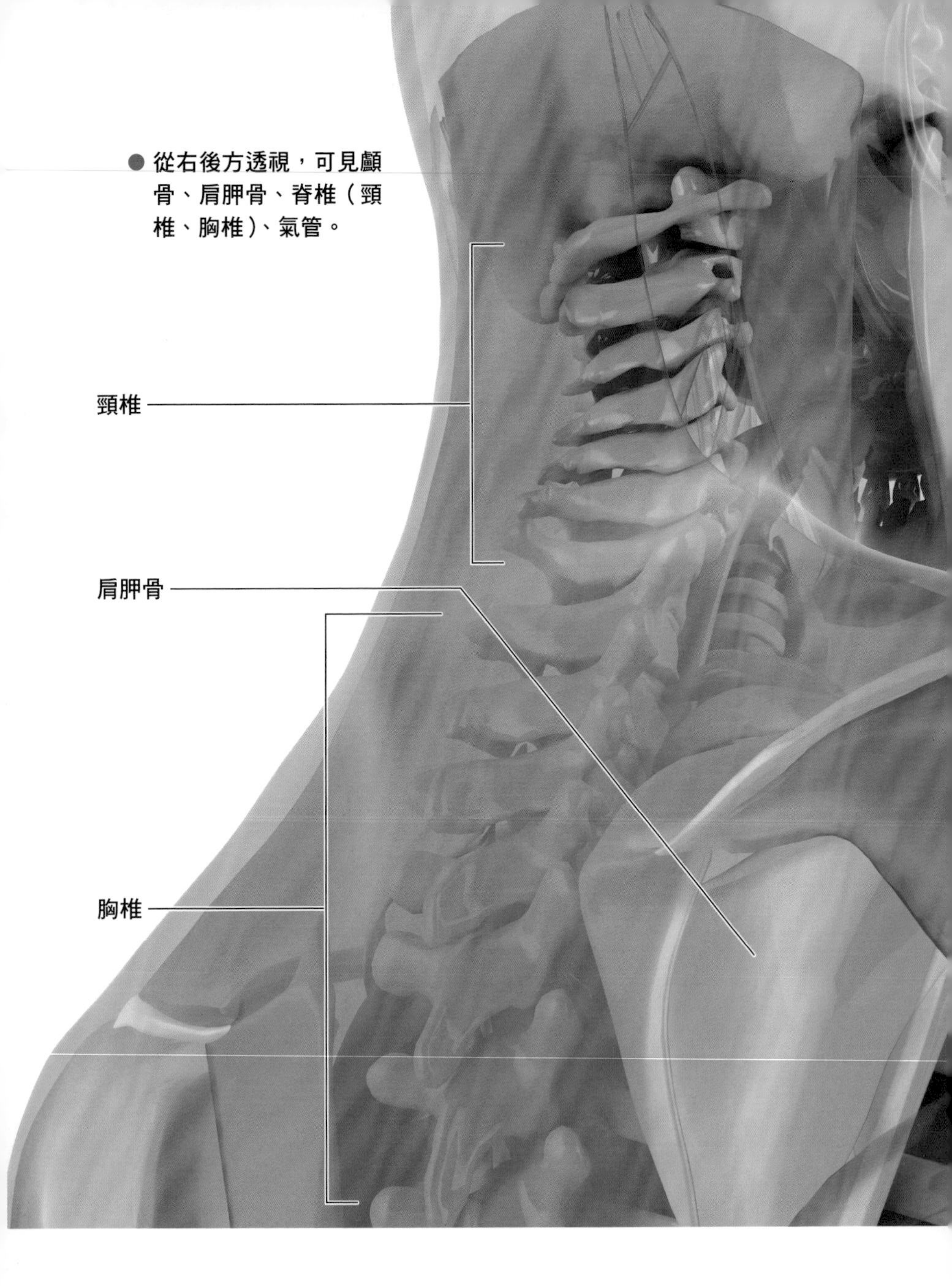
● 從右後方透視，可見顱骨、肩胛骨、脊椎（頸椎、胸椎）、氣管。
頸椎
肩胛骨
胸椎

十九世紀時，達爾文在《物種起源》中提出演化論，認為生物的演化現象並非因生命力或靈魂等超自然現象而起。演化論主張眾多個體都會產生變異，不適合自然環境的個體遭到淘汰，唯有最適者才能生存，意即「物競天擇，適者生存」。生物便是在長時間的自然選擇過程中，不斷淘汰、演化。

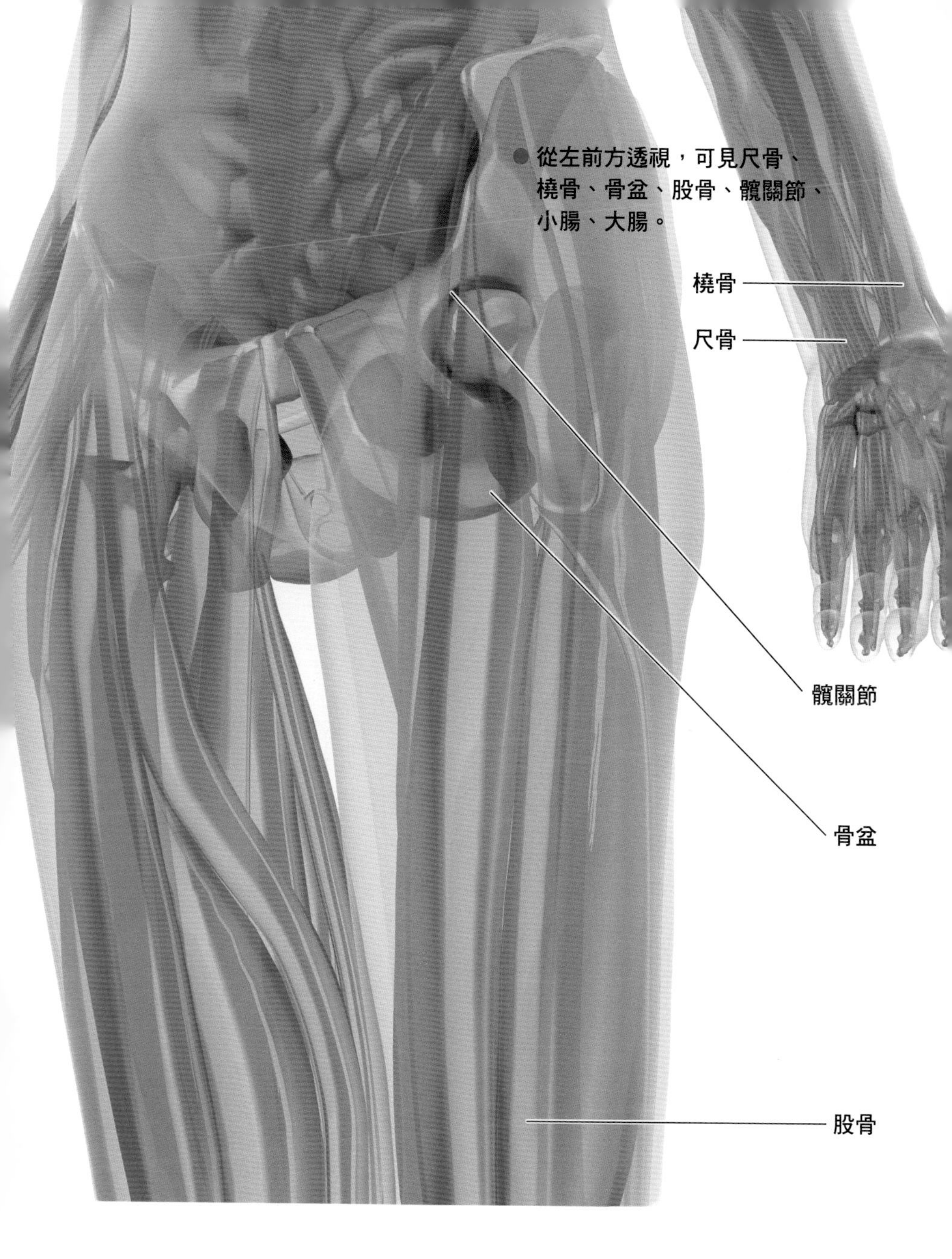
●從左前方透視，可見尺骨、
橈骨、骨盆、股骨、髖關節、
小腸、大腸。
橈骨
尺骨
髖關節
骨盆
股骨

自演化論之後，學者對生命現象的探究便從內臟器官轉往細胞領域。美國生物學家詹姆斯・華生（James Dewey Watson，1928年～）和英國生物學家法蘭西斯・克里克（Francis Harry Compton Crick，1916～2004年），於1953年提出「DNA（去氧核糖核酸）雙股螺旋結構」，生命現象的探索之旅就此進入分子領域。

Contents

3章 感覺器官

4章 呼吸器官

5章 循環器官

6章 消化器官

7章 泌尿器官

8章 運動器官

9章 生殖器官

本書使用方法

構造篇

書中以簡單易懂的方式，詳細解說內臟、組織與器官構造。希望能讓各位認識臟器功能，加深對人體的理解。

位置

方便讀者想像該器官在體內的所在位置。

構造

內臟、組織和器官的構造複雜且精密，以重點整理的形式，簡明扼要地解說。

粗體重點強調

重點部分以粗體字標示，在學習構造與功能的過程中更能清楚且快速掌握要點。

5章 循環器官

心臟的構造

血液由腔靜脈運送至右心房，經右心室、肺、左心房、左心室，再由主動脈運送至全身。

● 心臟分為右心房、右心室、左心房、左心室四個腔室

位置 位於胸廓中心稍微偏左，左右側與肺相鄰。

構造 心臟由肌肉（心肌）所構成，心肌規律地收縮與舒張，將血液輸送至全身。心臟內側為**心內膜**，外側為**心外膜**，且內部可再進一步分為**右心房**、**右心室**、**左心房**、**左心室**四個腔室。

各腔室之間有瓣膜區隔，可防止血液回流，整個心臟共有四個瓣膜。右心房與右心室之間為**三尖瓣**，左心房與左心室之間的瓣膜稱為**僧帽瓣**。

循環全身回到心臟的血液，由**肺動脈**運送至肺，再由**主動脈**運送至全身。肺動脈和主動脈的入口處各有**肺動脈瓣**和**主動脈瓣**，這兩個瓣膜皆由三個半月的瓣膜所組成。

心肌不斷進行收縮、舒張運動，其氧和能量來源便是由**左冠狀動脈**和**右冠狀動脈**運輸供給，再由**冠狀靜脈**運送臟代謝廢物後的血液，匯入**冠狀竇**，入右心房。身體的各大血管（主動脈、**腔靜脈**、肺動脈、**肺靜脈**）也會將血運送至心臟，再向外輸送。

● 輸送血液至全身終年無休的大泵浦

功能 氧和養分的動脈血輸送至全身。

從心臟出發的血液供應氧氣和能量細胞、組織，同時帶走二氧化碳和老

人體一整年的心跳數可以達到多少下？

健康的成年男性在安靜狀態下，1分鐘的心跳次數為62～72次，成年女性則為70～80次。也就是說，成人一整天的心跳次數約可達90,000～115,000次，一年約3千萬次以上，無論人體處於清醒或睡夢中，心臟仍分分秒秒持續跳動。

支撐心臟不停跳動的大功臣正是心肌。心肌需要消耗大量的能量，便是由冠狀動脈負責供應養分。

動脈一旦硬化，會促使冠狀動脈內腔變狹窄，增加狹心症發病風險。若動脈硬化持續進展，導致血栓堵住狹窄的動脈內腔時，容易引發心肌梗塞。動脈內腔阻塞會使前端的心肌得不到足夠的氧氣和養分，一旦心肌壞死，可能會有生命危險。

心臟約有拳頭大小，但重量卻只有體重的兩百分之一，然而進入冠狀動脈的血液量卻高達全身總血液量的二十分之一。

122

深入瞭解人體的「小知識」

主要介紹一些本文中未能詳細說明的器官構造、功能等相關知識，以期讀者更瞭解人體現象。

本章節熟記重點

濃縮內臟、組織、氣管的構造與功能重點。閱讀內文之前，可透過此處提示，大致掌握本章節重點。

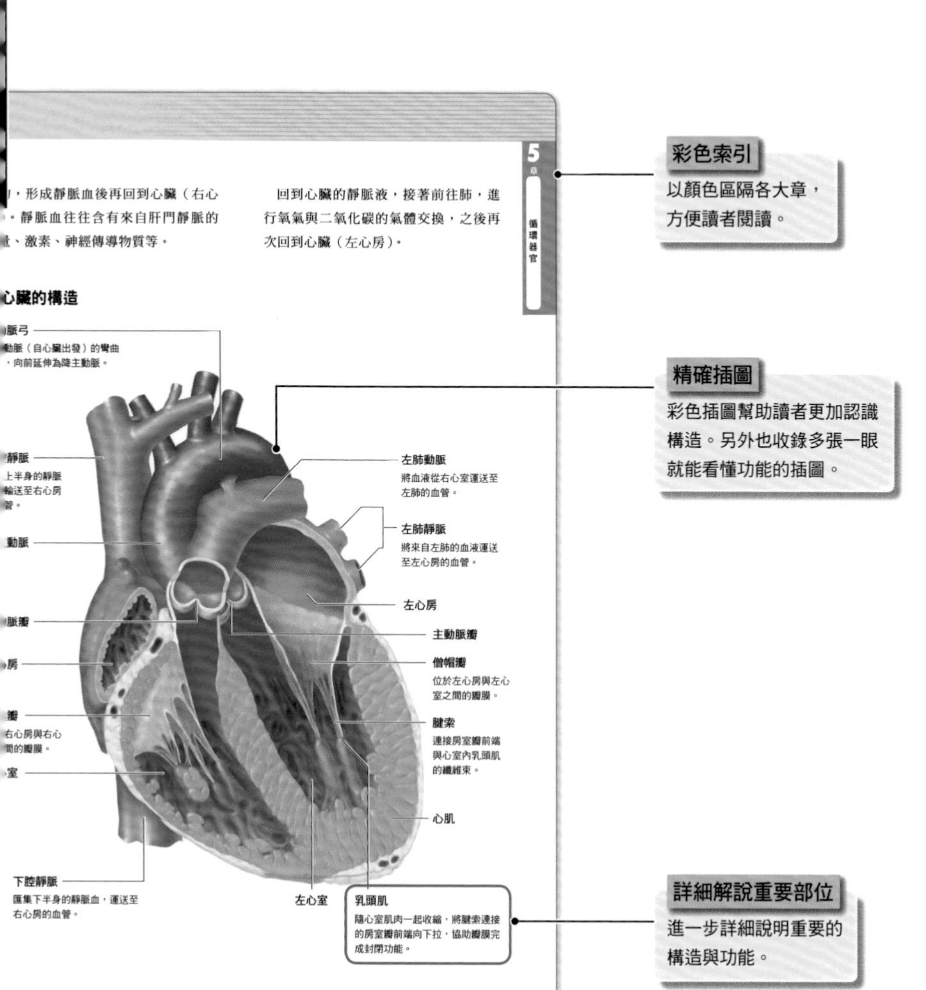

彩色索引
以顏色區隔各大章，方便讀者閱讀。
精確插圖
彩色插圖幫助讀者更加認識構造。另外也收錄多張一眼就能看懂功能的插圖。
詳細解說重要部位
進一步詳細說明重要的構造與功能。
5
循環器官
回到心臟的靜脈液，接著前往肺，進行氧氣與二氧化碳的氣體交換，之後再次回到心臟（左心房）。
心臟的構造
左肺動脈
將血液從右心室運送至左肺的血管。
左肺靜脈
將來自左肺的血液運送至左心房的血管。
左心房
主動脈瓣
僧帽瓣
位於左心房與左心室之間的瓣膜。
腱索
連接房室瓣前端與心室內乳頭肌的纖維束。
心肌
下腔靜脈
匯集下半身的靜脈血，運送至右心房的血管。
左心室
乳頭肌
隨心室肌肉一起收縮，將腱索連接的房室瓣前端向下拉，協助瓣膜完成封閉功能。
123

功能

想要徹底瞭解人體，除了認識構造之外，還必須確實掌握內臟、組織、器官的功能，以及內臟之間的關係。

本書使用方法

疾病篇

簡單解說癌症、生活習慣病等29種疾病的原因、症狀、問診、檢查以及相關治療。

POINT
精簡說明疾病與構造、功能之間的關聯。

泌尿器官的疾病

未適時治療腎臟疾病，一旦從慢性腎臟病演變成腎功能衰竭，未來恐須接受血液透析治療。

慢性腎臟病

●原因

腎臟因慢性受損，導致腎功能逐漸衰退的狀態，通稱為慢性腎臟病。

通常慢性腎臟疾病的起因多為慢性腎炎等腎臟疾病，但近年來，因糖尿病、高血壓、高脂血症等生活習慣病和肥胖引起的病例也增加不少。

一旦患有糖尿病或高血壓，不僅微血管聚集的腎絲球體，就連腎臟裡許多細小血管同樣也會受損，兩者都容易造成腎功能衰退。另外，腎臟具有調節血壓的功能，高血壓容易導致腎功能變差，腎功能變差又會使血壓升高，血壓升高再次損害腎功能，就這樣陷入永無止境的惡性循環。

除此之外，吸菸習慣也是慢性腎臟疾病的導火線。

腎功能會隨年紀增長而逐漸衰退，因此高齡者罹患慢性腎臟病的風險相對較高。曾有腎臟疾病病史、家人患有腎臟疾病等，這些都是造成慢性腎臟疾病發病機率提高的可能因素。

●症狀

初期慢性腎臟疾病幾乎沒有自覺症狀，但病情若在沒有發覺的狀態下持續進展，慢慢會開始出現各種全身性症狀。代表性症狀如下所述。

腎功能明顯衰退時，由於老舊廢物排不出去而滯留體內，容易引起全身倦怠的尿毒症。

由於無法製造生成紅血球所需的激素，導致貧血而出現頭暈症狀。另外，調節體內水分的功能異常，多餘水分滯留體內造成水腫。

食慾變差、喘不過氣、噁心、嘔吐等，也都是慢性腎臟疾病引起的全身性症狀。

●檢查

慢性腎臟疾病最重要的檢查就是尿液檢驗（尿蛋白檢驗）和血清肌酸酐檢驗。

●治療

患有糖尿病和高血壓的人，必須先針對這些疾病進行治療。必須重新審視生活習慣，尤其是飲食方面，不攝取過量鹽分，不暴飲暴食。

患者應嚴格控制每天只攝取6克以下的鹽分，針對蛋白質和鉀的攝取量也要有所限制。

一旦演變成腎功能衰竭，便需要進行透析治療。透析治療分為血液透析和腹膜透析兩種。

血液透析治療是透過俗稱「人工腎臟」的機器，將血液導流至機器中，除去老舊廢物和多餘水分後再流回血管內。一次血液透析的時間約4～5小時，一星期需要進行3次。

另一方面，腹膜透析則是利用患者本身的腹膜作為過濾器，以此進行血液過濾的方法。

186

原因
扼要說明疾病發生的原因。唯有深入瞭解疾病，才能有效預防。

症狀
介紹初期的代表性症狀，早期發現、早期治療。

問診&檢查
簡單說明基本的問診內容，並介紹作為診斷依據的各項檢查。必要時需要追蹤檢查。

治療
隨著醫療技術進步，越來越多治療方法陸續登場。除了相關治療方法，也為大家介紹日本學會等專門機構所提供的治療方針。

1章

細胞與基因

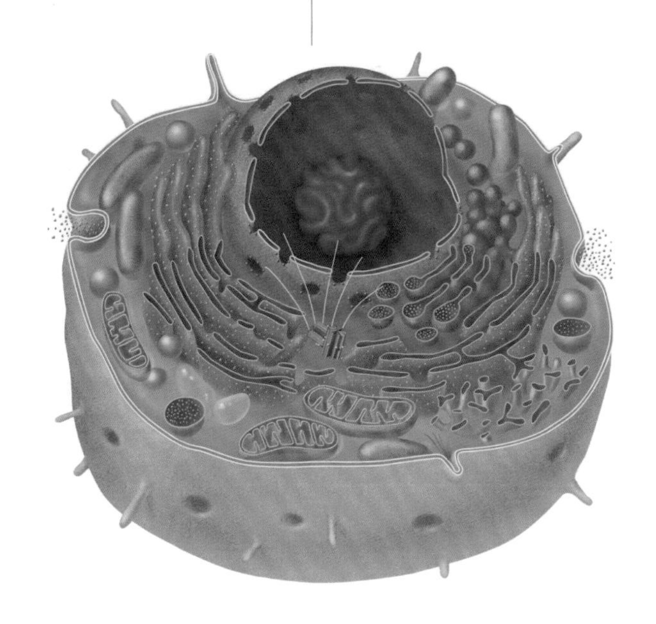

細胞的構造

人體大約由60兆個細胞所構成，每個細胞進行代謝作用，獲取能量，藉以維持生命活動。

● 細胞的構造

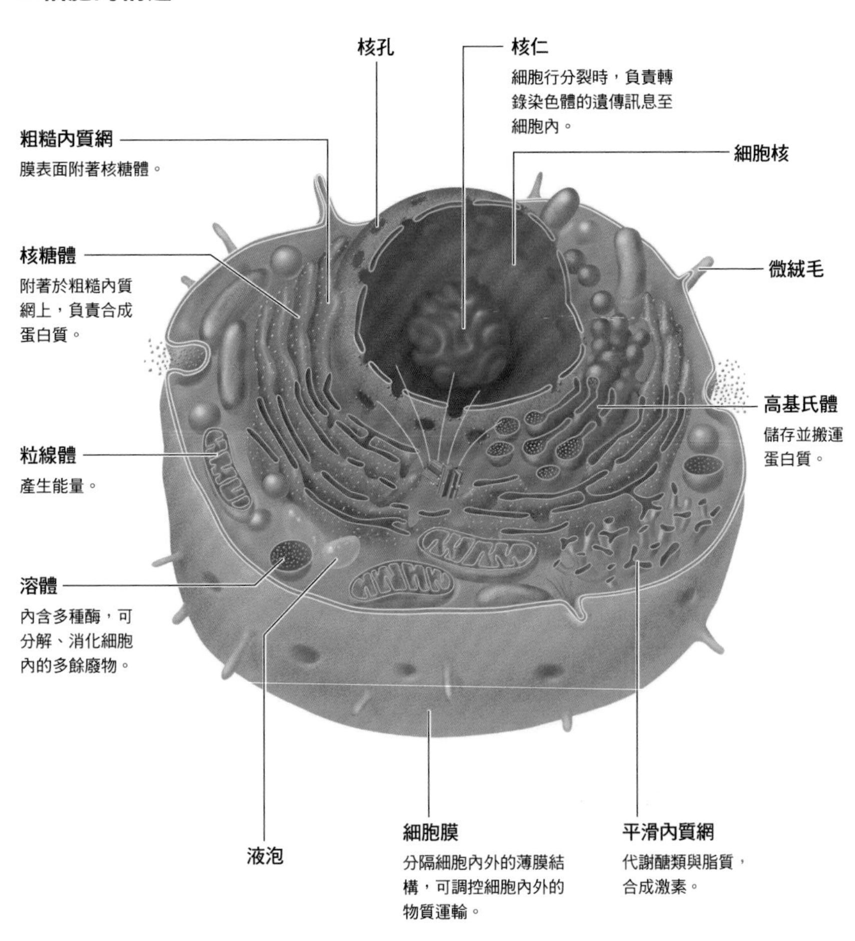

核孔
核仁
細胞行分裂時，負責轉錄染色體的遺傳訊息至細胞內。
粗糙內質網
膜表面附著核糖體。
細胞核
核糖體
附著於粗糙內質網上，負責合成蛋白質。
微絨毛
高基氏體
儲存並搬運蛋白質。
粒線體
產生能量。
溶體
內含多種酶，可分解、消化細胞內的多餘廢物。
液泡
細胞膜
分隔細胞內外的薄膜結構，可調控細胞內外的物質運輸。
平滑內質網
代謝醣類與脂質，合成激素。

人體的構成——細胞 60兆個基本單位

位置 全身

構造 所有生物皆由**細胞**這個最基本的單位構成。

人體是由大約60兆個細胞所構成，每個細胞平均大小約為3微米（1微米為1公釐的千分之一）。

人類的誕生，最初始於一顆**受精卵**，經多次規律的細胞分裂後，最終形成大約60兆個細胞，構成整個人體組織。細胞外有**細胞膜**包覆，內為**細胞質**。其中細胞膜主要由蛋白質和脂肪構成。

細胞質內有**高基氏體**、**粒線體**、**內質網**、**核糖體**、**溶體**等小胞器。細胞質的中央為**細胞核**，核內有**DNA**（**去氧核糖核酸**）與**核仁**。

細胞的重要工作是負責吸收營養素和氧氣，進行代謝作用以維持生命，並排除代謝過程中產生的廢物與二氧化碳。

細胞內部的精緻結構

功能 細胞膜所包覆的細胞質，大部分成分為混有蛋白質的水分，但裡面也有一些細胞內小胞器。其中，粒線體負責產生能量並供給細胞；核糖體是合成蛋白質的工廠，再由高基氏體儲存，並在必要時釋放至細胞外。溶體內含酶，負責分解並消化細胞內不需要的物質。

細胞核的主要工作為控制細胞的所有運作，例如下達細胞分裂與增生等各種指令，相當於細胞的指揮官。位於細胞核中央的核仁，則於細胞分裂時將染色體的遺傳訊息轉錄至細胞內。多虧這些胞器各司其職，細胞內部結構才能如此精緻細密。

人體為何會逐漸衰老？

從出生起始，歷經嬰兒期、幼兒期、兒童期、青春期，細胞不斷進行分裂。那麼停止發育的成人，也就意味著細胞也跟著停工，不再分裂了嗎？並非如此，即便是成人，除了腦神經等部分細胞外，大部分的細胞每隔一段時間就會汰舊換新。

舉例來說，皮膚表皮細胞的代謝週期約為28天；血液中的紅血球約120天、白血球約9天，血小板則大約10天就汰舊更新一次。除此之外，肝細胞的代謝週期約5個月，因此即便手術切除四分之三的肝臟，約莫4個月後，肝臟又能恢復成原本大小。其中，細胞更替速度最快的是小腸的絨毛細胞，大約僅24小時便能形成新的細胞。

細胞本身即具備修復功能，每當細胞受損時，便立即啟動代謝這項修復功能。然而細胞的代謝能力會隨著年紀增長而退化，當老舊受損細胞不斷堆積時，人體便會逐漸衰弱。

基因的構造①

染色體中的DNA，由四種核苷酸排列組合的鹼基序列構成，是人體和各項功能的設計藍圖。

基因的本體——DNA 有如人體的設計圖

位置 全身細胞內

構造 人體大約由60兆個細胞構成，每個細胞裡都有細胞核。

細胞核內共有46條**染色體**，其中44條兩兩成對，共有22對，男女皆有。剩下的2條染色體則依男女性別不同而有區別，男性為**X染色體**與**Y染色體**，女性皆為X染色體。

染色體與遺傳密不可分，也是基因的主要載體。基因帶有細胞活動所需的遺傳訊息，也可以說是遺傳性狀的藍圖，本體為**DNA**（**去氧核糖核酸**）。

DNA攜帶生命運作所需的所有訊息。除此之外，相貌、體型、體質、疾病免疫能力等構成個體的全部訊息，也都存在於DNA中。

DNA鹼基序列 決定遺傳訊息

功能 每一條染色體上乘載數千個基因（DNA），DNA呈**雙股螺旋結構**。

DNA由核苷酸組成，包含交互排列成長鏈骨架的**糖**與**磷酸**，以及**含氮鹼基**。兩條同樣結構的核苷酸長鏈纏繞成螺旋狀，構成雙股螺旋結構。

構成核苷酸的含氮鹼基共有4種，分別為**腺嘌呤（A）**、**胸腺嘧啶（T）**、**鳥糞嘌呤（G）**、**胞嘧啶（C）**。螺旋雙股上的含氮鹼基相互配對成鹼基對，例如腺嘌呤與胸腺嘧啶配對、鳥糞嘌呤與胞嘧啶配對。鹼基對的組合規律且固定，不會有其他種組合。

每個人的鹼基序列不同，這些鹼基序列決定了DNA所攜帶的遺傳訊息，同時也是製造蛋白質的遺傳密碼。**遺傳密碼**

小孩的外表會像誰？

每個小孩都會從父母雙方各接收一半的基因，但有些基因特徵容易表現，有些則不然。前者稱為顯性基因，後者稱為隱性基因。顯性與隱性並無優劣之分，差別只在於是否會以某種性狀特徵表現出來。

雖然孩子從父母獲得的基因是成對的，但有時會聽到「瞳孔的顏色和體質遺傳自父親，體型和性格則遺傳自母親」這類說法，這純粹是因為父親或母親其中一方的基因為顯性基因的緣故。

但是，細胞中產生能量的粒線體DNA只會經由母系基因遺傳，亦即曾祖母遺傳給祖母、祖母遺傳給母親，最終再由母親遺傳給小孩。

以3個相鄰的含氮鹼基為一組，轉譯為胺基酸後合成蛋白質。遺傳密碼決定20種胺基酸，而不同的胺基酸可合成出多種蛋白質。

● 染色體的構造

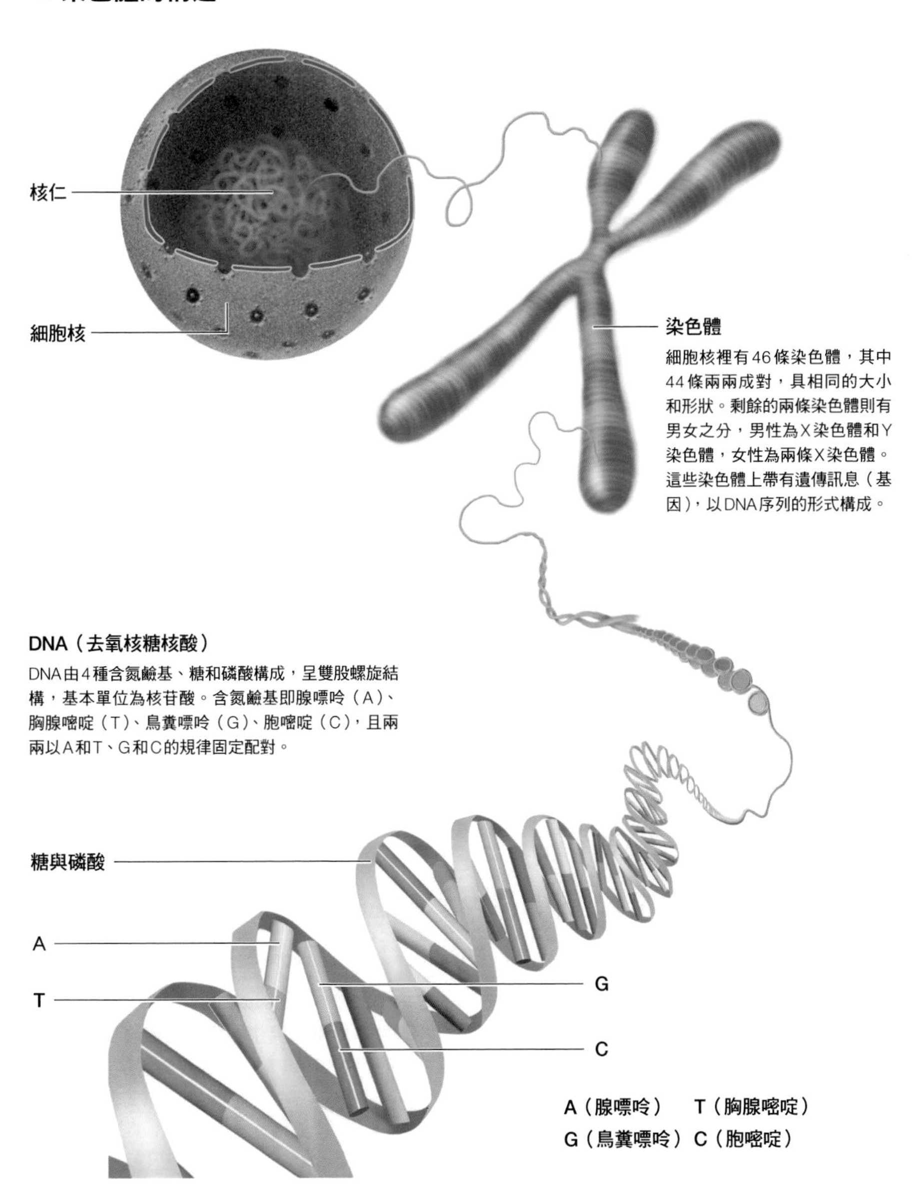
核仁
細胞核
染色體
細胞核裡有46條染色體，其中44條兩兩成對，具相同的大小和形狀。剩餘的兩條染色體則有男女之分，男性為X染色體和Y染色體，女性為兩條X染色體。這些染色體上帶有遺傳訊息（基因），以DNA序列的形式構成。
DNA（去氧核糖核酸）
DNA由4種含氮鹼基、糖和磷酸構成，呈雙股螺旋結構，基本單位為核苷酸。含氮鹼基即腺嘌呤（A）、胸腺嘧啶（T）、鳥糞嘌呤（G）、胞嘧啶（C），且兩兩以A和T、G和C的規律固定配對。
糖與磷酸
A
T
G
C
A（腺嘌呤） T（胸腺嘧啶）
G（鳥糞嘌呤） C（胞嘧啶）

基因的構造②

DNA進行複製，產生與自身鹼基序列相同的DNA，並且進行蛋白質合成。

細胞分裂的第一步 DNA複製

位置 全身細胞

構造&功能 **DNA（去氧核糖核酸）**在進行細胞分裂之前，會先行複製，產生與自身**鹼基序列**相同的DNA。

DNA是由**鹼基**兩兩相對排列組成，呈雙股螺旋結構。當DNA雙股解開時，相對應的鹼基對也會分離。接著各**核苷酸**按照鹼基對的組合原則，與DNA含氮鹼基合成新的鹼基對，複製與自身結構完全相同的DNA。

藉由複製與原先完全相同的DNA，原有的遺傳訊息也因此完整複製到新的細胞內。

三類RNA共同參與蛋白質的合成

功能 DNA的另外一項功能是合成蛋白質。生物體的細胞由蛋白質構成，而胺基酸正是構成蛋白質的基本單位。在1000多種胺基酸當中，約有20種可以構成蛋白質，而決定蛋白質種類的就是DNA鹼基序列。舉例來說，GAG或GAA的鹼基序列就是胺基酸的其中一種「麩胺酸」。

DNA中的**遺傳密碼（密碼子）**是決定生成何種胺基酸的關鍵。各類胺基酸組合形成各式各樣的蛋白質，進一步打造出人體的60兆個細胞，成就每一個體不同的外貌與性格。

當人體依照DNA藍圖合成蛋白質時，當中最功不可沒的非**RNA（核糖核酸）**莫屬。合成蛋白質的過程中，DNA的遺傳訊息轉載至RNA，RNA再透過轉譯將遺傳訊息表現在蛋白質上。其中RNA可分為三種，共同參與蛋白質合成。

首先，**傳訊RNA（mRNA）**負責複製DNA上的遺傳訊息，並轉載至細胞內的蛋白質合成工廠**核糖體**。接著傳訊RNA附著於**核糖體RNA（rRNA）**與蛋白質共同組成的核糖體上，最後由**轉送RNA（tRNA）**將遺傳訊息搬運至與鹼基序列相對應的胺基酸，最終由胺基酸構成蛋白質。

DNA的複製過程

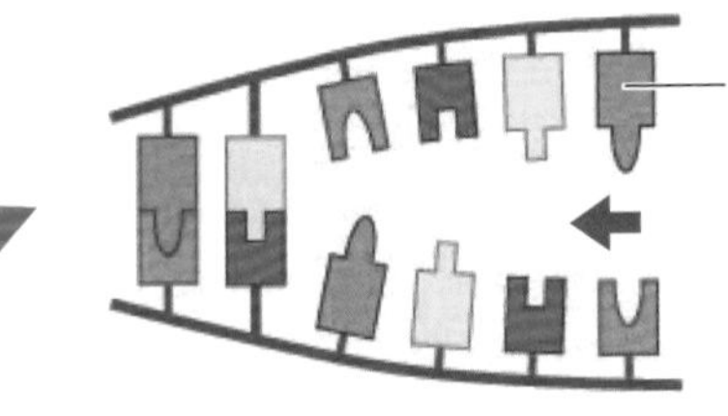
含氮鹼基
共有腺嘌呤（A）、胸腺嘧啶（T）、鳥糞嘌呤（G）、胞嘧啶（C）4種，A與T、G與C等鹼基對組合規律。

DNA雙股螺旋結構解開，相對應的鹼基對也隨之解除。

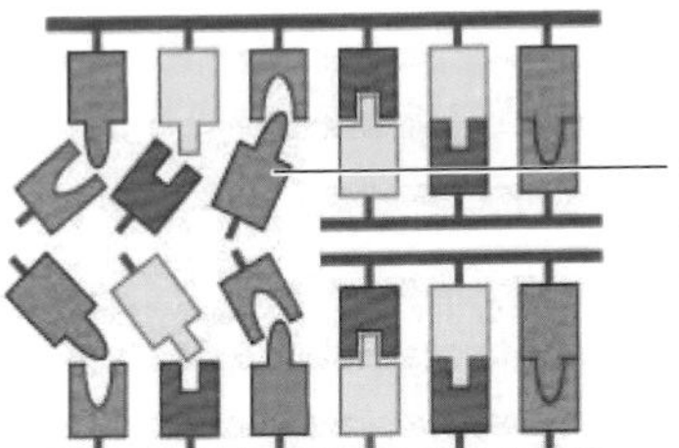
核苷酸
帶有解鏈後鹼基序列的含氮鹼基。

核苷酸開始與DNA含氮鹼基結合。

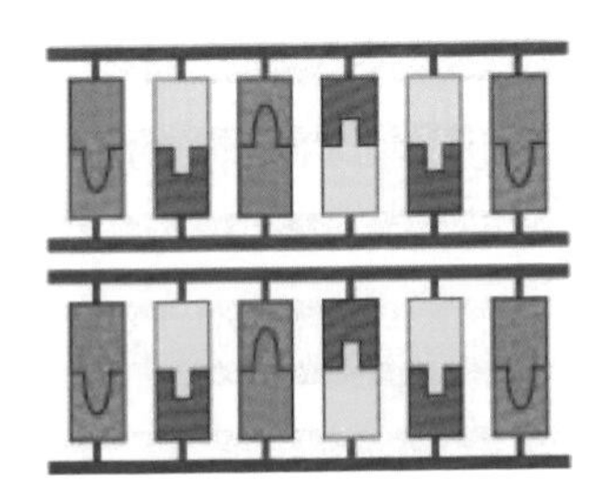

核苷酸與含氮鹼基結合完成後，產生兩股結構完全相同的螺旋結構DNA，細胞分裂工作完成。

基因組預示生活習慣病？

基因組，指的是生物體所擁有的全部遺傳訊息。

人類的基因總和稱為「人類基因組」，包含大約30億個含氮鹼基，並由23對染色體組成。據推測，人類的DNA大約有10萬個，並且於2003年4月由國際人類基因體測序組隆重宣布定序工作完成。根據解碼結果，推定人類的基因數量約為21,787個。

隨著人類基因組明朗化，從基因分析人體遺傳訊息不再是遙不可及的夢想。多虧這樣的成就，量身訂做的醫療技術和新型治療藥物的開發研究才能突飛猛進。

除此之外，像是糖尿病和高血壓等與基因密不可分的遺傳性疾病，基因組分析也能為這些生活習慣病的發病機制做出莫大的貢獻。只要釐清這些疾病的發病原理，就能確實做到防患於未然了。

端粒的生理機制

端粒位於染色體兩端，隨每次細胞分裂而變短。當端粒縮短到一定長度時，細胞壽命就此終結。

決定細胞分裂的分裂次數

位置 染色體

構造 除了腦神經等細胞之外，人體大部分細胞會不斷分裂，以新誕生的新細胞取代舊細胞。透過這樣的新陳代謝過程，內臟和器官得以維持正常功能。

細胞分裂次數因細胞種類而異，當分裂次數達到極限之際，細胞最終將走向死亡。其中，控管細胞分裂次數的機制正是**端粒**。

端粒位於**染色體**的兩端，由**含氮鹼基**重複排列數十次的序列**TTAGGG**所組成。T為胸腺嘧啶、A為腺嘌呤、G為鳥糞嘌呤的簡稱。

剛出生的新生兒的端粒比較長，隨著成長，細胞不斷分裂而逐漸變短。當端粒縮短至特定長度時，細胞將不再進行分裂。端粒可說是細胞分裂的回數票，用完就結束了。

一旦細胞壽命達到極限，細胞會走向**凋亡（細胞程序性死亡）**。全身細胞的染色體都具備端粒，當端粒變短時，身體也開始出現臟器衰退、腦功能退化、免疫力下降等老化現象。

協助精準複製DNA遺傳訊息

功能 細胞每次分裂之前，記錄遺傳訊息的**DNA（去氧核糖核酸）**會事先進行複製。由於細胞核非常狹窄，在DNA密集分布的區域，染色體繩索狀的末端容易互相碰觸，導致DNA極度不穩定，無法精準傳遞遺傳訊息。

這個時候端粒便派上用場了。端粒好比是個蓋子，可防止DNA末端因結合、碰觸而受損。

人體部分細胞的端粒不會變短，例如**幹細胞**、**生殖細胞**、**癌細胞**等。這些細胞的DNA存在一種名為**端粒酶**的酵素，有助於延長端粒的長度，因此即便細胞分裂，端粒也不會隨之變短。癌細胞之所以有無限增殖的能力，就是因為具備高活性的端粒酶。

其實人體其他細胞也都具有端粒酶，只是平時處於關閉狀態，未能有效發揮功能罷了。

端粒與端粒酶是決定人類壽命的重要關鍵，由於直到三〇年代才發現端粒的存在，對於端粒的功能定論至今尚有許多未明之處，因此今後的相關研究也格外令人期待。

● 端粒的構造

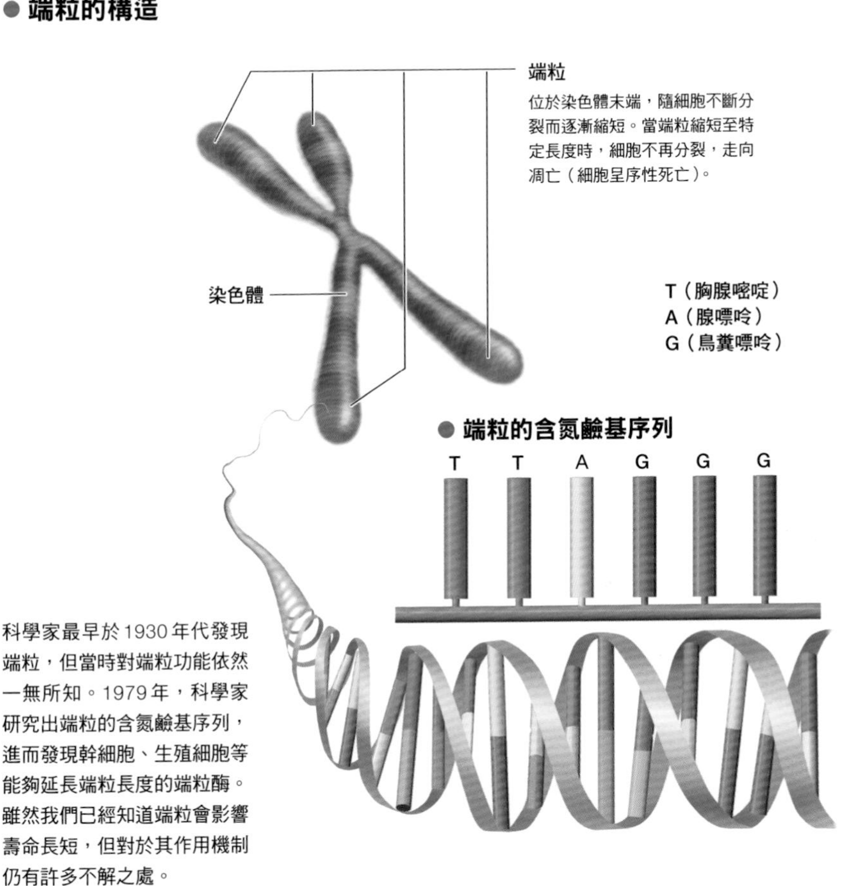
端粒
位於染色體末端，隨細胞不斷分裂而逐漸縮短。當端粒縮短至特定長度時，細胞不再分裂，走向凋亡（細胞呈序性死亡）。
染色體
T（胸腺嘧啶）
A（腺嘌呤）
G（鳥糞嘌呤）
● 端粒的含氮鹼基序列
T T A G G G

科學家最早於1930年代發現端粒，但當時對端粒功能依然一無所知。1979年，科學家研究出端粒的含氮鹼基序列，進而發現幹細胞、生殖細胞等能夠延長端粒長度的端粒酶。雖然我們已經知道端粒會影響壽命長短，但對於其作用機制仍有許多不解之處。

加速老化的生活習慣

老化無可避免，但如果能放慢端粒縮短的速度，便能延遲老化找上門。不過，現階段仍舊沒有維持端粒長度的明確方法。

但是另一方面，科學家已經找出會對端粒產生不良影響的要素，例如吸菸、運動量不足、肥胖、糖尿病造成的胰島素阻抗性等。尤其是吸菸，不僅促使端粒變短，還會啟動致癌基因，可說是「百害而無一利」。而肥胖、運動量不足和糖尿病，也會造成端粒急速變短。胰島素負責將血液中的葡萄糖供給細胞，當胰島素對細胞起不了作用，就稱為胰島素阻抗性。胰島素阻抗性越強，端粒越容易變短。

細胞分裂的機制

細胞分裂有兩種：細胞核分裂成兩個細胞的有絲分裂，以及分裂時染色體數目減半的減數分裂。

細胞可分兩種 體細胞和生殖細胞

位置 全身細胞

構造 人類等多細胞生物可透過**細胞分裂**，增加細胞並維持固定數量。人類細胞又可分為**體細胞**和**生殖細胞**兩種。

體細胞是指形成皮膚、內臟等人體的細胞。體細胞不斷新陳代謝，以新細胞取代舊細胞和死亡細胞，令細胞得以定期更新，使人體成長並延續生命。而生殖細胞指的則是精子和卵子。

體細胞和生殖細胞的**染色體**數量各不相同，細胞分裂方式也不同。人類的體細胞有23對，即46條染色體；生殖細胞的精子和卵子各只有23條染色體，當精子和卵子結合後，才產生帶有23對46條染色體的受精卵細胞。

兩種細胞分裂型態 有絲分裂和減數分裂

功能 體細胞的分裂方式為**有絲分裂**，擁有相同染色體的細胞核會分裂成兩個細胞。細胞核中的染色體經複製後，相同的染色體平均分配到子細胞，兩個子細胞的細胞核擁有一致的染色體。

生殖細胞則採**減數分裂**，即染色體數目減半的分裂方式。生殖細胞經由兩次分裂，將**遺傳訊息**傳遞至新的細胞。首先，染色體進行複製，第一次分裂成2個各帶有46條染色體的細胞，接著第二次分裂成4個各帶有23條染色體的細胞。帶有這些染色體的生殖細胞就是父親的精子與母親的卵子，當精子與卵子結合，就變成帶有23對46條染色體的受精卵。換句話說，小孩便是從父母親各獲取一半的遺傳訊息。

癌細胞為何能夠無限增殖？

細胞因某些因素致使DNA受損，錯誤訊息造成細胞產生不規則的細胞分裂，這些失控的細胞就是癌細胞。

基因中有製造癌細胞的致癌基因，當然也有抑制癌症發生的抑癌基因，但是當基因發生突變時，就可能引發癌症。

另一方面，癌細胞同時具備促使血管新生的能力，也就是能夠自行構築新血管，並從組織中獲取養分，加快癌細胞的分裂與繁殖速度。

正常細胞有固定的分裂次數，但癌細胞卻像脫韁野馬般，能夠無上限地分裂，還會經由血管與淋巴系統擴散至其他組織和內臟器官。

● 有絲分裂

● 減數分裂

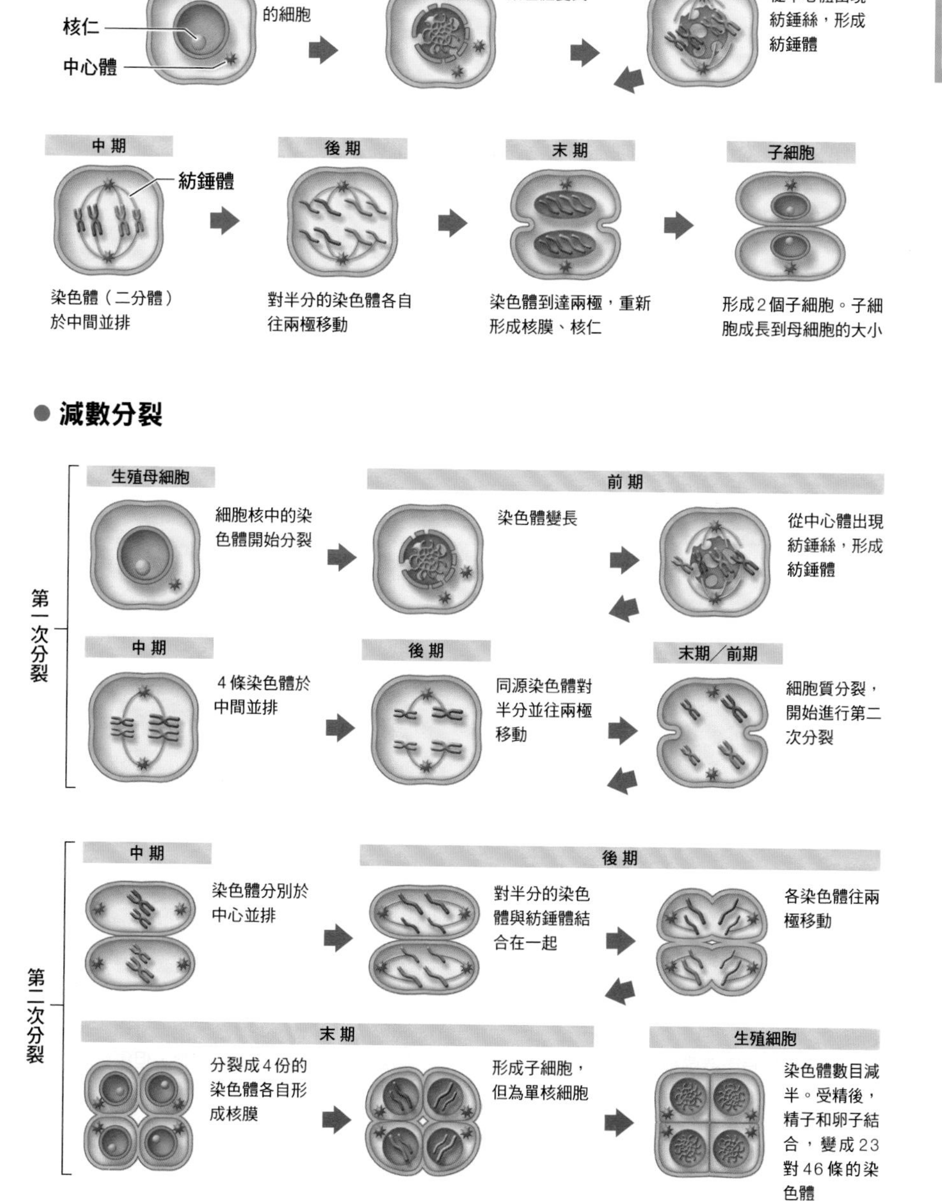
母細胞
核膜
核仁
中心體
分裂前的細胞
前期
染色體變長
從中心體出現紡錘絲，形成紡錘體
中期
紡錘體
染色體（二分體）於中間並排
後期
對半分的染色體各自往兩極移動
末期
染色體到達兩極，重新形成核膜、核仁
子細胞
形成2個子細胞。子細胞成長到母細胞的大小
第一次分裂
生殖母細胞
細胞核中的染色體開始分裂
前期
染色體變長
從中心體出現紡錘絲，形成紡錘體
中期
4條染色體於中間並排
後期
同源染色體對半分並往兩極移動
末期／前期
細胞質分裂，開始進行第二次分裂
第二次分裂
中期
染色體分別於中心並排
後期
對半分的染色體與紡錘體結合在一起
各染色體往兩極移動
末期
分裂成4份的染色體各自形成核膜
形成子細胞，但為單核細胞
生殖細胞
染色體數目減半。受精後，精子和卵子結合，變成23對46條的染色體

組織的構造

組織即由許多同類型的細胞群所構成，可分為上皮組織、肌肉組織、神經組織、結締組織。

細胞聚集為組織 形成四大類型

位置 全身

構造 組織由許多同類型的細胞聚集而成，共同行使同樣的功能。各個細胞群具有相似的功能與形態。

骨骼、肌肉、器官、小腸、肝臟等臟器，以及皮膚、神經等，皆是由組織構成。按照組織功用分類，可分為**上皮組織**（上皮細胞）、**肌肉組織**（肌細胞）、**神經組織**（神經細胞）、**結締組織**（纖維母細胞、骨細胞）四種類型。

多種組織共構 形成人體器官與內臟

功能 上皮組織由排列緊密的上皮細胞，以及少量的細胞外基質組成，分布於消化道與支氣管黏膜、胃與小腸等內臟及血管等內部呈中空的器官表面，以及指甲、皮膚等體表。上皮組織具有區隔各器官內外的功用。

除此之外，上皮組織的性質會因部位而異。為避免功用混淆，細胞分泌不同物質的同時，特定細胞也會發揮其特有功能，維持組織正常運作。

肌肉組織主要是由肌細胞所組成，按其形態，可分為**橫紋肌**、**平滑肌**，以及**心肌**。橫紋肌主要為附著於骨骼上的骨骼肌、控制臉部的顏面表情肌，受大腦意識控制進行收縮運動。平滑肌分布於消化器官、呼吸器官、血管壁等。心肌則為構成心臟心肌層的肌肉組織。從分布位置可以看出，肌肉組織廣泛分布於需要從事收縮運動的器官。

神經組織由神經細胞組成，負責將外界訊息傳送至大腦，並且將大腦的指令傳送至身體各部位。一般我們常說的神經，指的就是神經組織。神經組織像一

從一顆細胞到完整的個體

單細胞生物是由單個細胞所組成，例如變形蟲和草履蟲。單細胞生物的繁殖非常簡單，由一變成二，因此兩隻生物擁有相同基因。

另一方面，以人類為代表的哺乳動物，則是具備同樣功能的細胞聚集形成組織，各組織構成各式各樣的器官與臟器，最終進而形成人體。因此多細胞生物的基因依個體而有所不同。僅有同卵多胞胎的個體才會擁有完全相同的基因。

張大網，分布於全身各個角落。

最後是纖維母細胞組成的結締組織，其功用是連結組織和器官，以及構成皮膚的真皮層等。骨細胞組成的特化結締組織，則形成能夠支撐人體的軟骨與堅硬骨骼。這兩種結締組織的細胞可向周圍分泌細胞外基質，填充組織間縫隙的同時，也提升了結構上的強度。

● 組織的種類

肌肉組織

肌細胞聚集形成肌肉組織，骨骼肌、顏面表情肌屬於橫紋肌，受大腦意志控制肌肉的收縮與放鬆。平滑肌形成心臟、肺、胃等臟器及血管壁，心肌則形成心臟的心肌層。

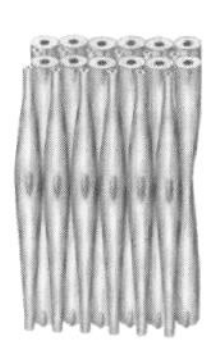

神經組織

腦神經細胞等中樞神經系統負責分析周邊神經送來的訊息，經分析判斷後下達指令。感覺神經、運動神經、自律神經等周邊神經負責將外界刺激送至中樞神經，並且將中樞神經的指令傳送至身體各部位，藉此控管內臟和器官運作。

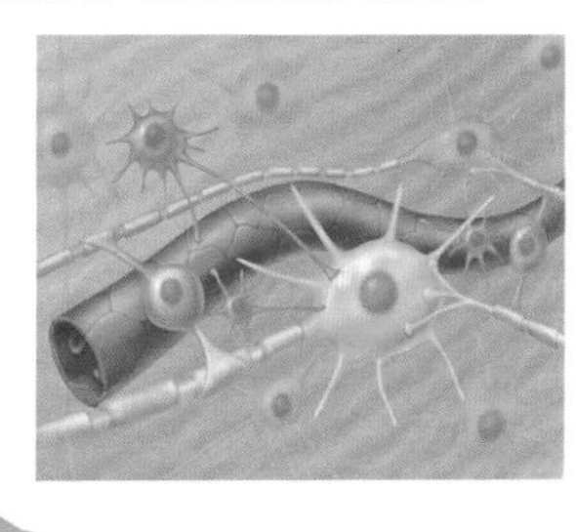

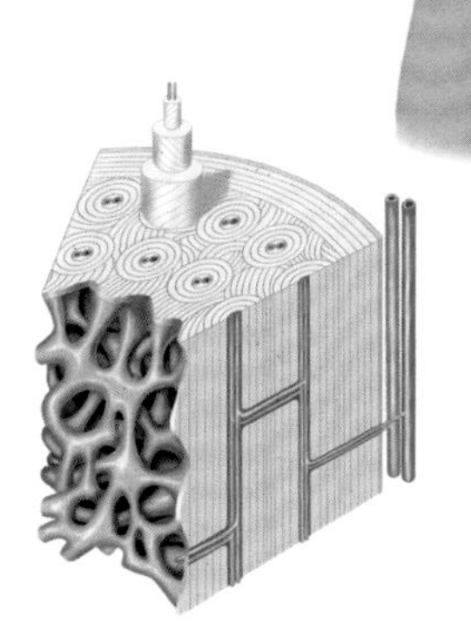

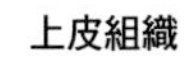

上皮組織

覆蓋於消化道和支氣管等黏膜、胃與小腸等內臟、血管等內腔中空的器官表面，以及指甲、皮膚等體表，負責保護內臟與器官。另外也具有區隔器官、內臟內與外的功用。

結締組織

由纖維母細胞所組成的結締組織，主要功用為連結組織與器官，形成皮膚真皮層。骨細胞組成的特化結締組織則形成支撐人體的骨骼與吸附衝擊力的軟骨。

2012年諾貝爾生理醫學獎榮譽

iPS細胞的原理

2012年的諾貝爾生理學或醫學獎得主，即京都大學iPS細胞研究所所長山中伸彌博士。獲獎理由為「發現成熟細胞可以初始化，重返初期多能性幹細胞的狀態」。成熟細胞、初始化、多能性是什麼意思呢？iPS細胞是什麼樣的細胞，又潛藏什麼未知的可能性呢？

皮膚細胞進行分裂 僅產生新的皮膚細胞

瞭解**iPS細胞（誘導式多能性幹細胞）**之前，必須先認識打造人體的細胞。

人體大約由60兆個細胞構成，各細胞分工合作，形成皮膚、心肌（心臟肌肉）或胃黏膜等等組織。人體細胞的種類多達兩百種以上，皆為**成熟細胞**，除了腦神經細胞之外，絕大多數的細胞會不斷進行分裂。

成熟細胞進行分裂時，皮膚細胞只會分裂成皮膚細胞，絕對不會轉變成打造心肌或黏膜等臟器的其他類型細胞，這個現象就稱為細胞的**不可逆性**。

然而，細胞並非一開始就具備不可逆性。當卵子與精子結合形成受精卵時，受精卵的主要特色之一就是具有**多能性**，而多能性正是指細胞能夠分化成胎盤以外的所有結構。受精卵在經過多次分裂後，便會因為細胞的不可逆性而失去多能性。

人工促發成熟細胞初始化 重返幹細胞原始狀態

山中博士成功開發的iPS細胞，就是具有多能性的誘導式多能性幹細胞。幹細胞是指能夠分化成其他各種細胞的原始細胞。山中博士自成人體內取出失去多能性的成熟細胞，並且成功促使成熟細胞**初始化**，也就是讓細胞的生物時鐘倒轉，回到尚未分化前的不成熟狀態。

在iPS細胞出現之前，已經有學者成功將細胞初始化。1962年，英國劍橋大學的約翰·格登博士（Sir John Bertrand Gurdon），取出青蛙的細胞並使其初始化。此項計畫首開先例，成功將成熟細胞初始化，還原至未分化前的不成熟狀態，格登博士也因此與山中博士並列為2012年的諾貝爾生理醫學獎得主。

在那之後，英國生物學家馬丁·埃文斯博士（Sir Martin John Evans）率領研究團隊，於1981年成功將老鼠胚胎初始化，並且製造出具有多能性的細胞，取名為**ES細胞（胚胎幹細胞）**。胚胎即受精卵不斷進行分裂，進而形成胎兒的前驅細胞。

1998年，美國威斯康辛大學的詹姆斯·湯姆森博士（James Thomson），成功製造出第一個人類ES細胞。

臨床排斥作用與倫理爭議 幹細胞應用尚尋解決之方

ES細胞和iPS細胞同樣都具備多能性，但兩者之間有何差異呢？實際上，ES細胞存在兩個問題，首先是應用於器官移植等醫療臨床上衍生的問題。

ES細胞是取用剩餘胚胎（不孕症治療中的多餘胚胎，胚胎DNA不同於病患的細胞DNA）所製造，因此對接受移植的人來說，ES細胞分化形成的組織或器官如同異物，植入體內後容易產生術後的排斥反應。

ES細胞的另外一個問題，在於使用的胚胎可能會發育成一個新生命，因而潛藏道德倫理方面的疑慮，引發世人極大的抨擊。

另一方面，iPS細胞不使用受精卵或卵子，

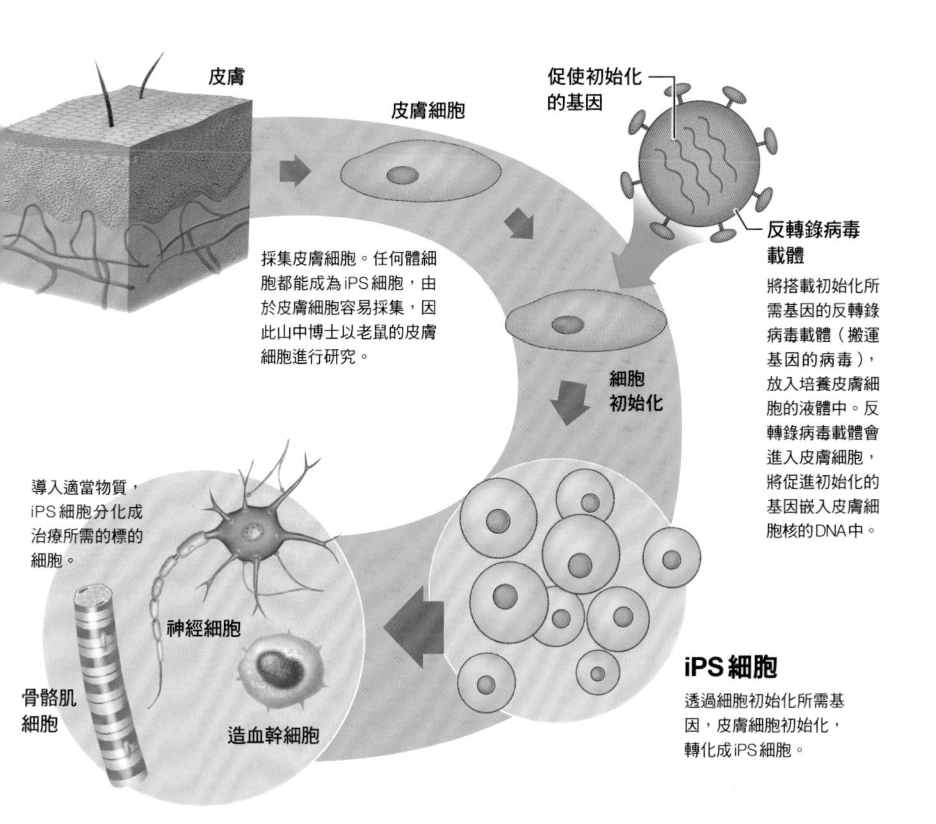
皮膚
皮膚細胞
促使初始化的基因
反轉錄病毒載體
將搭載初始化所需基因的反轉錄病毒載體（搬運基因的病毒），放入培養皮膚細胞的液體中。反轉錄病毒載體會進入皮膚細胞，將促進初始化的基因嵌入皮膚細胞核的DNA中。
採集皮膚細胞。任何體細胞都能成為iPS細胞，由於皮膚細胞容易採集，因此山中博士以老鼠的皮膚細胞進行研究。
細胞初始化
導入適當物質，iPS細胞分化成治療所需的標的細胞。
神經細胞
骨骼肌細胞
造血幹細胞
iPS細胞
透過細胞初始化所需基因，皮膚細胞初始化，轉化成iPS細胞。

採用的是患者自身的細胞，因此完全不會出現上述兩個問題。2006年，山中博士使用老鼠的皮膚細胞，成功製造出iPS細胞，並且在短短一年內，成功完成取人類體細胞製造iPS細胞的實驗。

iPS細胞的誕生，應歸功於學者發現能夠將體細胞初始化的基因。山中博士開始進行相關實驗時，當時推估人類基因約有十萬多個（目前人類基因組定序工作已完成，推測約有兩萬兩千個），他據此先篩選最活躍的一百種基因，再透過無數次實驗將範圍限縮至24種，最終找出4種細胞初始化時不可或缺的基因，這種基因便命名為「**山中因子**」。

iPS細胞的醫學潛力 特殊難治疾病治療和器官移植

iPS細胞技術擁有醫學臨床應用的潛力，令人寄予無限厚望。

將iPS細胞轉變成所需器官的細胞並移植到患者身上，透過這項技術，確實可能提高特殊難治疾病與重大傷害的治癒機率。不僅如此，將iPS細胞先增殖分化為標的細胞，也有助於開發新藥，一旦排除不確定因素，就能加速新藥問世。

日本目前正不斷研究，利用iPS細胞治療脊髓損傷以及增齡性黃斑部病變的可能性。另外也以老鼠為實驗對象，成功以人工方式製造出正常的生殖細胞（精子和卵子），將可有效治療不孕症。雖然iPS細胞不同於ES細胞，使用的是病患本身的細胞，但將iPS細胞轉化成人類生殖細胞仍舊存在不少道德爭議。

儘管iPS細胞目前仍存在不少難關與問題，但相信只要逐一克服，肯定對未來的醫療發展將有莫大的貢獻。

唐氏症

●原因

正常人的染色體有46條，但罹患唐氏症的人，第21對染色體會多出一條（三染色體症）。

唐氏症可依形成原因，分為三種類型。

●三染色體症

當生殖細胞進行減數分裂，形成卵子或精子之前，第21號染色體偶然間發生無分離現象，造成原本應該2條成對的第21號染色體變成3條。絕大部分的唐氏症患者屬於這種類型，父母雙方通常都攜帶正常的染色體。

●轉位型

第21號染色體轉移誤接至其他染色體上，轉移對象包含D群染色體（第13、14、15號染色體）或G群染色體（第21、22號染色體）。

約半數的轉位型唐氏症患者，其父母的染色體皆正常。另外一半的轉位型唐氏症患者，父母其中一人為染色體平衡轉位的帶因者。

●鑲嵌型

這種類型的唐氏症發生機率非常低。細胞在分裂的過程中，由於染色體分離不完全，發展出正常細胞系與47條染色體細胞系兩種形式。通常父母雙方都攜帶正常的染色體。

目前唐氏症發生機率約為千分之一，即1000名新生兒中有1名唐氏症患者。大部分為偶發性，部分轉位型患者則是因遺傳而發病。

●症狀

1866年，英國醫師約翰・朗頓・唐（John Langdon Haydon Down）首次發表這種病症。到了1959年，法國醫師傑羅姆・勒瓊（Jérôme Lejeune）發現唐氏症是染色體異常造成的疾病。

唐氏症的主要表相症狀為眼距寬，眼角斜向外上方。從頭頂觀察時，頭部縱向距離較短。其他特徵包括臉部扁平無起伏、鼻梁塌陷、鼻形扁平、舌頭長、耳廓上部向內折、下顎偏小、頸部和手指粗短、手掌大等。

唐氏症通常會伴隨各種併發症狀，例如全身肌肉低張力、先天性心臟病、食道閉鎖、先天性幽門狹窄、十二指腸閉鎖、無肛症等內臟異常問題，以及白血病、圓錐角膜、斜視、甲狀腺機能亢進或低下等。另一方面，智能不足也是常見特徵之一。

●檢查

產前進行羊膜穿刺術檢查，從子宮採集羊水，檢驗羊水細胞的染色體，藉此診斷腹中胎兒是否有基因方面的疾病。

●治療

目前的醫療技術雖能治療內臟異常等病症，卻無法根治染色體異常問題。

針對患者智能不足的問題，可依其智能障礙嚴重程度，施行各項訓練，協助患者適應社會生活。

2章

腦與神經

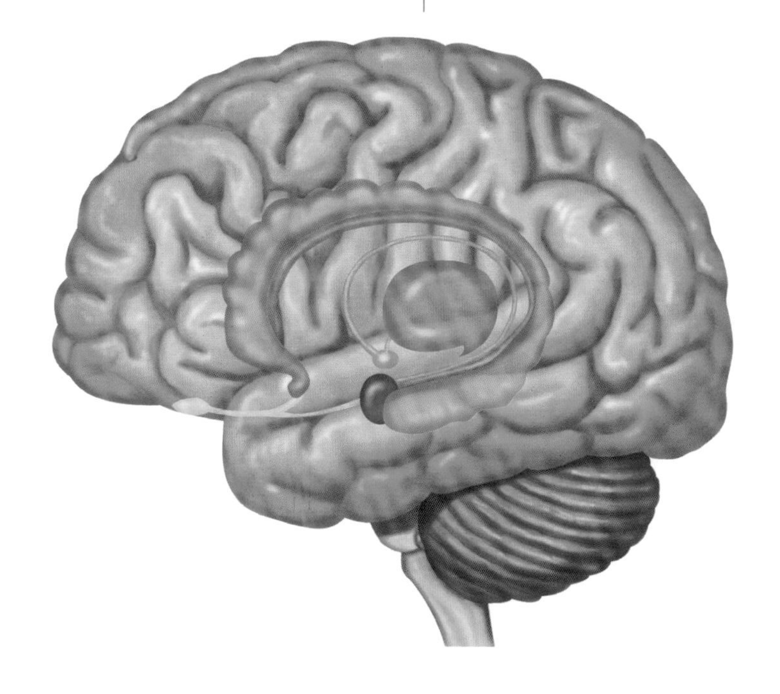

腦的構造

人類的腦由大腦、小腦、腦幹（含間腦）組成，是掌管生命活動和認知活動的總司令。

大腦、小腦、腦幹 腦的解剖三結構

位置 **顱骨**內

構造 根據統計，日本成年男性的平均**腦**重量為1,350～1,400公克，成年女性為1,200～1,250公克。

大腦重量約占整個腦部的八成。大腦的表層為**大腦皮質**，由**神經細胞**構成，形成表面呈凹凸起伏（皺褶結構）的**灰質層**。大腦表面的皺褶狀可增加表面面積，用以處理龐大訊息並加以儲存。大腦皮質下方為**大腦髓質**（**白質**），髓質裡有**基底核**。

小腦位於後腦部位，與大腦之間有**小腦天幕**隔開。小腦的大小僅次於大腦，只占整個腦部的10%左右。小腦雖然不大，但腦部半數以上的神經細胞全集中在這裡。

連結大腦與**脊髓**的部分稱為**腦幹**，由**中腦**、**橋腦**、**延腦**組成。中腦位於**間腦**與橋腦之間；延腦位於腦部最下方，緊連脊髓。

間腦位於腦幹上方，由**視丘**與**下視丘**構成，下視丘下方連接**腦下垂體**。

腦，其實就是神經細胞的集合體，本身非常柔軟，自然需要外殼保護。而這個外殼就是有著三層構造的**腦膜**，由內層至外層，依序為**軟腦膜**、**蜘蛛膜**，以及**硬腦膜**。

軟腦膜與腦緊黏在一起，蜘蛛膜由纖維性結締組織構成，最外層的硬腦膜則是由堅韌的緻密結締組織所構成，緊緊貼著顱骨。此外，軟腦膜與蜘蛛膜之間充滿了**腦脊髓液**，而蜘蛛膜與硬腦膜之間也有**淋巴液**，這些液體皆具有吸收外部衝擊的緩衝功用。

最後再加上顱骨、頭皮和頭髮，將腦的保護工作做到滴水不漏。

20%血液構成的生命中樞

腦的重量其實僅占全身的一小部分，但從心臟運送至腦的血液卻是總量的20%左右，甚至每分鐘多達750毫升。由此可知，腦活動需要大量的氧氣與養分，尤其是能量來源的葡萄糖。

腦動脈一旦阻塞或破裂，便會引發腦梗塞、腦出血、蜘蛛膜下腔出血等腦血管疾病。即使患者病發後幸運保住一命，也極有可能因為部分腦功能受損，依然留下身體單側麻痺等後遺症。

人體的總司令 掌管生命與認知活動

功能 大腦負責處理所有來自身體各器官的訊息，分析判斷後下達指令給各個相應器官，猶如整個人體的總司令。

覆蓋於大腦表面的大腦皮質，負責人體的感覺、記憶、思考、語言、理解等認知活動。

小腦負責處理內耳三半規管等平衡器官，以及身體動作等相關訊息，藉以保持身體的平衡，調節肌肉運動，並且下達跑跳等運動指令。

腦幹與間腦則負責控管呼吸、心跳、消化、體溫調節等生命活動。

腦部構造

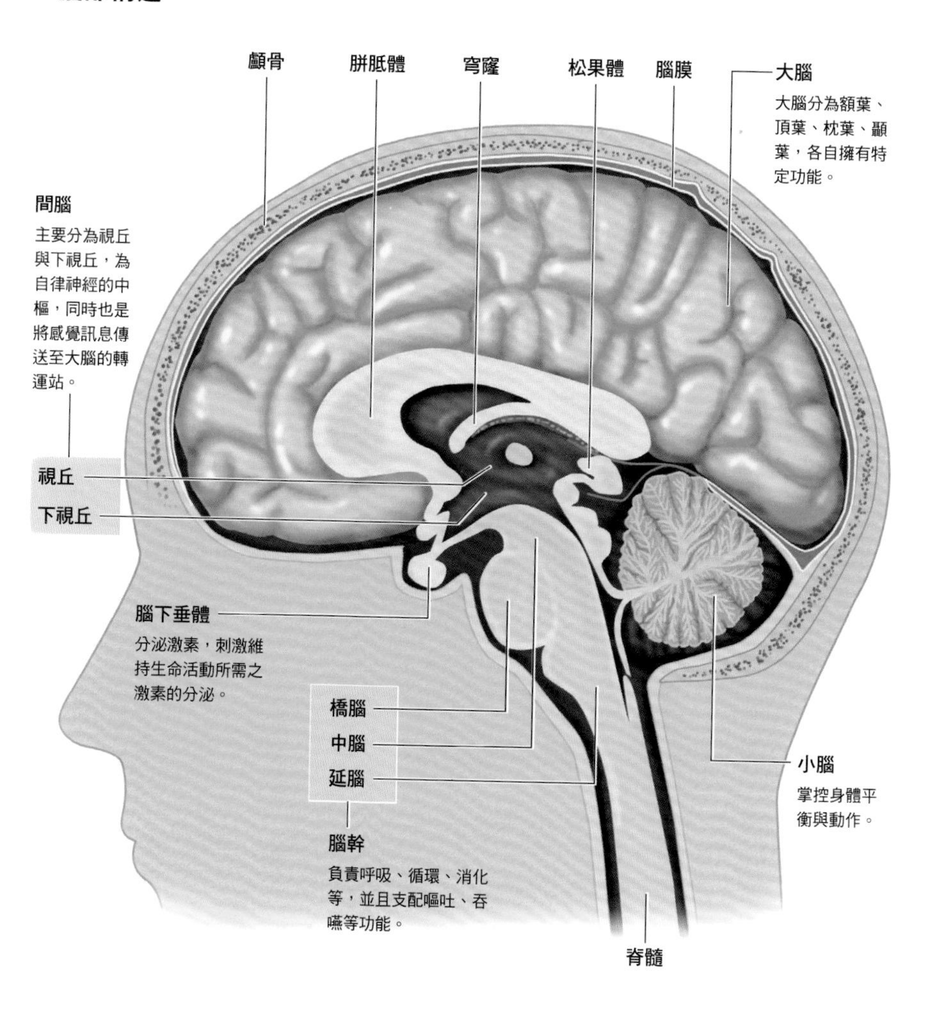
顱骨
胼胝體
穹窿
松果體
腦膜
大腦
大腦分為額葉、頂葉、枕葉、顳葉，各自擁有特定功能。
間腦
主要分為視丘與下視丘，為自律神經的中樞，同時也是將感覺訊息傳送至大腦的轉運站。
視丘
下視丘
腦下垂體
分泌激素，刺激維持生命活動所需之激素的分泌。
橋腦
中腦
延腦
腦幹
負責呼吸、循環、消化等，並且支配嘔吐、吞嚥等功能。
小腦
掌控身體平衡與動作。
脊髓

大腦的構造

大腦由大腦皮質（灰質）、大腦髓質（白質）構成，中心部位有邊緣系統與基底核。

大腦皮質的結構 新舊皮質兩重構造

位置 **腦**的最上方

構造 **大腦**的中間有一條名為**大腦縱裂**的溝渠，由前至後將大腦分為左、右半球，右側為**右腦**，左側為**左腦**。

大腦的表層是由數公釐厚的**大腦皮質**（**灰質**）所構成，大量的**神經細胞**集結並形成灰質層。灰質層的下方即**大腦髓質**（**白質**），則是由神經細胞發出的**神經纖維**束所構成。

大腦皮質可分為新皮質、古皮質與舊皮質，新皮質隨人類進化而來，古、舊皮質原本即存在於腦部。新皮質將古、舊皮質包覆在內，而古、舊皮質之下為**扣帶回**、**杏仁核**、**海馬**構成的**大腦邊緣系統**，主要功能為掌管情感、情緒、記憶等。大腦髓質深處有灰質團塊的**基底核**（包含**豆狀核**、**尾核**等），連結大腦皮質和**視丘**、**腦幹**。

大腦皮質的作用 理性、感性與情緒

功能 **感覺神經**可傳送外界與體內的各種訊息至大腦的新皮質，這些訊息經由神經細胞彼此間的傳遞與處理，人類才得以做出邏輯思考、分析判斷、語言交流等高度的認知活動，因此大腦新皮質實與「知、情、意」息息相關。在眾多哺乳動物之中，只有猴子和人類等靈長

如何衡量睡眠的品質？

腦部的神經細胞不同於其他細胞，一旦壞死就無法再生。睡眠正是為了讓腦部休息，保護腦細胞的安全裝置，與食慾、性慾一樣都是人類的本能。不過話雖如此，腦在睡眠中卻並非完全靜止不動。

睡眠可以分為淺度睡眠（快速動眼期睡眠）和深度睡眠（非快速動眼期睡眠），兩者交替循環出現，構成週期。當人體入睡3小時後進入深度睡眠，之後快速動眼期睡眠和非快速動眼期睡眠會每隔90分鐘交替一次。

處於快速動眼期睡眠時，心跳和呼吸頻率上升，臉部和手部等因肌肉放鬆，不時出現抽動現象。無關身體是否進入深度睡眠狀態，腦部的活躍程度依舊和清醒時相差無幾。若是能在快速動眼期起床，整個人會感覺神清氣爽，也比較不會有賴床情況。另外，做夢多半發生在快速動眼期。進入非快速動眼期睡眠時，心跳速度則會變慢，呼吸也較為緩慢且規律。

類動物具備大腦新皮質，亦即擁有認知活動的能力。

另一方面，舊皮質則掌管食慾、性慾等生命活動，以及憤怒、恐懼、快樂等喜怒哀樂的情緒，可以說大腦舊皮質與「本能／情緒」有著密不可分的關係。

不過喜悅、悲傷等摻雜複雜要素的情感反應，不僅與舊皮質有關，同時也是新皮質**額葉**的管轄範圍。

基底核則接收來自大腦皮質的訊息，進一步調節人體走路、跑步等運動相關的功能。

● 大腦的構造

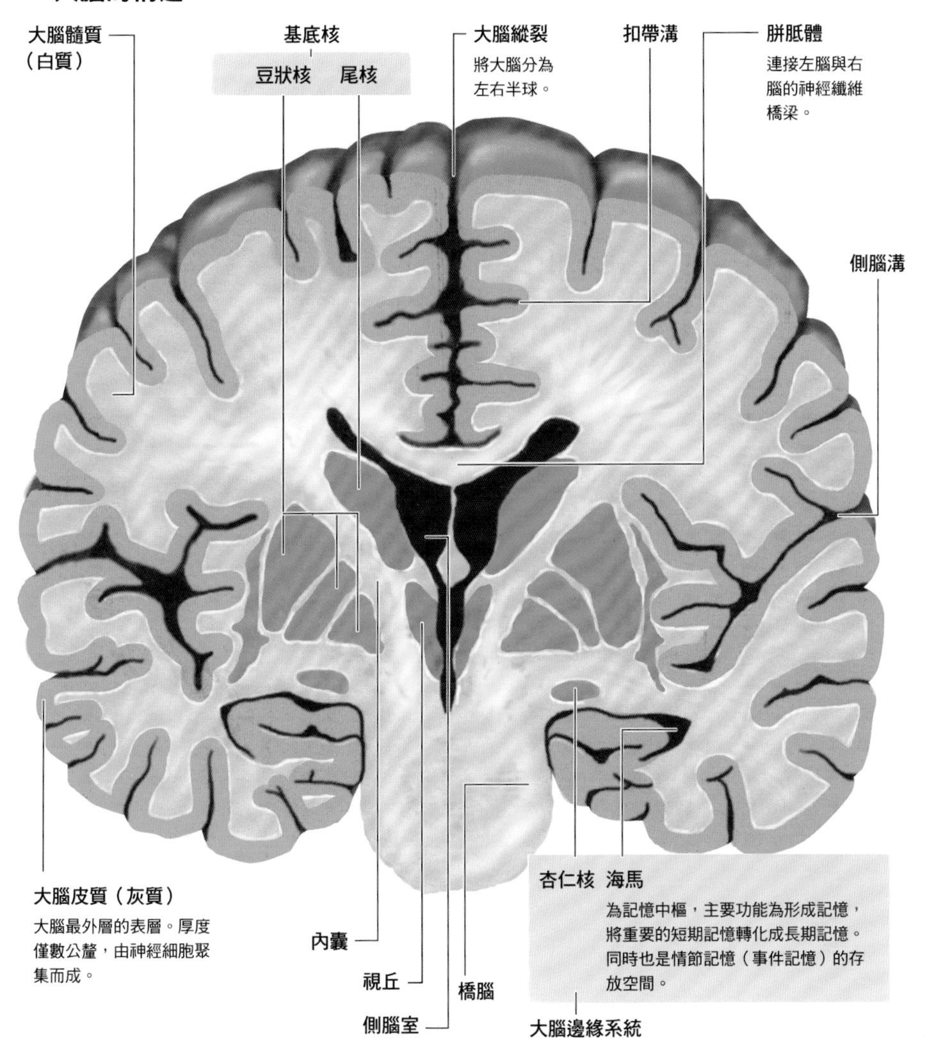
大腦髓質（白質）
基底核
豆狀核
尾核
大腦縱裂
將大腦分為左右半球。
扣帶溝
胼胝體
連接左腦與右腦的神經纖維橋梁。
側腦溝
大腦皮質（灰質）
大腦最外層的表層。厚度僅數公釐，由神經細胞聚集而成。
內囊
視丘
側腦室
橋腦
杏仁核
海馬
為記憶中樞，主要功能為形成記憶，將重要的短期記憶轉化成長期記憶。同時也是情節記憶（事件記憶）的存放空間。
大腦邊緣系統

大腦皮質的構造

大腦皮質可分為額葉、頂葉、枕葉、顳葉，各擁有特定的功能。

四個腦葉共構成腦部指揮官

位置 **大腦**表層

構造 覆蓋於大腦表層的**皮質**，由**神經細胞**聚集而成，表面呈皺褶結構，不規則的凹陷處為**溝**，突起處為**回**。溝與回的結構能夠擴大皮質的表面積，大小約一張攤開的報紙。

大腦左右半球的皮質，由**腦溝**（**中央溝**、**側腦溝**、**頂枕溝**）劃分為四個腦葉，即**額葉**、**頂葉**、**枕葉**，以及**顳葉**。

這四個腦葉各具有特定的功能，稱為**功能分區**。主要的功能分區包含**主要運動區**、**主要感覺區**（**體感覺皮質區**、**聽覺皮質區**、**視覺皮質區**），以及**額葉聯合區**、**顳葉聯合區**、**頂葉聯合區**等。主要運動區與主要感覺區由**神經纖維**與**腦幹**相連接，其他聯合區同樣經由神經纖維，與大腦內部相連結。

各功能分區、聯合區各有其特定功能

功能 額葉主要具備思考、判斷、計算等與邏輯相關的功能。位於額葉前端的額葉聯合區，主司行動、訂立計畫、預測未來。另外，運動聯合區負責動作順序、運動規劃並掌控運動，將訊息傳送至與頂葉為鄰的主要運動區。主要運動區再依據運動聯合區的訊息，下達指令給骨骼肌進行肌肉運動。

頂葉的體感覺皮質區，負責整合各感覺接受器傳送來的疼痛、溫度、壓力等

前額葉與創造力泉源

人類與其他動物最大的不同之處，就在於擁有創造能力。大腦皮質的額葉聯合區和腦幹會分泌一種神經傳導物質 ── 多巴胺，其主要功能之一就是從長期累積的訊息中進行篩選，並創造出新的事物。

腦幹的中央部位有一處神經起點區，以A、B、C依序命名，其中A10神經即負責分泌多巴胺。這種化學物質能夠使大腦產生興奮和愉快的感覺。

A10神經以腦幹中央部位為起點，延伸至內有食慾中樞和性慾中樞的下視丘，在這裡經活化後，進入大腦邊緣系統並分泌多巴胺，最後進入主管所有心理活動的額葉聯合區。額葉聯合區受到多巴胺的刺激而興奮，活動力因此變得旺盛，這樣的結果促使大腦產生快樂的感覺，創造力也隨之如泉湧。

訊息，並進行管控。其中，頂葉聯合區負責蒐集皮膚感覺（體感覺）並加以整合。除此之外，視覺中樞位於枕葉，聽覺中樞位於顳葉，嗅覺中樞則位於**大腦邊緣系統**。

顳葉有顳葉聯合區和聽覺皮質區，負責整合聽覺和視覺的感官訊息，辨別音樂與影像。

位於左腦額部與顳部交界處的**布洛卡氏區**，以及橫跨頂部與顳部的**韋尼克氏區**，這兩處為語言中樞，主司語言發聲、表達與理解。

如上所述，各功能分區、各聯合區都擁有各自的特定功能，同時各區也會相互交換訊息，經綜合分析判斷後，再向全身下達指令。

● 大腦皮質各分區的功能

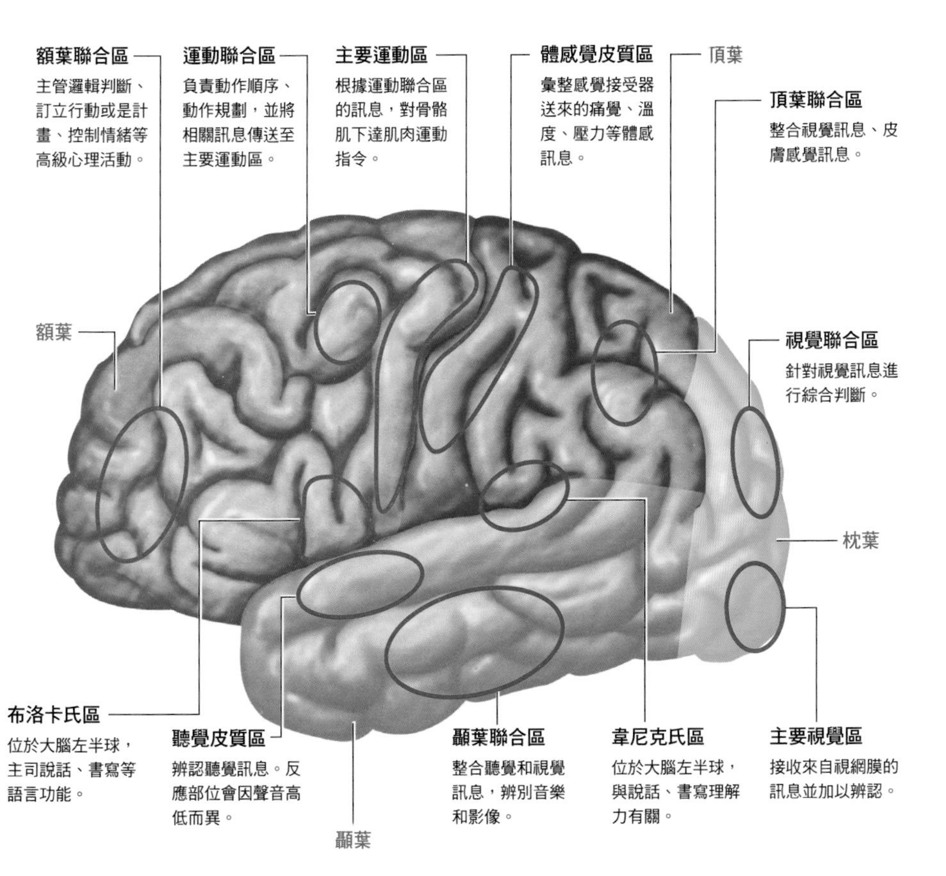
額葉聯合區
主管邏輯判斷、訂立行動或是計畫、控制情緒等高級心理活動。
運動聯合區
負責動作順序、動作規劃，並將相關訊息傳送至主要運動區。
主要運動區
根據運動聯合區的訊息，對骨骼肌下達肌肉運動指令。
體感覺皮質區
彙整感覺接受器送來的痛覺、溫度、壓力等體感訊息。
頂葉
頂葉聯合區
整合視覺訊息、皮膚感覺訊息。
額葉
視覺聯合區
針對視覺訊息進行綜合判斷。
枕葉
布洛卡氏區
位於大腦左半球，主司說話、書寫等語言功能。
聽覺皮質區
辨認聽覺訊息。反應部位會因聲音高低而異。
顳葉
顳葉聯合區
整合聽覺和視覺訊息，辨別音樂和影像。
韋尼克氏區
位於大腦左半球，與說話、書寫理解力有關。
主要視覺區
接收來自視網膜的訊息並加以辨認。

小腦的構造

小腦細微調整來自大腦皮質的運動訊息，進一步下指令給骨骼肌等，執行身體運動。

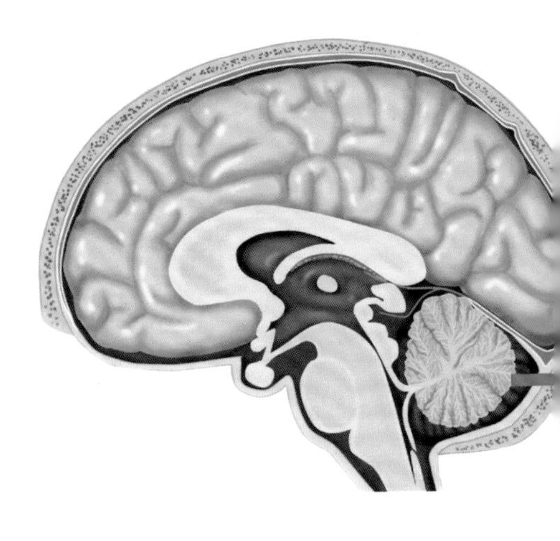

半數以上的神經細胞集中於小腦

位置 位於**大腦**後下方，同時緊鄰**腦幹**背部。

構造 **小腦**與大腦間由**小腦天幕**隔開，重量約占整個腦部的10%。

小腦的表層如同大腦表層一般，也分布了許多**小腦溝**和**小腦回**，表面積約為大腦的四分之三。**神經纖維**經**上小腦腳**連接**中腦**，經**中小腦腳**連接**橋腦**，再經由**下小腦腳**連接**延腦**，小腦並沒有直接連接大腦。

整個腦部有半數以上的**神經細胞**集中在小腦，與大腦相同，小腦也是由**灰質**（神經細胞構成）與**白質**（神經纖維束構成）所組成。胚胎學上，將小腦分成**古小腦**、**舊小腦**和**新小腦**。

調節來自大腦皮質的運動訊息傳達指令至全身

功能 小腦負責蒐集站立或走路時來自骨骼肌與耳內平衡器官的訊息，並依據訊息調整肌肉運動與維持身體姿勢。

小腦針對來自**大腦皮質**的運動訊息進行調整，之後傳送指令至相對應的身體部位。小腦同時會檢測該部位是否依照指令工作，並將結果回饋給大腦皮質。大腦皮質再依據小腦回饋的訊息，傳送新的運動訊息給小腦。大小腦透過彼此訊息交流，隨時保持身體平衡。

小腦表面的緊密神經網絡

小腦皮質上布滿神經細胞，每一平方公釐就有將近50萬個。這些密集排列的神經細胞，建構了一個極為精密的神經系統，能夠以千分之一秒的速度處理來自大腦的各個指令。

整個小腦約有3萬個如此精密的神經系統，主司運動所需的肌肉協調、複雜精細的動作，以及維持身體平衡。

● 小腦的構造（從腦幹側觀察）

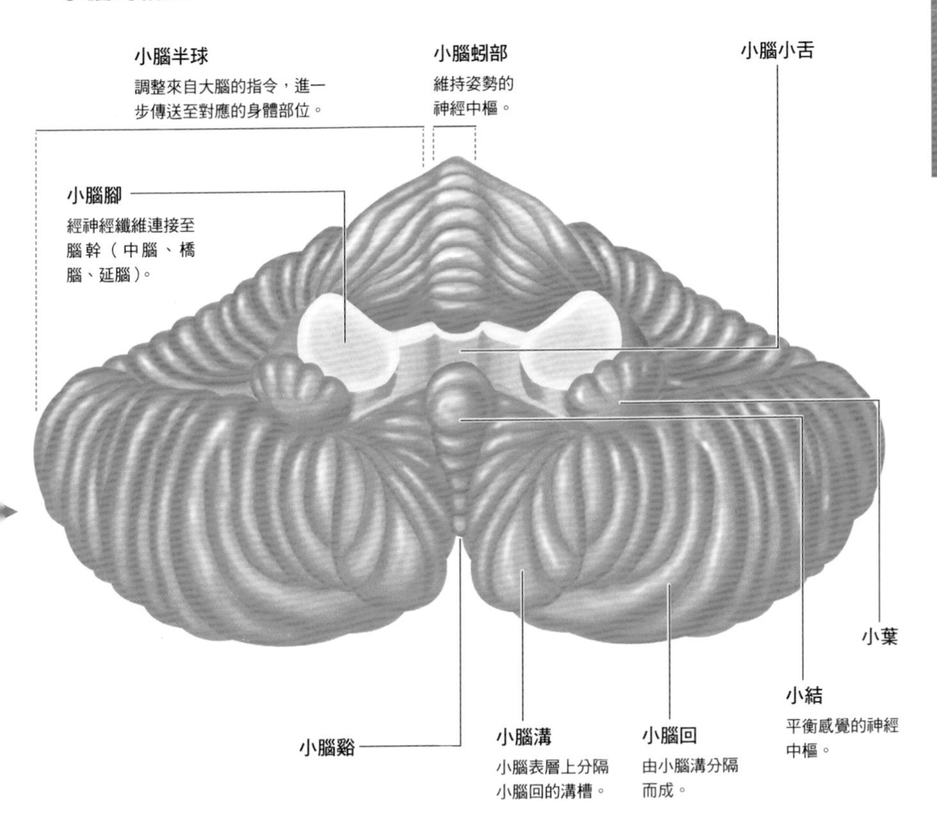
小腦半球
調整來自大腦的指令，進一步傳送至對應的身體部位。
小腦蚓部
維持姿勢的神經中樞。
小腦小舌
小腦腳
經神經纖維連接至腦幹（中腦、橋腦、延腦）。
小葉
小結
平衡感覺的神經中樞。
小腦谿
小腦溝
小腦表層上分隔小腦回的溝槽。
小腦回
由小腦溝分隔而成。

胚胎學分類上的古小腦，可經由神經纖維，接收來自**半規管**和**前庭神經核**所傳來的頭部傾斜訊息，並且根據頭部的位置和傾斜程度，進一步調控眼球運動和身體姿勢。

舊小腦負責接收來自全身感覺接受器的姿勢、運動相關訊息，依訊息控制軀幹與四肢運動，以及平衡感覺。如果這個部位受損，容易出現無法站直或是順利行走的運動障礙。

另一方面，人類和猴子等進化的靈長類，小腦絕大部分都是新小腦。新小腦接收來自大腦皮質的運動指令，於細微調整後傳送至身體各相應部位，因此人類才能做出如此獨特的精細動作。例如靈活使用指尖書寫、使用筷子吃飯、在適當時間做出適當的動作等等，這些日常行為都是新小腦的功勞。若新小腦受損，便無法做出從輸送帶上拿起移動中的物體的動作了。

腦幹的構造

腦幹包括中腦、橋腦和延腦。視丘和下視丘構成的間腦也是腦幹的一部分，負責維持生命活動。

腦幹的構成包含中腦、延腦、橋腦、間腦

位置 **腦幹**位於**間腦**的下方。間腦位於**腦**中心部位的最上方。

構造 狹義的腦幹，包含**中腦**、**延腦**和**橋腦**，重量約200公克，形狀、大小和大拇指差不多。

中腦就位在間腦的正下方、橋腦的上方。**大腦皮質**發出的運動指令，通過**神經纖維**形成的**錐體徑**，經由位於中腦腹側的**大腦腳**，傳送至中腦。

橋腦位於中腦和延腦之間，為三叉神經、顏面神經等的起點。延腦位在橋腦下方，為舌咽神經和舌下神經的起點。

另外，間腦也算是腦幹的一部分，由**視丘**和**下視丘**所構成。**第三腦室**將間腦分隔成左右兩部分。**腦下垂體**連接下視丘，呈下垂的橢圓狀。

支配生命活動的神經全都集中於腦幹

功能 腦幹具有維持人體的心跳、呼吸、調節體溫等功能，維繫人類基本的生命活動。

中腦具有維持身體平衡、調整瞳孔大小與眼球運動的功用。中腦同時也是**視聽覺**的轉運站，內部包含有視覺中樞和聽覺中樞。

橋腦為腦幹中最鼓起的部分，為大腦皮質往**小腦**延伸的神經纖維轉運站。橋腦負責調節呼吸節奏與深度，並且下達表情和眼睛運動等相關指令，調整骨骼肌運動以控制身體姿勢。

延腦的主要功能為透過打噴嚏和咳嗽機制，防止異物侵入體內，也控制咀嚼、吞嚥、分泌唾液、嘔吐等等。另外，延腦裡的**神經核**主司呼吸調節、血液循環、流汗和排泄。

位於腦幹最上方的視丘，內含許多**神經核**，除了**嗅覺**以外，運送全身感覺訊息的神經纖維也全都集中在這個部位。視丘負責處理來自**脊髓**與腦幹的訊息，並將處理好的訊息送至相關的大腦皮質功能分區。

下視丘是**自律神經系統**（掌管內臟與血管）與**內分泌系統**（**激素**）的整合中心，具有調節體溫、消化運動、睡眠等功能，同時也是性功能中樞。下視丘好比是我們的生理時鐘，掌管一整天的體內作息。

相對於分泌甲狀腺素、腎上腺素等單獨對部分器官起作用的**內分泌腺**，腦下垂體則主要分泌多種刺激內分泌腺的激素，同時也分泌可作用於全身，藉以維持生命活動的激素。

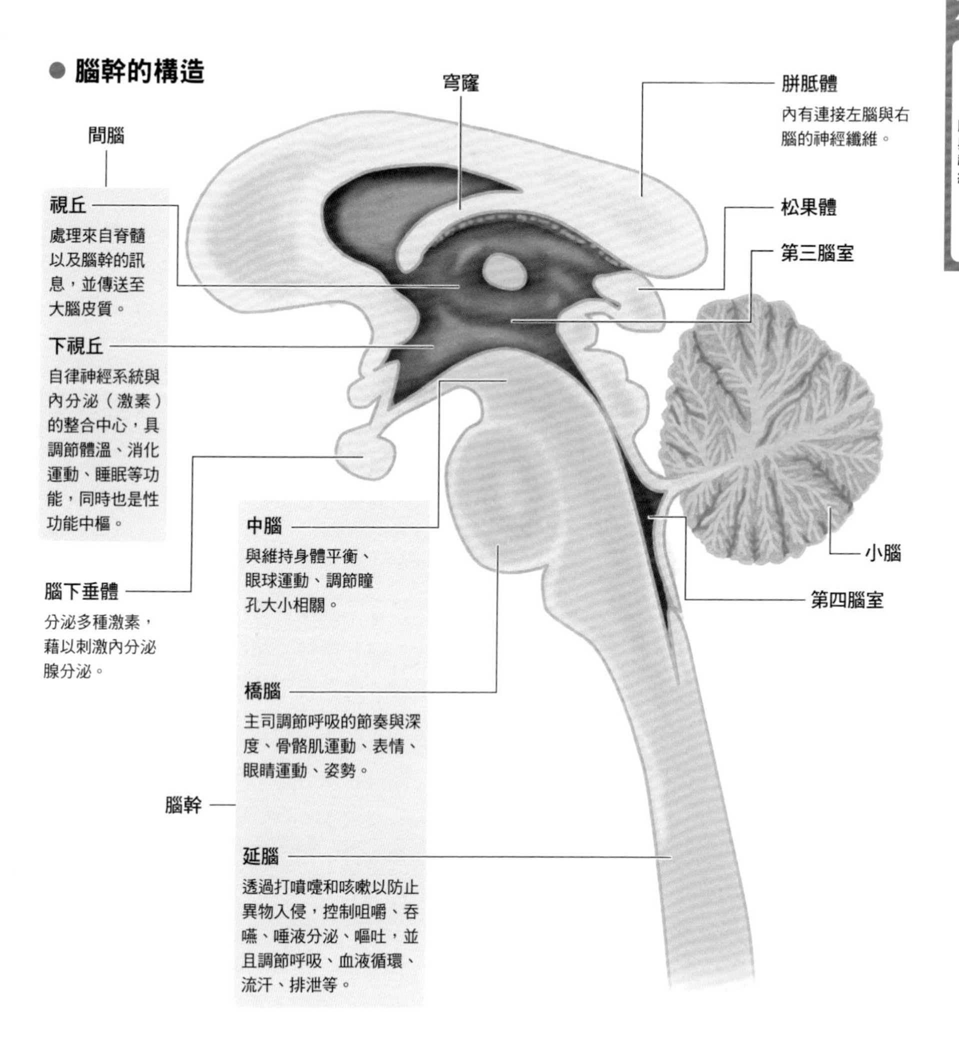

● 腦幹的構造
穹窿
胼胝體
內有連接左腦與右腦的神經纖維。
間腦
視丘
處理來自脊髓以及腦幹的訊息，並傳送至大腦皮質。
松果體
第三腦室
下視丘
自律神經系統與內分泌（激素）的整合中心，具調節體溫、消化運動、睡眠等功能，同時也是性功能中樞。
中腦
與維持身體平衡、眼球運動、調節瞳孔大小相關。
小腦
腦下垂體
分泌多種激素，藉以刺激內分泌腺分泌。
第四腦室
橋腦
主司調節呼吸的節奏與深度、骨骼肌運動、表情、眼睛運動、姿勢。
腦幹
延腦
透過打噴嚏和咳嗽以防止異物入侵，控制咀嚼、吞嚥、唾液分泌、嘔吐，並且調節呼吸、血液循環、流汗、排泄等。

「腦死」是指什麼樣的狀態？

即使人體喪失大腦功能，只要掌管生命活動的腦幹，尤其是延腦的部分依舊運轉時，便能維持呼吸和心臟功能。像這樣即便沒有意識，生命活動依舊持續的狀態就稱為「植物人」。

另一方面，當腦幹功能停止，無法自主呼吸的狀態則稱為「腦死」。若大腦、小腦的功能也全都停止時，這樣的狀態便稱為「全腦死」。日本醫學界裡，便是以全腦死作為判定一個人死亡的標準。

左右腦的構造

大腦縱裂將大腦分成右腦與左腦，兩者間以胼胝體相連。右腦支配左半身，左腦支配右半身。

胼胝體如同大腦的橋梁連接右腦與左腦

位置 **大腦**

構造 大腦中央的**腦溝 —— 大腦縱裂**，將大腦分成左右兩個半球。

大腦的右半球稱為**右腦**，左半球則為**左腦**，左右兩個大腦半球之間便是以**胼胝體**相連。胼胝體內大約有2億條**神經纖維**通過。

右腦接收來自左半身的感覺訊息，並支配左半身；左腦則負責支配右半身。這是因為連接大腦與各器官的神經在延腦部位交叉的緣故，這樣的機制便稱為**交叉支配**原理。

視覺也是基於同樣的原理。右眼從外界接收到的視覺訊息會傳送至左腦，左眼所接收的視覺訊息則傳送至右腦，兩種視覺訊息經由交叉結合在一起，物體影像才能呈現立體感，使得我們能夠分辨景物的遠近。

右腦和左腦分別擔負不一樣的功能

功能 在所有的動物之中，只有哺乳類的大腦才分成左右兩部分，其中又只有人類具備了右腦與左腦各有不同功能的特徵。

當腦動脈一旦因故破裂（腦出血）或阻塞（腦梗塞），造成前端的神經細胞壞死，可能會留下局部肢體麻痺等後遺症。由於右腦支配左半身、左腦支配右半身，所以右腦神經細胞壞死便會導致左半身麻痺。

右腦和左腦擁有共同的功能，舉例來說，右腦和左腦同樣會下達活動手腳的指令，但左右腦也有各自專屬的功能。其中，右腦最具代表性的功能便是直覺和創造力等感覺功能。

具體來說，像是辨識每個人不同的臉孔，演奏樂器、聽音樂、看電影而深受感動、辨識物體形狀並畫出來、在空間

嬰兒的左右腦擁有相同的功能？

剛出生的新生兒，大腦邊緣系統幾乎已然發育完整，但是連接右腦與左腦的胼胝體尚不發達，因此新生兒的左右腦功能幾乎相同。

約莫1歲過後，胼胝體的神經纖維逐漸發達起來，左右腦的分工隨著成長變得更加細膩。大約在6歲左右，胼胝體便會發育完全了。

中掌握自己與他人的相對位置關係，以及擁有方向感等等。

另一方面，左腦也被稱為知性腦，主司使用語言與符號，進行邏輯思考。

具體來說，左腦具有聽說讀寫等語言能力，擅長區分事情先後的時間觀念，還有計算、背誦九九乘法表等與數理邏輯相關的機制。

● 左腦與右腦的構造（從下方觀察）

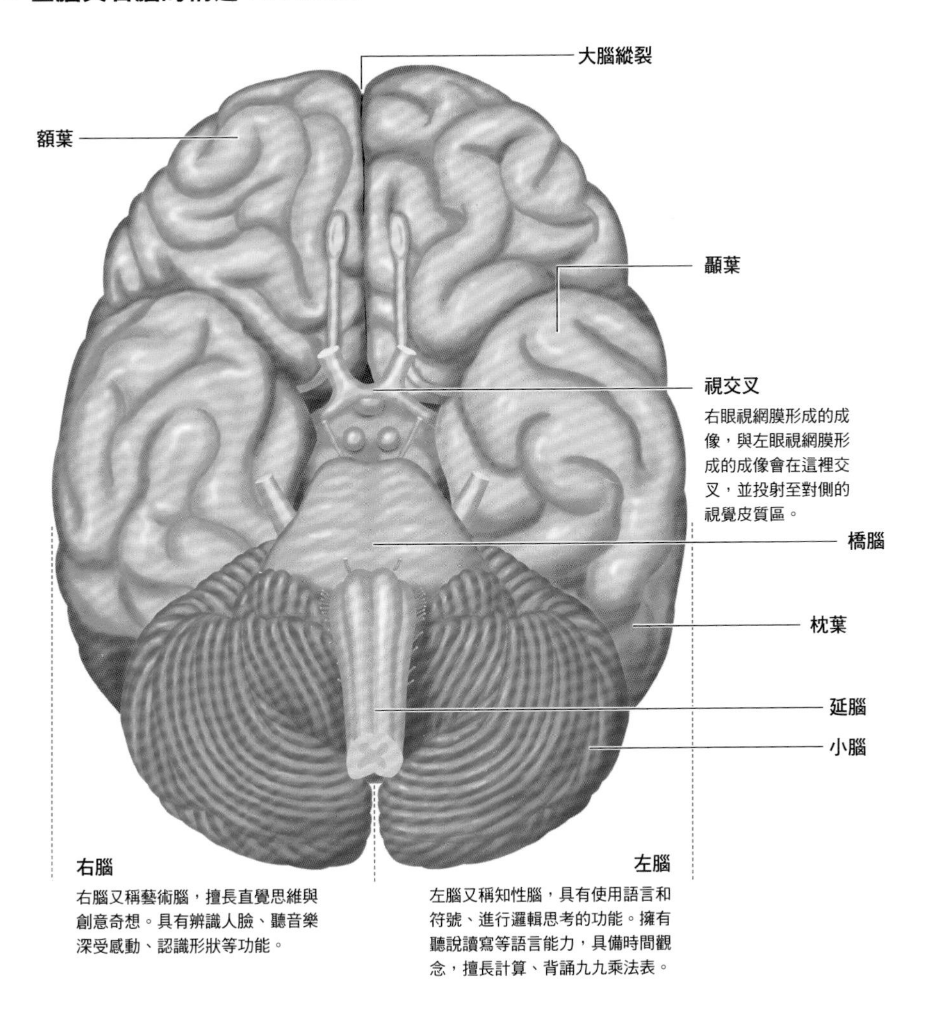
大腦縱裂
額葉
顳葉
視交叉
右眼視網膜形成的成像，與左眼視網膜形成的成像會在這裡交叉，並投射至對側的視覺皮質區。
橋腦
枕葉
延腦
小腦
右腦
右腦又稱藝術腦，擅長直覺思維與創意奇想。具有辨識人臉、聽音樂深受感動、認識形狀等功能。
左腦
左腦又稱知性腦，具有使用語言和符號、進行邏輯思考的功能。擁有聽說讀寫等語言能力，具備時間觀念，擅長計算、背誦九九乘法表。

記憶的機制

儲存記憶的部位，依記憶的類型和保留時間而有所不同，分別存於海馬、杏仁體、額葉聯合區。

記憶的儲存場所會因內容而異

位置 根據記憶內容，分別儲存於**大腦皮質**各功能區、**海馬**等部位。

構造 **大腦**表層的大腦皮質，不同的部位擁有各自的功能。而大腦儲存記憶的方式，會根據記憶內容，分別儲存在相關的大腦皮質各功能分區。

舉例來說，關於物體形狀的記憶，即儲存在**顳葉聯合區**；物體所在位置的記憶，便儲存在**額葉聯合區**；身體活動方式的記憶，則儲存在**運動聯合區**等，分別儲存、保留在相關皮質區裡。不僅如此，人類的大腦也會依據記憶內容，進一步判斷並細分成多種類型，一一儲存在構成大腦皮質的各個**神經細胞**（**神經元**）裡。

短暫保留的短期記憶 永久保留的長期記憶

功能 記憶分成許多類型，大致可分成以下四種：

透過學習獲得知識資訊的**語意記憶**，經由個人經驗而獲得場景資訊的**情節記憶**，無意識狀態下使生理、身體做出反應的條件反射、騎腳踏車等技能習得與保留的**程序記憶**，以及本能自動閃避危險的**情緒記憶**。

「語意記憶」儲存於**額葉**、**顳葉前部**、海馬、**頂葉**等；「情節記憶」主要儲存於海馬；「情緒記憶」儲存於**杏仁體**。而「程序記憶」則與所有中樞神經系統有關。

另一方面，按照大腦保留記憶的時間長短，可再將記憶分成數分鐘後即遺忘

健忘是失智症的前兆嗎？

人類的記憶能力會隨年紀增長而衰退，遇到許久不見的好友卻叫不出名字、走到客廳拿東西卻想不起來要拿什麼……。一旦上了年紀，這種程度的健忘可能發生在任何人身上。

但是，不記得自己的家人、忘記自己已經吃過早餐、拿手的技能變得生疏，這種生理性的遺忘卻不同於健忘，很有可能是失智症的前兆，必須多加留意。

我們一般所說的失智症，是指「後天性腦部疾病造成正常的認知功能全面衰退，進而影響日常生活的狀態」。若要早期發現失智症，須仰賴家人等親近的人及早發現這些異常徵兆，儘早診斷並規劃治療。

的**短期記憶**，以及長時間牢記的**長期記憶**兩種類型。

「短期記憶」暫時儲存在海馬，需要長時間保留的內容則進一步送至海馬周邊的神經迴路，形成「新近記憶」。

而在新近記憶中需要永久記憶的重要資訊，會在神經元迴路傳送過程中送至大腦的**頂葉聯合區**和顳葉聯合區，進行彙整，最後形成能保留數個月甚至長達一生的長期記憶。

當短期記憶經過不斷重複、提高其重要性時，便轉化成長期記憶保存。因此海馬在短期記憶與長期記憶的轉化過程中，占有一席非常重要的地位。

● 與記憶相關的部位及功能

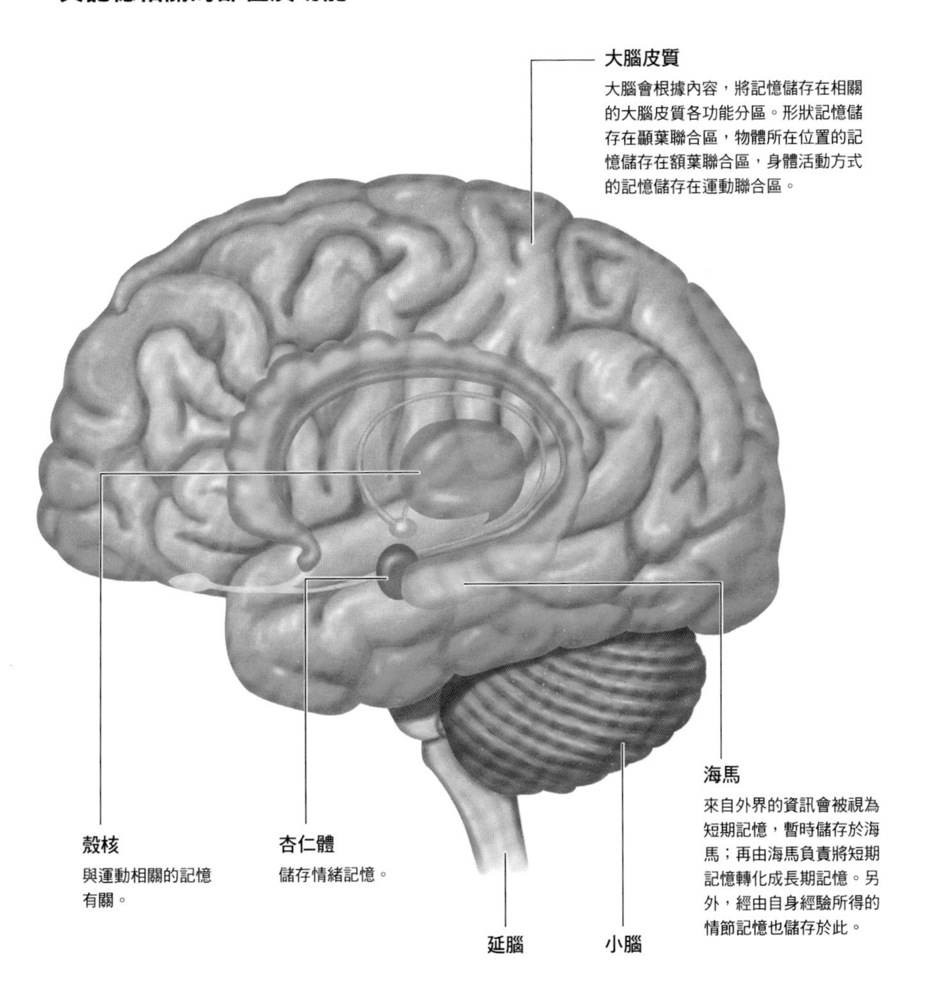
大腦皮質
大腦會根據內容，將記憶儲存在相關的大腦皮質各功能分區。形狀記憶儲存在顳葉聯合區，物體所在位置的記憶儲存在額葉聯合區，身體活動方式的記憶儲存在運動聯合區。
殼核
與運動相關的記憶有關。
杏仁體
儲存情緒記憶。
延腦
小腦
海馬
來自外界的資訊會被視為短期記憶，暫時儲存於海馬；再由海馬負責將短期記憶轉化成長期記憶。另外，經由自身經驗所得的情節記憶也儲存於此。

脊髓的構造

脊髓分成31節，由頸髓、胸髓、腰髓、薦髓、尾髓組成。每個髓節各有左右成對的脊神經進出。

連結腦部神經細胞與全身串聯人體網絡的中樞神經

位置 從頸部的頸椎至腰部腰椎的**中樞神經**。

構造 人體的中樞神經是由**腦神經細胞**和**脊髓**所組成。脊髓連接至腦部，總長約40公分。

脊髓中央有H字形的**灰質**，主要為神經細胞，而灰質之外是由**神經纖維**構成的**白質**。

脊髓共可分成31個**髓節**。最靠近**延腦**的是**頸髓**（8個），其次是**胸髓**（12個）、**腰髓**（5個）、**薦髓**（5個）和**尾髓**（1個）。31個髓節各自有左右成對的**脊神經**（**周邊神經**）出入，這些周邊神經再經由分支，延伸至身體各個角落。

脊髓是人體最重要的器官之一，受到內層與外層的雙層結構保護。

脊髓本身由**脊髓硬膜**、**蜘蛛膜**、**脊髓軟膜**覆蓋，蜘蛛膜內側充滿**腦脊髓液**，能夠吸收並緩和來自外界的撞擊。除了這三層膜的保護之外，脊髓外還有**脊椎**作為第四層保護。

出入脊髓的脊神經，可分為**感覺神經**與**運動神經**兩大類。感覺神經通過背側（人體背面），負責將各個部位的感覺接受器所蒐集的訊息傳送至大腦；運動神經通過腹側（人體前面），負責將腦部下達的運動指令傳送至負責執行動作的必要部位。在脊髓中，感覺訊息與運動訊息分別行經不同的路徑，有效避免訊息在脊髓傳遞的過程中出現錯亂。

脊髓反射的機制

當我們輕敲膝蓋凹陷處，腳尖會不由自主向上彈跳；誤觸滾燙東西時，手會立即縮回；異物進入眼睛時，眼睛也會立即閉上；跌倒時，身體會自動採取防衛措施，像是以手撐地來降低受傷程度等等，這些反應都屬於脊髓反射的表現。

脊髓反射是為了避開傷害、及時保護身體的反射活動。以膝反射為例，當膝蓋受到刺激時，訊息上傳至脊髓，脊髓立即下指令給膝蓋周圍的肌肉，肌肉便立刻收縮加以因應。

不只是發生危險時保護身體，在我們日常生活中，脊髓反射時時刻刻都存在。例如走路時，邁出右腳後隨即便會跟著邁出左腳，像這種無意間的動作，也都是因為自幼不斷反覆操作，在脊髓裡已自然形成一種走路迴路；即使沒有大腦命令，我們仍舊可以左右腳輪流向前邁步。另外，我們能夠自然地筆直站立，其實也是脊髓反射的一種現象。

脊髓可代替大腦下達指令及時化險為夷

功能 皮膚、眼睛等感覺接收器所接收的訊息，心臟、胃等內臟和肌肉等組織所發出的訊息，都會經由感覺神經傳送至脊髓，然後再送至**大腦**。

大腦處理好這些知覺訊息之後，脊髓再透過運動神經，將大腦下達的指令傳送至全身各個部位。因此在連結大腦和全身的神經系統中，脊髓可以說是身負重責大任。

當我們不小心絆倒，或是面臨突發意外的瞬間，身體為了保護重要部位免於傷害，在訊息傳至大腦之前，脊髓會先以中樞神經的身分代替大腦啟動**脊髓反射**，藉以避開危險。

脊髓的構造

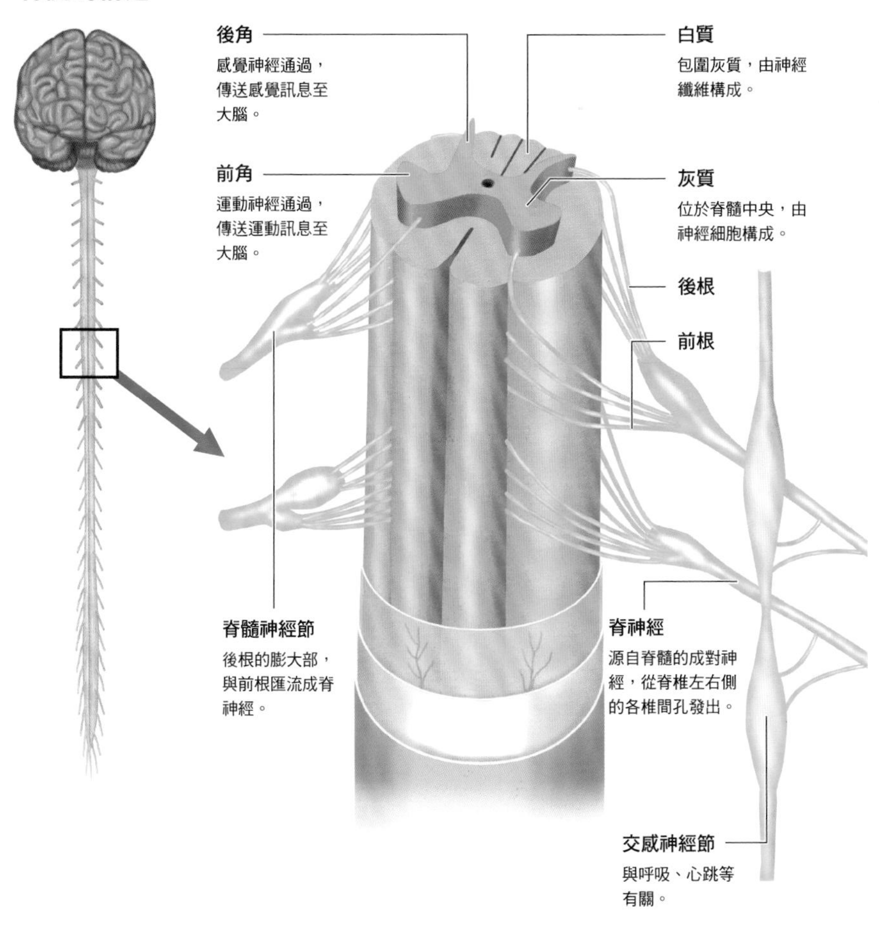
後角
感覺神經通過，傳送感覺訊息至大腦。
白質
包圍灰質，由神經纖維構成。
前角
運動神經通過，傳送運動訊息至大腦。
灰質
位於脊髓中央，由神經細胞構成。
後根
前根
脊髓神經節
後根的膨大部，與前根匯流成脊神經。
脊神經
源自脊髓的成對神經，從脊椎左右側的各椎間孔發出。
交感神經節
與呼吸、心跳等有關。

神經細胞的構造

神經細胞的基本單位為神經元，神經元之間透過神經傳導物質傳送訊息。

神經元乃是構成訊息網絡的最小單位

位置 位於腦內的**中樞神經系統**

構造&功能 構成**腦**內訊息網路的**神經細胞**，其基本單位稱為**神經元**。

神經元由內有細胞核的**神經細胞體**、發自細胞體並負責從其他神經元接收電訊號的**樹突**，以及將電訊號傳送至其他神經元的**軸突**（**神經纖維**）等三個部分所構成。人腦內約有一千數百億個神經元，另外還有神經系統內負責供應營養給神經元的**神經膠細胞**。

神經元與神經元之間的連接點稱為**突觸**，不過突觸並非直接連接相鄰的神經元，中間留有一小段空隙。

神經細胞之間會以電訊號的形式傳遞訊息。當訊息到達突觸時，位於突觸內的**突觸小泡**會開始分泌**神經傳導物質**，神經傳導物質進一步擴散至神經元之間的空隙，相鄰的神經元受器接收到電訊號後，就繼續往下一個目的地傳送。而神經元傳送電訊號的速度大約可達到每秒60公尺。

神經細胞的核周體會發出一根軸突，電訊號便是經由軸突傳送至突觸。軸突外有**髓鞘**包覆，稱作**髓鞘纖維**。髓鞘是由神經膠細胞構成，屬於絕緣體，能夠有效防止離子電流外漏，並加快電訊號的傳送速度。

訊息的分析與整合皆於迴路的傳送過程進行

功能 當外界出現撞擊、光線、聲音、熱、壓力等刺激之際，人體的皮膚、眼睛、耳朵、鼻子等感覺器官，其上的接受器負責接收訊息。感覺器官受到刺激

酒後失憶是因為腦內神經被破壞？

當酒精進入體內之後，首先會在肝臟分解成醋酸。但是肝臟處理的能力有限，未能及時分解的酒精便會直接進入血液，運送至全身。

在人體的腦內，有個可防止異物入侵的結構，名為「血腦障壁」。然而酒精的脂溶性特質，卻能使它如同擁有通行證般，即使面對這層壁壘也能暢行無阻。酒精一進入腦內，會開始溶解神經元的細胞膜，不僅影響神經元之間的訊息傳遞，同時也會造成酒醉現象。

由於記憶迴路的突觸受到破壞，因此有些人飲酒過後，會出現「完全不記得昨晚發生過什麼事」的情況。

後，發出微弱的電流，再透過**感覺神經**（**周邊神經**）傳至**脊髓**，最後傳送至**大腦**的神經細胞。

這些電訊號通過神經元的軸突，並由突觸傳遞至相鄰神經元的樹突。訊息在大腦神經細胞迴路傳送過程中經分析、整合後，再由大腦下指令給身體相對應的部位。

● 神經細胞的構造

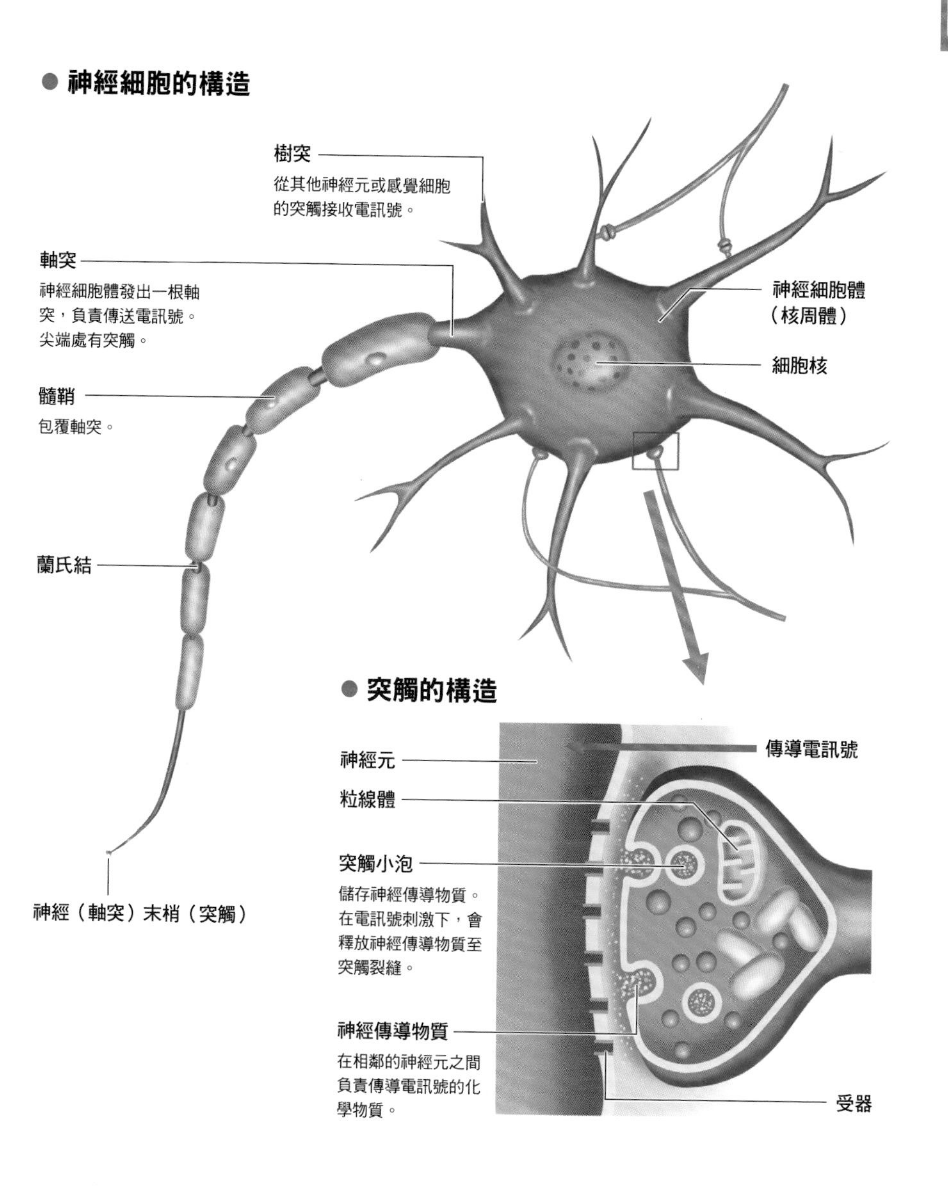
樹突
從其他神經元或感覺細胞的突觸接收電訊號。
軸突
神經細胞體發出一根軸突，負責傳送電訊號。尖端處有突觸。
髓鞘
包覆軸突。
蘭氏結
神經（軸突）末梢（突觸）
神經細胞體（核周體）
細胞核
● 突觸的構造
神經元
粒線體
突觸小泡
儲存神經傳導物質。在電訊號刺激下，會釋放神經傳導物質至突觸裂縫。
神經傳導物質
在相鄰的神經元之間負責傳導電訊號的化學物質。
傳導電訊號
受器

神經系統的構造

神經系統主要分成腦與脊髓構成的中樞神經，以及感覺神經、運動神經、自律神經構成的周邊神經。

傳遞訊息的神經網路密集遍布全身

位置 全身

構造 **神經系統**統籌細胞、組織和內臟功能，依狀況適時控制全身活動。神經系統的基本單位是**神經細胞（神經元）**。神經系統遍布全身，負責將大腦的指令傳送至各個器官，同時也將感覺器官和內臟的各種訊息上傳至**腦部**。

神經系統主要分成腦與**脊髓**組成的**中樞神經**，以及連接中樞神經並延伸至全身的**周邊神經**。

周邊神經包含將感覺器官接收的訊息傳送至中樞神經的**感覺神經**、將來自中樞神經的指令傳送至必要部位的**運動神經**，以及調整內臟和器官功能的**自律神經**（**交感神經**、**副交感神經**）。

中樞神經負責處理來自周邊神經的訊息，並給予相對應的指令，相當於人體的總司令。周邊神經連接腦、脊髓與全身器官，包含直接延伸自腦的**視神經**、**迷走神經**等12對**腦神經**，以及分支自脊髓的**胸神經**、**腰神經**等31對**脊神經**。

神經遍布全身各單位各司其職

功能 人體的神經是由神經細胞（神經元）和聚集成束的**神經纖維**所構成，將外界訊息（刺激）轉換成電訊號，再經由神經元依序傳遞。

相對於中樞神經，周邊神經可分為以自我意志控制運動的**體神經系統**（感覺神經、運動神經），以及無意識狀態下支配器官運作的自律神經系統。

感覺神經將我們看到、聽到、摸到、聞到、嚐到的訊息傳送至大腦，然後再經由運動神經，將大腦下達的動作指令傳送至身體各部位。

迷走神經，分布範圍也很寬廣

在所有的腦神經中，大多為支配視覺、聽覺、嗅覺等小範圍的神經，其中唯獨迷走神經例外。

迷走神經自延腦起始，大範圍地分布於咽喉、氣管、心臟、肺臟等頸胸部，以及胃、小腸、大腸、肝臟、腎臟等腹部。迷走神經負責掌控內臟平滑肌的運動、促進黏液腺和消化腺分泌，還能夠起到抑制心臟跳動的作用。

另一方面，當外界過度刺激時，會由迷走神經產生反射作用，命令支配的臟器做出相對應的防禦反應。

自律神經系統則分為交感神經和副交感神經，兩者互相制衡卻也合作無間，掌控心跳、體溫、血壓等維持生命不可或缺的器官組織。

體神經系統的中樞位在大腦皮質，各神經的功能依中樞位於**大腦皮質**裡的所在部位而不同。另一方面，自律神經系統的中樞位在**大腦邊緣系統**、**下視丘**、**腦幹**和**脊髓**。

● 全身的神經網絡

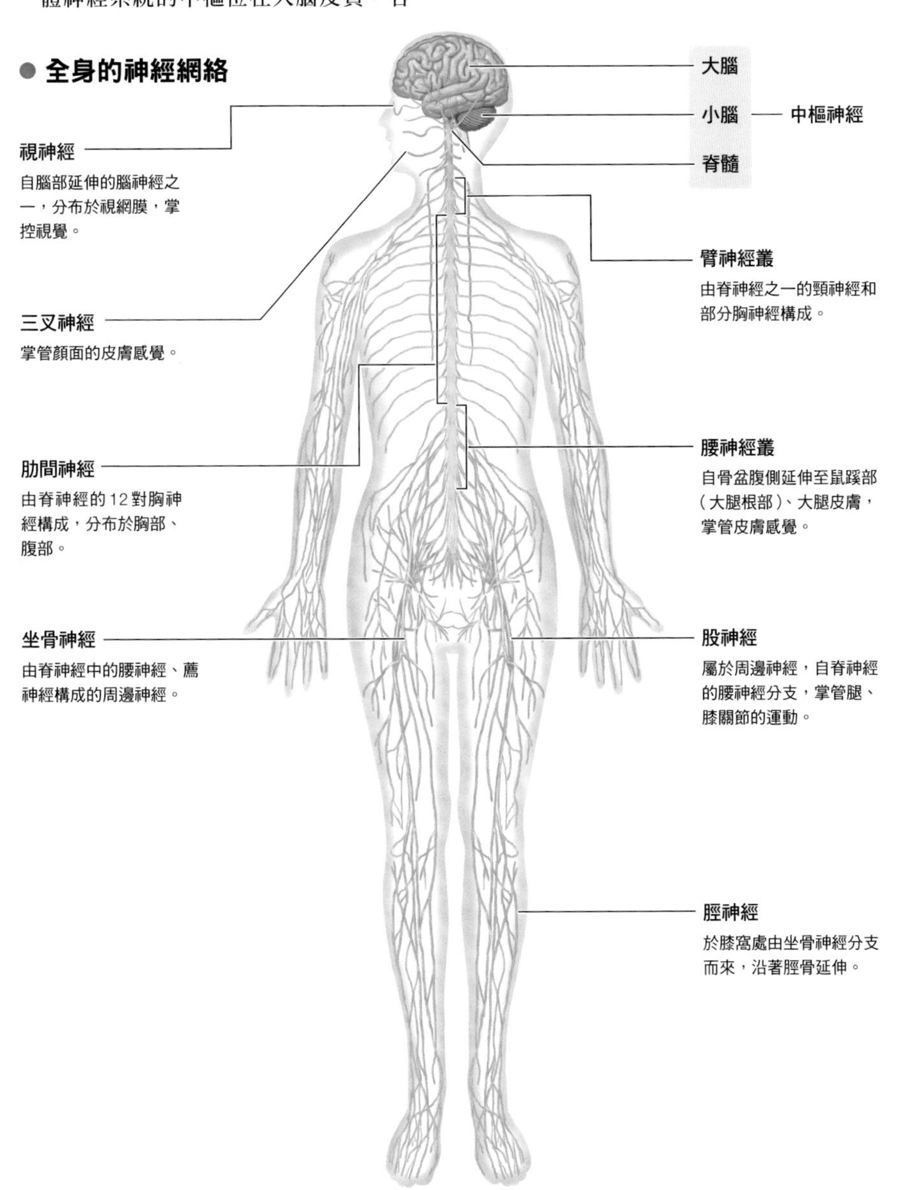

大腦
小腦
脊髓
中樞神經
視神經
自腦部延伸的腦神經之一，分布於視網膜，掌控視覺。
三叉神經
掌管顏面的皮膚感覺。
肋間神經
由脊神經的12對胸神經構成，分布於胸部、腹部。
坐骨神經
由脊神經中的腰神經、薦神經構成的周邊神經。
臂神經叢
由脊神經之一的頸神經和部分胸神經構成。
腰神經叢
自骨盆腹側延伸至鼠蹊部（大腿根部）、大腿皮膚，掌管皮膚感覺。
股神經
屬於周邊神經，自脊神經的腰神經分支，掌管腿、膝關節的運動。
脛神經
於膝窩處由坐骨神經分支而來，沿著脛骨延伸。

感覺與運動神經的構造

感覺神經將感覺訊息傳送至大腦，由運動神經負責傳送大腦皮質的指令，進而引起肌肉運動。

● 感覺與運動訊息的傳送方式

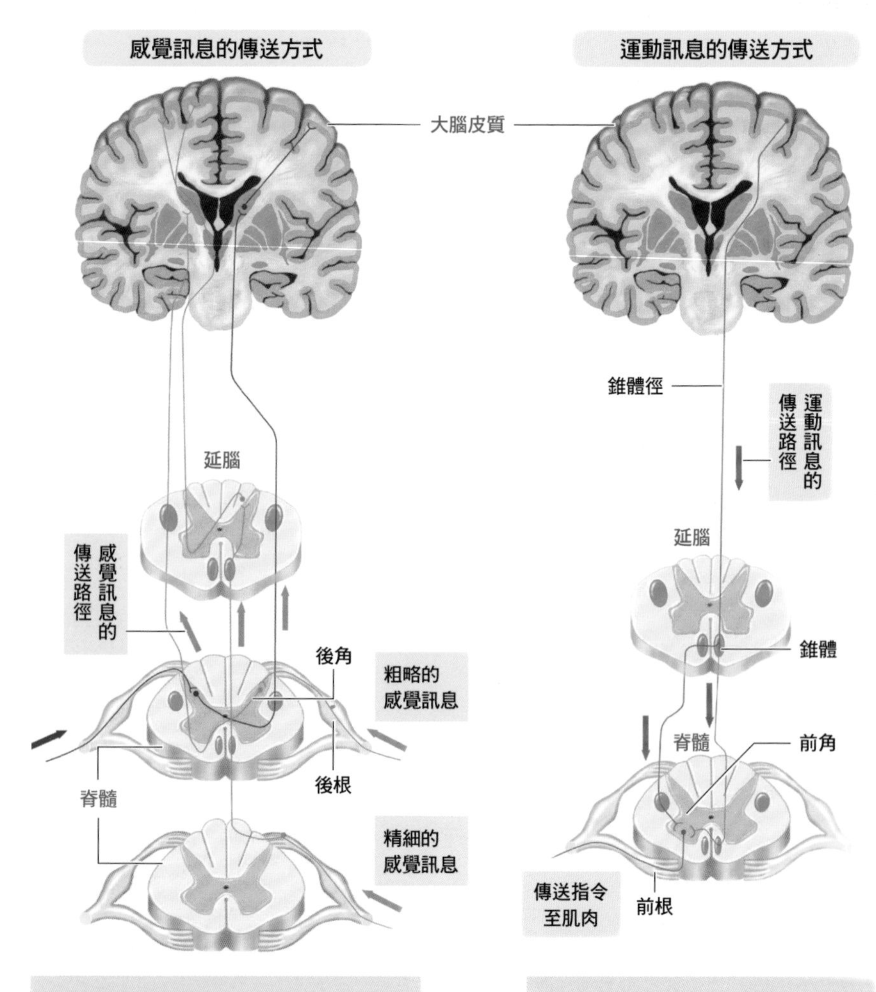

感覺訊息的傳送方式
運動訊息的傳送方式
大腦皮質
錐體徑
運動訊息的傳送路徑
延腦
延腦
感覺訊息的傳送路徑
後角
粗略的感覺訊息
錐體
脊髓
前角
後根
脊髓
精細的感覺訊息
傳送指令至肌肉
前根

感覺器官接收感覺訊息，從後根經脊髓後角傳送至大腦的感覺皮質區。脊髓至大腦皮質的傳送路徑會依感覺訊息的類型而相異。

發自大腦運動皮質區的運動指令，通過錐體徑進入脊髓前角，再經前根傳送至肌肉。

感覺神經→腦→運動神經 訊息的傳導路徑

位置 遍布全身

功能 皮膚、眼睛、耳朵、鼻等感覺器官，接受訊息後並轉化成電訊號，藉由**感覺神經**經位於**脊柱**（**脊椎**）背側的**後根**、**脊髓**的**後角**，將訊息傳送至**大腦**。

感覺神經包含**嗅神經**（**嗅覺**）、**視神經**（**視覺**）、**前庭耳蝸神經**（**聽覺**、**平衡覺**）、**舌咽神經**（**味覺**等舌頭感覺）。

另一方面，由大腦發出的運動相關指令，則會送往脊髓，然後由**運動神經**通過脊椎腹側（**前角**），傳送至肌肉等運動所需的組織。

傳遞外界刺激 傳送大腦指令

功能 舉凡我們看見的景象、摸到的物體、聽到的聲音、聞到的氣味、嚐到的味道，日常生活所接觸的各種訊息，無時無刻都經由感覺神經傳送至大腦。

感覺器官接收外界訊息，特定的**周邊神經**受到刺激，將訊息轉化成電訊號。這些電訊號沿著與大腦相連的**腦神經**、與脊髓相連的**脊神經**依序傳送至大腦。

舉例來說，皮膚的真皮層裡有尼氏體顆粒，尼氏體顆粒又連接與**溫度覺**有關的感覺神經。當尼氏體受到高溫刺激，刺激轉化成電訊號，再由感覺神經將電訊號傳送至大腦。**大腦皮質**的**神經元**依序傳遞來自感覺器官的眾多電訊號，在眨眼間進行整合、分析與判斷，最終產生熱的感覺。

另一方面，大腦**運動皮質區**於判斷後下達指令，經掌管運動的**小腦**、**腦幹**傳送至脊髓，接著再透過脊髓發出的運動神經，將指令傳送至標的部位（例如腳或手等）。

從大腦至脊髓的傳導路徑，稱為**錐體徑**。大部分的神經纖維於**延腦**下方交叉（**交叉支配**），來自右腦的指令會傳送至延腦往左側分支的運動神經，並進一步控制左半身運動。而運動神經末端連接肌肉，肌肉依照指令運動，骨骼與關節也會跟著做出適當的動作。

一般來說，運動神經的直徑在青年期之前最粗，傳送訊息的速度最快。但是隨著年紀增長，運動神經會慢慢變細，身體的反應速度也就跟著變得遲鈍了。

大腦裡流動的電訊號——腦波

皮膚等感覺器官接收的外界刺激，經轉化成電訊號後，即透過感覺神經、脊髓傳送至大腦。

從上述說明我們可以得知，人體內其實有非常微弱的電流不停流動。來自全身的電訊號，最終會送至大腦皮質；而透過儀器，收集腦部的微弱電流並放大記錄，這樣的方法便稱為「腦波檢查」。

腦波是非常重要的生理反應，透過腦波觀測，我們便可以直接或間接地掌握腦部的狀態，有助於瞭解腦內運作與人體的意識狀態。

自律神經的構造

自律神經由交感神經與副交感神經構成，與呼吸、心跳、血壓等生命維繫有密不可分的關係。

自律神經維持生命穩定 分為交感神經與副交感神經

位置 分布全身

構造 **自律神經**是由功用相反的**交感神經**與**副交感神經**所組成。

自律神經存在於**腦神經**與**脊神經**中，從中樞傳出的訊息，須經過兩個**神經元**才能抵達標的器官。兩兩相鄰的神經元以**突觸**相連，這個部分即稱為**神經節**。其中**中樞神經**連接至神經節的神經纖維稱為**節前纖維**，離開神經節至標的器官的神經纖維則稱為**節後纖維**。

交感神經沿著**脊髓**下行，而神經纖維便將神經節結合在一起，形成**交感神經幹**，再由交感神經幹發出交感神經，分布於各內臟。

另一方面，副交感神經則包含動眼神經、顏面神經、舌咽神經、迷走神經，其中受大腦控制的神經使用相同的傳導路徑。顏面神經支配臉部，可以按照自己的意志驅動肌肉做出表情，但同時也能在無意識狀態下活動肌肉做表情。

交感神經與副交感神經 互相拮抗作用

功能 自律神經是在無意識狀態之下運作，容易讓人誤以為自律神經不需要經由大腦中樞神經下達指令，就能夠自動作用。事實上，**下視丘**與**腦幹**等中樞部位仍負責調節自律神經反射。

自律神經主要控制平滑肌、內外分泌腺、血管、汗腺，調節內臟器官的活動

改善失眠的小訣竅

近年來，現代社會深受失眠所苦的人有日漸增加的傾向。臨床診斷失眠的原因之一，有可能便是壓力過大。

壓力與自律神經之間有什麼關聯呢？當人體感受到壓力，即代表交感神經處於優勢，正蓄勢待發對抗壓力，但是這樣亢奮的情況容易造成壓力增加。

也就是說，當交感神經處於優勢時，我們便容易因為精神亢奮，促使壓力增長進而導致失眠。

因此想保持良好的睡眠，便必須在入睡前讓副交感神經處於優勢。而促使副交感神經活躍的方法之一，就是在睡前泡個半身浴。

半身浴是指當我們泡澡時，保持肚臍以下的身體部位浸泡在溫熱水（夏季38度，冬季40度左右），以輕鬆的心情泡個20～30分鐘。這個簡單的舒緩方法能夠使副交感神經處於優勢，自然容易達到全身放鬆的效果而能順利入睡。

以維持生命穩定。透過確實掌管這些器官，才能夠維持人體的呼吸、心跳、血壓、體溫、流汗、排尿、排便、消化等生命活動運作無礙。

交感神經與副交感神經會對同一個器官起到相反的作用。舉例來說，交感神經會促使心跳加速，但副交感神經則抑制心臟跳動；交感神經使血管收縮，而副交感神經則促使血管擴張。

● 自律神經的構造

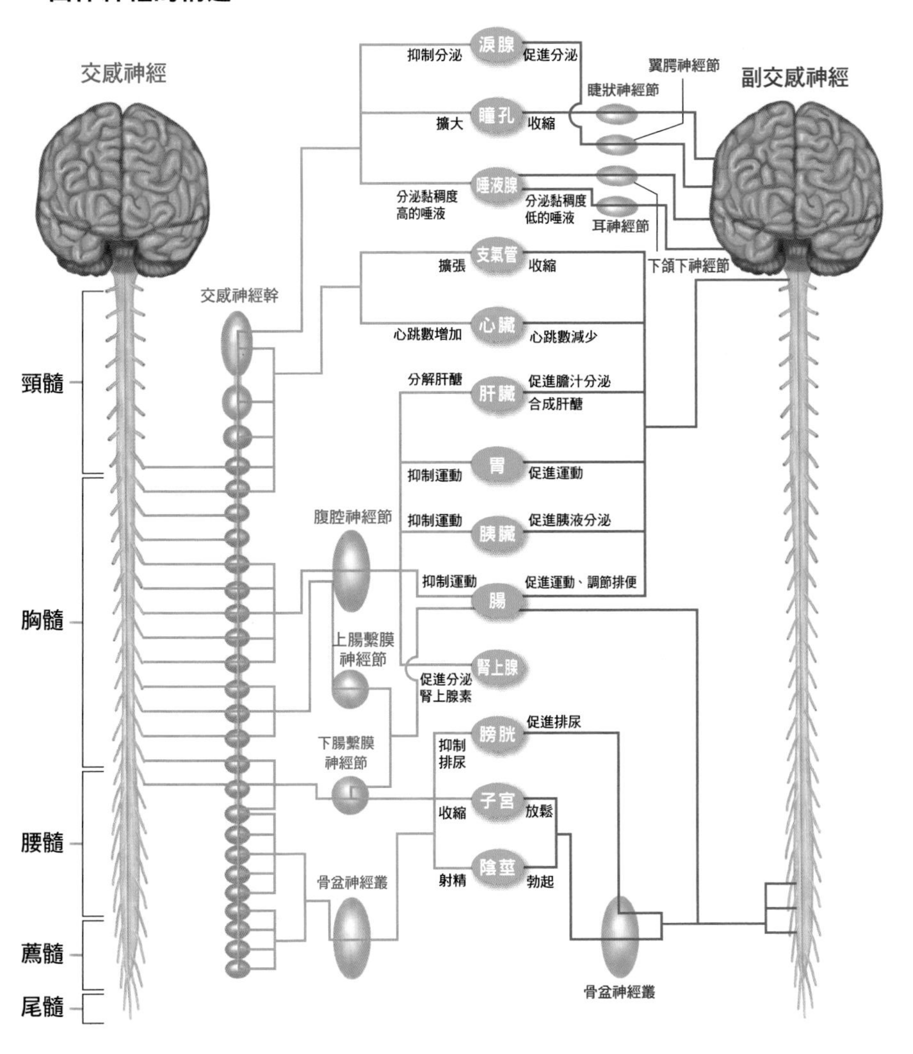

交感神經
副交感神經
淚腺
抑制分泌
促進分泌
翼腭神經節
睫狀神經節
瞳孔
擴大
收縮
唾液腺
分泌黏稠度高的唾液
分泌黏稠度低的唾液
耳神經節
下頜下神經節
支氣管
擴張
收縮
交感神經幹
心臟
心跳數增加
心跳數減少
頸髓
肝臟
分解肝醣
促進膽汁分泌
合成肝醣
胃
抑制運動
促進運動
腹腔神經節
胰臟
抑制運動
促進胰液分泌
腸
抑制運動
促進運動、調節排便
胸髓
上腸繫膜神經節
腎上腺
促進分泌腎上腺素
膀胱
促進排尿
抑制排尿
下腸繫膜神經節
子宮
收縮
放鬆
腰髓
陰莖
射精
勃起
骨盆神經叢
薦髓
尾髓
骨盆神經叢

腦與神經的疾病

腦出血、蜘蛛膜下腔出血、腦梗塞

●原因

腦中風是腦部血管破裂或阻塞，進而造成腦功能損壞的疾病，可分為腦出血、蜘蛛膜下腔出血、腦梗塞。

腦出血，是指腦內細長的血管長期受到高血壓等因素影響而變得脆弱，血管一旦因故破裂，便會造成顱內出血。

蜘蛛膜下腔出血，是指靠近大腦表面的粗大動脈分支處形成了動脈瘤，動脈瘤因故突然破裂，造成血液積在蜘蛛膜下腔的狀態。

腦梗塞，是指動脈硬化逐漸惡化，導致腦血管內腔變狹窄，狹窄處進而形成血栓（血塊）並堵塞血管，造成前端區域喪失血液供應的狀態。

●症狀

腦中風患者發病時，通常會出現以下幾種症狀。

患者的身體左側或右側，僅有單側突然出現運動神經麻痺、感覺障礙的現象。例如手臂或大腿使不上力、單側顏面歪斜、手腳麻痺、皮膚的觸感變得遲鈍，甚至感覺不出外界溫度冷或熱。除此之外，口齒不清（構音障礙）、吐詞困難、聽不懂他人所說的話（失語）等等，也都是腦中風常見的症狀。

另一方面，有些人會有無法站起身、無法走路、身體搖晃等身體失衡的現象，以及劇烈頭痛、突然失去單眼視力、複視等眼睛方面的症狀。

●檢查

腦中風是一種嚴重時可能致命的疾病，當腦中風突然發作時，必須立即叫救護車送醫。醫療院所通常會進行三種影像醫學檢查，藉以協助診斷腦中風程度，包含確認腦中出血點的CT檢查、檢查腦梗塞情況的MRI磁振造影，以及將血管清楚影像化的MRA磁振血管造影。

除此之外，也會進行詳細的血液檢查。

●治療

腦出血的治療目標包含止血和避免血腫（出血凝結成血塊）面積擴大，因此最重要的工作是做好血壓管理，服用預防血壓上升的高血壓治療用藥。同時也要做好全身狀態管理，以防出現併發症，例如採行預防腦水腫、全身痙攣的治療。

若血腫擴大，此時便會施行切開顱骨、清除血腫的手術，或者於顱骨開一小洞，在CT定位導引下進行血腫引流術。

若是蜘蛛膜下腔出血，雖然破裂的動脈瘤結痂後有助於止血，但如果結痂再次破裂，很可能會造成生命危險，因此必須確實做好嚴格的血壓管理以防結痂破裂。另外，當患部劇烈疼痛時，也需要服用消炎止痛藥緩解疼痛。為了避免動脈瘤再次破裂，視情況應與主治醫師研究外科手術的可行性。

外科手術的治療方式，包含開顱夾除術和金屬線圈栓塞術。

開顱夾除術，是使用鈦金屬製的動脈瘤

腦神經細胞一旦壞死，便無法再生，即使幸運撿回一命，也可能留下無法挽回的後遺症。若是出現發病徵兆，務必定期接受健康檢查。

夾從動脈瘤底部夾住，阻斷血液進入動脈瘤裡。金屬線圈栓塞術，則是從鼠蹊部的血管將細導管送進動脈瘤裡，再以鉑線圈填滿整個動脈瘤。

而針對腦梗塞的治療，通常以藥物治療為主。患者須服用血栓溶解劑，溶解阻塞腦血管的血栓。近年來，最具治療效果的特效藥應該非t-PA血栓溶解劑莫屬。

然而一度血流受阻的血管，會比正常血管來得脆弱，若藥效過強恐引起大出血，因此這種藥物只能在發病的3個小時內使用。但是服藥與否，仍然必須由醫師根據患者的症狀、驗血與影像醫學檢查報告、過往病史等資訊進行綜合診斷，再決定是否適合病患服用。

過去曾有腦出血病史或接受大型手術的患者，可能便會因為有大出血的風險，不適合使用這種藥物。另外，腦部嚴重受損的患者，由於腦神經細胞大範圍損傷可能致使藥效不彰，同樣也不適用這種藥物。

假若患者無法及時服用t-PA血栓溶解劑，只要在發病後的8個小時內，都有機會用導管將藥物直接送進腦血管阻塞處，或者使用專門器具進行血栓清除術。

除了t-PA以外，服用抑制動脈內形成血栓的抗血小板藥物、避免心臟內血液凝固的抗凝血劑，皆有助於防止血栓形成。

腦中風可能留下運動麻痺、感覺障礙、語言障礙、視覺障礙等後遺症，建議患者應儘早接受專科醫師的指導，積極從事復健治療。

● 腦中風的類型與特徵

腦出血

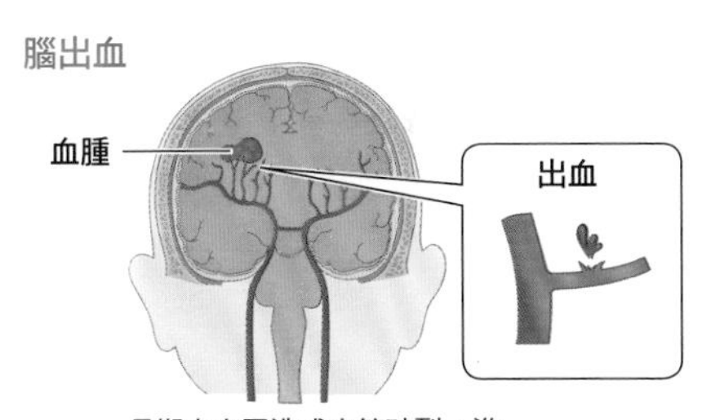
血腫
出血

長期高血壓造成血管破裂，進而導致顱內出血。

蜘蛛膜下腔出血

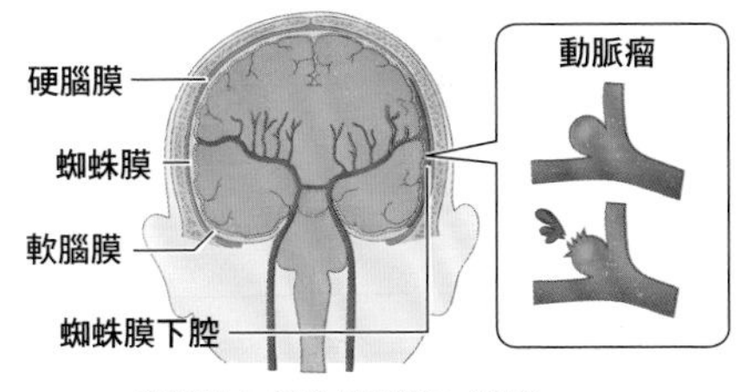
硬腦膜
蜘蛛膜
軟腦膜
蜘蛛膜下腔
動脈瘤

動脈分支處形成動脈瘤，動脈瘤破裂，致使血液積在蜘蛛膜下腔。

腦梗塞

血栓
血流
動脈硬化病灶

腦內的粗大動脈發生動脈硬化，進而形成血栓，阻斷血液流動。

偏頭痛

●原因

偏頭痛至今仍是一種原因不明的疾病，目前研究推測可能與分布於腦膜（覆蓋於腦表面）的血管，以及位於血管周圍且負責感應疼痛的神經有關。由於某種因素（即誘因）刺激神經興奮，進而造成血管發炎或擴張，因而引起劇烈的搏動性頭痛。

誘發偏頭痛的原因，包含突然從壓力中釋放、睡眠不足、睡眠過多、身處擁擠人潮中、噪音、強光、味道等刺激，另外女性的月經也可能是原因之一。

●症狀

沒有罹患任何造成頭痛的疾病，但卻反覆發生劇烈頭痛現象，頭部持續感覺像是被壓迫般的悶痛感，這樣的頭痛現象便稱為慢性頭痛。慢性頭痛可分為偏頭痛和緊縮性頭痛，一般來說偏頭痛的症狀通常會比較嚴重。

偏頭痛主要症狀為伴隨脈搏跳動的劇烈刺痛，且疼痛會隨身體動作而加劇，甚至出現噁心嘔吐、怕光怕吵、對味道很敏感等症狀。

現代社會中，不少人因為偏頭痛而影響日常生活與工作。根據臨床統計，偏頭痛的發生頻率約為一個月1至2次，疼痛通常於3～4天後緩解。

●診斷與檢查

基本上，醫生透過「何時開始出現頭痛症狀？」「發生於什麼樣的情況下？」「什麼樣的疼痛方式？」等幾個問題就能確診。

●治療

基本治療方式為藥物治療。目前最有效的偏頭痛藥物是翠普登（Triptans），能抑制神經興奮造成的血管發炎與擴張。

翠普登有口服錠劑、鼻噴劑、注射劑三種劑型。口服錠劑於服用30分鐘後才開始生效。鼻噴劑對伴隨強烈噁心的偏頭痛十分有效，藥劑生效時間也比口服錠劑快上15分鐘左右。劇烈頭痛且伴隨強烈噁心感時，可以使用注射劑，只需短短5分鐘立即生效。

偏頭痛通常從輕微疼痛開始，之後疼痛強度逐漸增加。想有效緩解疼痛，建議於出現輕微頭痛症狀時立即服用翠普登。

頭痛加劇後才服藥的話，不僅無法完全緩解疼痛，悶痛感也會持續好一陣子。另一方面，剛出現前兆即提早服藥的話，可能與加劇後才服藥一樣，藥物無法發揮最佳效果。

除了翠普登外，有時必須視情況追加止吐劑、止痛藥或預防用藥（偏頭痛專用鈣離子通道阻斷劑）。

3章
感覺器官

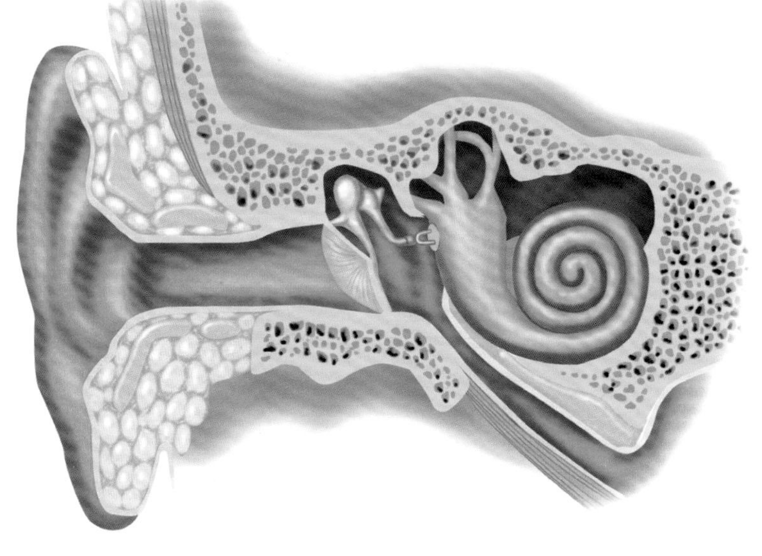

眼睛的構造

眼睛由角膜、鞏膜、水晶體、玻璃體、視網膜等構成，從外界擷取訊息，辨識物體的形狀與顏色。

眼球以精細的構造接收四面八方的訊息

位置 **顱骨**的**眼眶**內側

構造 **眼球**的直徑約24公釐，呈球狀。

瞳孔的表面覆蓋有**角膜**，眼白的表面則有**鞏膜**覆蓋。角膜與鞏膜連在一起，薄薄的**結膜**則始於角膜邊緣，包覆在鞏膜外至眼瞼內緣。

角膜後方是富含彈性的**水晶體**，水晶體的周圍有6條肌肉和**睫狀體**，可將水晶體固定在一定位置上。藉由肌肉和睫狀體共同合作，使眼球能自由轉動。水晶體後方為充滿膠狀物質的**玻璃體**，具有維持眼球形狀的功能。

當光線進入瞳孔時，會穿過水晶體抵達**視網膜**。視網膜是一層包覆玻璃體的薄膜，同時也是**視神經**的起點。視神經負責將視網膜上形成的視覺訊息傳送至**大腦**。

約有80%的外界訊息經由眼睛進入大腦

功能 **眼睛**是偵測外界視覺訊息的感覺器官，功用為辨識形狀、色彩。外界大約有80%的訊息經由眼睛進入大腦。

眼皮（**眼瞼**）是光線的入口，內側有結膜，負責分泌**黏液**。黏液和**淚腺**分泌的**眼淚**可透過眨眼滋潤結膜和角膜。

角膜是厚度約0.5公釐的薄膜，當光線通過角膜時產生折射。**瞳孔**則是光線進入眼睛的窗口，內含黑色素，黑色素多時呈褐色，黑色素少時則呈藍色。

虹膜如同相機的光圈，負責控制光線進入量。睫狀體可調整水晶體的厚度，使光線再次折射並聚焦於視網膜上。

光線通過水晶體和玻璃體後來到視網膜，並於視網膜上形成光學影像，之後再藉由視神經將轉化後的神經訊息傳送至**大腦**，最終形成視覺。

光線經角膜折射後，若未經水晶體的調節便直接進入視網膜，成像會失去遠

角膜沒有血管，要如何取得營養呢？

角膜是一層透明薄膜，厚度僅0.5公釐左右。由於角膜直接與外界空氣接觸，特別容易乾燥；內部沒有血管經過，也因此無法獲取所需的營養素。不過角膜可吸收睫狀體（負責調整水晶體厚度）產生的房水，協助維持本身滋潤，也能夠從中補充營養素。

近感。一般來說，當眼睛看向遠方時，睫狀體牽動水晶體變扁，降低光線的折射率；看向近物時，睫狀體則放鬆，水晶體藉本身的彈性恢復原本厚度。

淚腺分泌淚液，淚液含有具殺菌效果的酵素，可協助消毒角膜。若是有異物進入眼睛，淚腺還會分泌大量的淚液，藉此將異物沖刷乾淨。

淚腺分泌的淚液會流進角膜，經**鼻淚管**從**鼻子**流出來。當我們因悲傷或喜悅而流出大量淚液時，若鼻淚管無法及時排出，淚液便順著臉頰流下來。而悲傷或喜悅時之所以會分泌大量的淚液，主要是因為悲傷等訊息從**腦神經**傳送至**顏面神經**，促使釋放神經傳導物質，進而刺激淚腺分泌大量淚液。

眼睛的構造

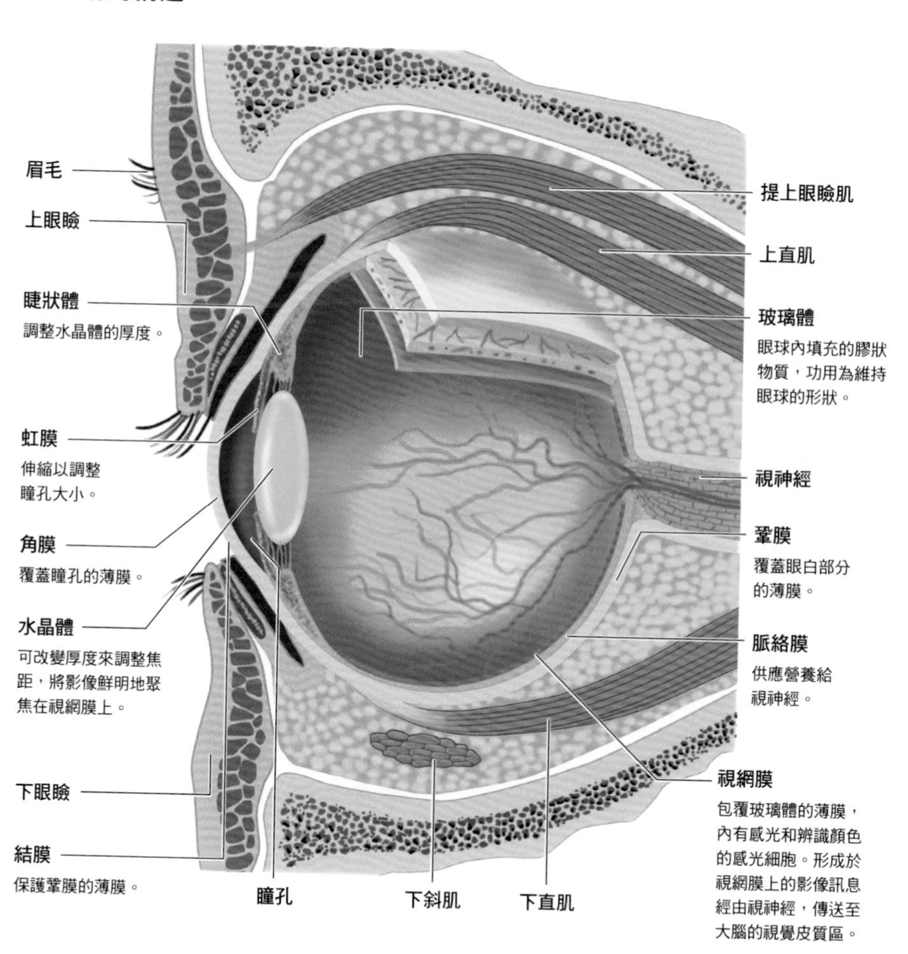
眉毛
上眼瞼
睫狀體
調整水晶體的厚度。
虹膜
伸縮以調整
瞳孔大小。
角膜
覆蓋瞳孔的薄膜。
水晶體
可改變厚度來調整焦
距，將影像鮮明地聚
焦在視網膜上。
下眼瞼
結膜
保護鞏膜的薄膜。
瞳孔
下斜肌
下直肌
提上眼瞼肌
上直肌
玻璃體
眼球內填充的膠狀
物質，功用為維持
眼球的形狀。
視神經
鞏膜
覆蓋眼白部分
的薄膜。
脈絡膜
供應營養給
視神經。
視網膜
包覆玻璃體的薄膜，
內有感光和辨識顏色
的感光細胞。形成於
視網膜上的影像訊息
經由視神經，傳送至
大腦的視覺皮質區。

視覺的運作原理

光線透過水晶體折射，成像於視網膜上。影像訊息再經視神經傳送至大腦，最終產生視覺。

視覺的形成機制 類似相機的自動對焦功能

位置 **視網膜**至大腦的**視覺皮質區**。

構造 當我們觀看東西時，光線會進入眼睛，在視網膜上成像；影像訊息再經由**視神經**傳送至大腦，最終形成**視覺**。

眼睛的構造就如同相機，**水晶體**則相當於相機的凸透鏡。富含彈性的水晶體在周圍肌肉與**睫狀體**的伸縮牽動下，可改變自身厚度，調整光線的折射率，透過微調聚焦影像。

位於水晶體前方的**虹膜**相當於相機的光圈，虹膜中央的**瞳孔**如光圈般調控進入眼睛的光線量。當外界光線強時，瞳孔縮小；光線弱時，瞳孔放大。瞳孔裡有黑色素，黑色素多的瞳孔呈褐色，黑色素少的瞳孔則呈藍色。

眼球內側有一層包覆**玻璃體**的薄膜，名為**視網膜**，內含可感測光線強弱和顏色的感光細胞。視網膜捕捉這些光學影像，並轉換成電訊號（訊息），然後經視神經將電訊號傳送至大腦的視覺皮質區。訊息經過視覺皮質區處理後，最終產生視覺。

左右眼視物 觀看方式不盡相同

功能 針對同一個物體，僅用右眼或左眼觀看，會因為視野不同而產生些許差異。單眼的視野大約只有160度，但雙眼視野會擴大至200度左右；至於在垂直視野方面，眼睛向上可以看到大約50度，向下則大約70度。

視神經接收到視網膜上的影像訊息之

日常生活的視力問題 —— 屈光不正

光線進入眼睛後，通過角膜和瞳孔，經由角膜和水晶體調節光線的入射角（折射率）後，聚焦於視網膜上，形成影像。

但如果眼睛患有近視，便會因為水晶體的彎曲度太大，造成光線聚焦於視網膜前面，導致影像變得模糊不清。

若是患有遠視，由於角膜和水晶體的折射率太低，造成光線聚焦在視網膜後面，影像同樣因失焦而變得模糊不清。

另外一種常見的屈光不正常現象 ——散光，則是光線進入眼睛後無法聚焦於同一處，不僅看不清楚物體，甚至會出現好幾個重影。這是因為視網膜上形成影像的位置因光線進入的角度而異，所以光線無法聚焦成一個點。

後，在傳送至大腦的途中會左右交叉。亦即形成於右眼視網膜上的影像會傳往**左腦**視覺皮質區，而形成於左眼視網膜上的影像則送往**右腦**視覺皮質區，這個現象便稱為**視交叉**。

左右影像傳送至**視覺中樞**後，經過處理整合成一個完整影像。另外，左右眼接收到的訊息原本就不盡相同，再加上透過視交叉進行交換，最後便能使物體產生立體感。

● 視覺的運作原理

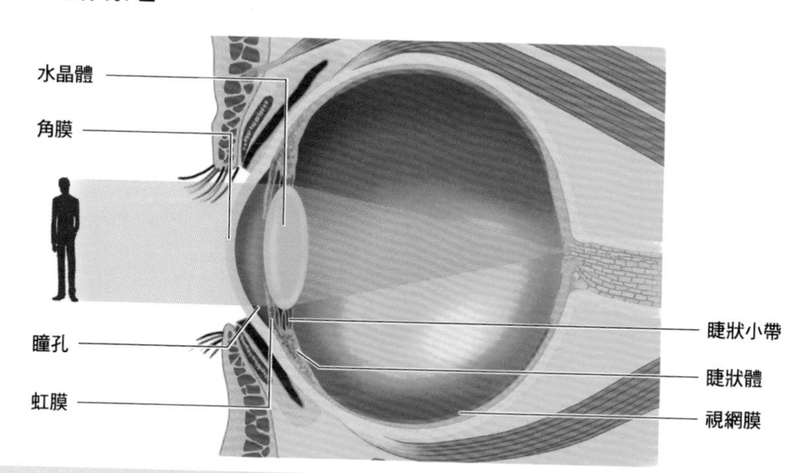
水晶體
角膜
瞳孔
虹膜
睫狀小帶
睫狀體
視網膜

當光線進入眼睛，首先會在角膜產生折射，接著由虹膜藉伸縮運動，控制瞳孔的大小，藉以調節進入眼內的光線量。光線穿過瞳孔來到水晶體，藉周圍肌肉和睫狀體的伸縮，調節水晶體的厚度，使光線再次折射並聚焦於視網膜上，最終形成影像。
當眼睛觀看近物時，睫狀體收縮，使睫狀小帶放鬆、水晶體增厚，使光線折射增強以落在視網膜上。相反地，當眼睛觀看遠物時，睫狀體放鬆，使睫狀小帶拉緊，水晶體也會隨之變扁。

● 近視的成像

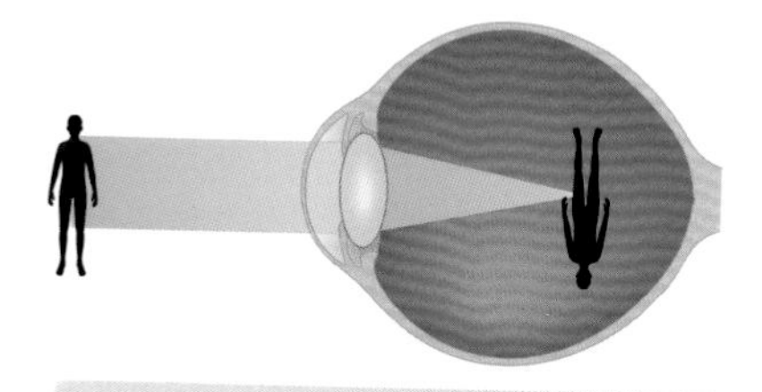

角膜至視網膜的距離比較長，影像落在視網膜的前方。看近物時，水晶體可以自動調整，使影像聚焦於視網膜上。

● 遠視的成像

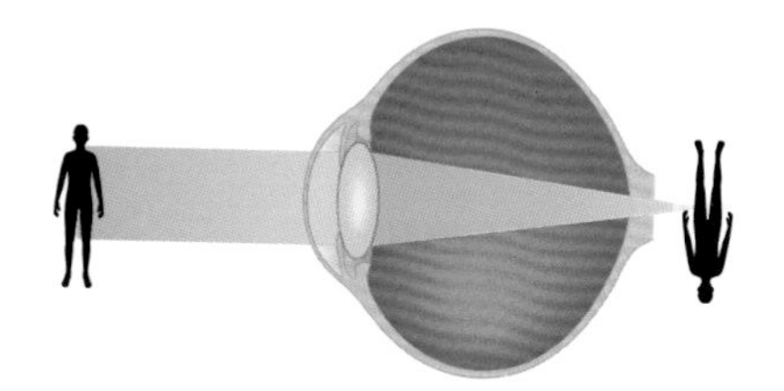

角膜至視網膜的距離比較短，影像落在視網膜的後方。看遠物時，水晶體可以自動調整，使影像聚焦於視網膜上。

色覺的運作原理

視網膜的感光細胞分為錐細胞與桿細胞，分別偵測光線的顏色和明暗，形成彩色視覺。

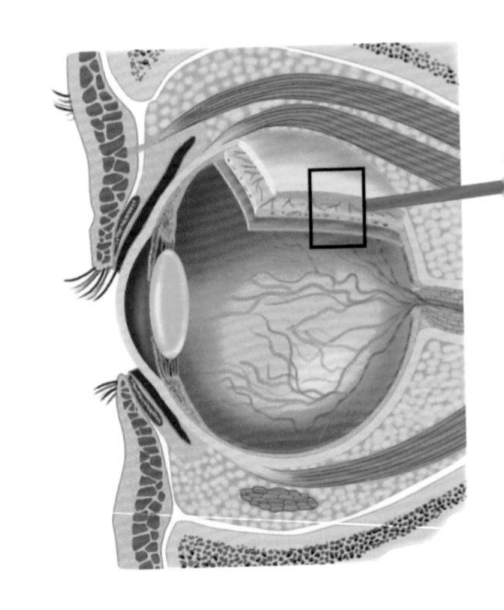

視網膜的成色原理
辨識顏色的細胞

位置 **視網膜、視神經、視覺中樞**

構造 光線有各種顏色，每個色光的波長都不一樣。據說人類肉眼可辨識的光線波長介於380～780奈米之間，這個範圍內的光線便稱為**可見光**。

負責辨識光線波長的機制正是視網膜上的**感光細胞**，感光細胞可說是我們人體的顏色感應器。

感光細胞分為兩種，一為偵測顏色的**錐細胞**，一為感應光線明暗的**桿細胞**。單眼視網膜上大約有600萬個錐細胞，負責偵測光線的顏色。錐細胞共有三種類型，分別為感測紅色光的細胞、感測綠色光的細胞，以及可感測藍色光的細胞。但是桿細胞卻只有一種，只能感應光線的強弱。

眼睛看得見的光，看不見的光

光線可依據人類肉眼看見與否，分為可見光與不可見光，後者即包含紫外線、紅外線等。可見光的波長範圍是380～780奈米，波長比這個範圍長的是紅外線，比這個範圍短的則是紫外線。

可見光中，波長最長的是紅色，最短的是紫色。不過，由於可見光與不可見光是依據人類的視覺能力來區分，像是鳥類等許多動物其實能夠看得見紫外線。

紫外線具有強烈的殺菌效果，亦可促進人體製造維生素D，對人類來說具備多項益處。可是另一方面，過度曝曬在紫外線下也會造成各種健康問題，例如曬傷、體內活性氧大幅增加、水晶體的蛋白質因接收過多紫外線導致白內障等等，因此各位在戶外活動時務必格外留意防曬。

雖然虹膜中的黑色素能夠阻斷紫外線，但黑色素的含量卻也因人種而異，例如歐美人虹膜中的黑色素含量普遍便比東方人少，因而眼睛顏色也較淺。

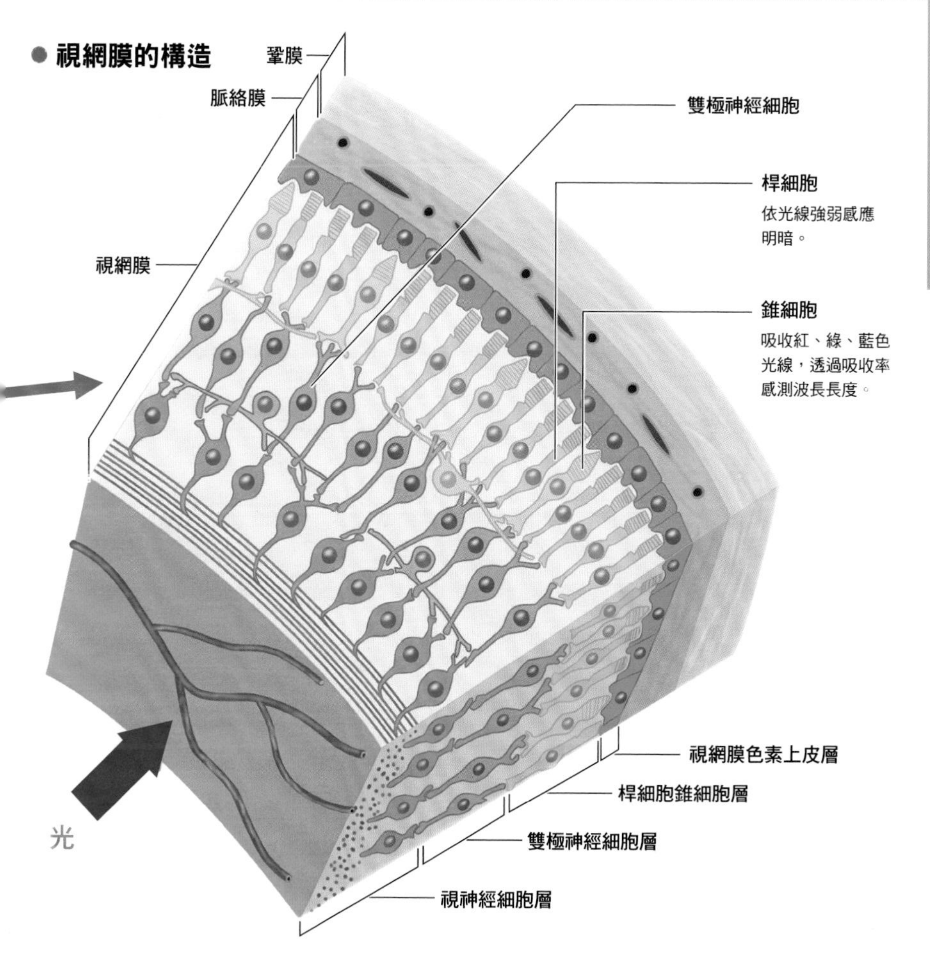
視網膜的構造
鞏膜
脈絡膜
視網膜
雙極神經細胞
桿細胞
依光線強弱感應明暗。
錐細胞
吸收紅、綠、藍色光線，透過吸收率感測波長長度。
視網膜色素上皮層
桿細胞錐細胞層
雙極神經細胞層
視神經細胞層
光

色弱、色盲與夜盲症皆因感光細胞異常所造成

功能 三種錐細胞各自吸收紅色、綠色、藍色光線，吸收率取決於顏色的波長；桿細胞則負責感應光線的強弱。兩種訊息共同由視神經傳送至大腦，大腦再依據這些訊息判斷光線顏色。

由於桿細胞只能感應光線強弱，所以在光線弱的環境中，桿細胞僅負責單色視覺。視網膜上的每一個錐細胞都連接神經纖維，這些神經纖維構成視神經。

身為顏色感應器的錐細胞若不能順利運作，便會因為無法辨識顏色，產生色覺異常的症狀。

視網膜上排列著無數的錐細胞，若吸收紅色光的錐細胞無法正常運作，可能眼睛就會失去辨識紅色的能力。像這樣無法正確分辨顏色的情況，就稱為色盲或色弱。

另一方面，感應光線強弱的桿細胞若受損，身處黑暗中可能會看不清楚，甚至完全看不見，這種情況稱為夜盲症。

耳朵的構造

耳朵由外耳、中耳、內耳組成。聲音經由外耳的鼓膜、中耳的聽小骨，傳送至內耳的耳蝸。

外界的聲音訊息皆能精準收集的構造

位置 **頭部**兩側

構造 **耳朵**由外側至內側，可依序分為**外耳**、**中耳**，以及**內耳**。外耳最外側為**耳廓**，呈複雜的凹凸狀，這個奇特的造型是為了正確捕捉各種微妙的聲音。

接續耳廓之後，接著是通往**鼓膜**的**外耳道**。為了避免外界空氣直接衝入造成鼓膜損傷，外耳道呈緩和的彎曲形狀。外耳道有**皮脂腺**和**耳垢腺**分布，這些腺體的分泌物可吸附進入外耳道的塵埃，避免髒汙進一步深入耳朵。

在外耳與中耳之間有鼓膜加以區隔。鼓膜的直徑約9公釐，厚度約0.1公釐，是一層富含彈性的珍珠色薄膜。從鼓膜至**聽小骨**這一段屬於中耳，中耳內有三塊聽小骨，分別為**鎚骨**（約6公釐）、**砧骨**（約7公釐）、**鐙骨**（約3.3公釐），這三塊是人體骨骼中最小塊的骨頭。

在鼓膜的內側，有一個大小如大豆般的空腔，名為**鼓室**（**中耳腔**）。空氣進入鼓室後，便會經由細長的**耳咽管**通往**咽部**。內耳裡的構造包含了**三半規管**、**耳蝸**、**耳蝸神經**，以及**前庭神經**。耳蝸是外形有如蝸牛殼般的螺旋狀器官，裡面充滿了淋巴液。

耳朵的構造

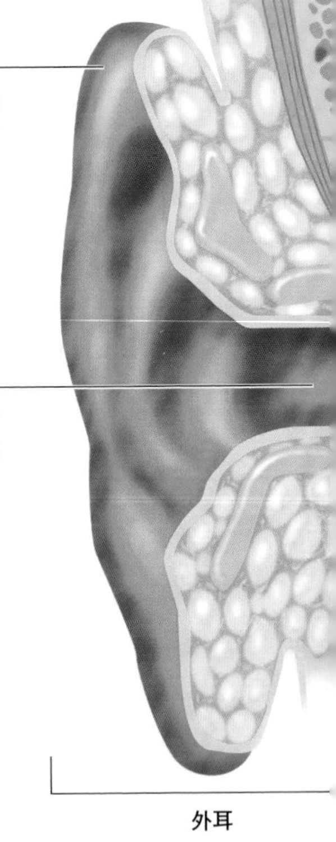
耳廓
形狀複雜，因而能夠正確捕捉外界的各種微妙聲音。
外耳道
呈緩和的S形，可避免鼓膜直接受到外界空氣壓迫。
外耳

聲波振動在耳蝸轉變轉換成電訊號傳送訊息

功能 耳廓呈複雜的凹凸狀，可收集外界聲音。聲音訊息經外耳道傳入鼓膜，鼓膜再將聲音振動傳至中耳的聽小骨。

從鼓膜傳送至聽小骨的聲音振動，會在蝸牛殼形狀的耳蝸裡轉換成電訊號。耳蝸分為三個腔，其中**耳蝸管**上分布許多可感應聲音振動的**毛細胞**。接著再由耳蝸神經將電訊號繼續傳送至**大腦**。

緊鄰於耳蝸的三半規管，是由三個弧形半規管和**耳石器官**構成。三半規管內充滿**淋巴液**，內耳即根據淋巴液的傾斜程度，偵測身體目前的姿勢，最後由前庭神經負責將訊息傳送至大腦，大腦便能下達指令，隨時保持身體平衡。

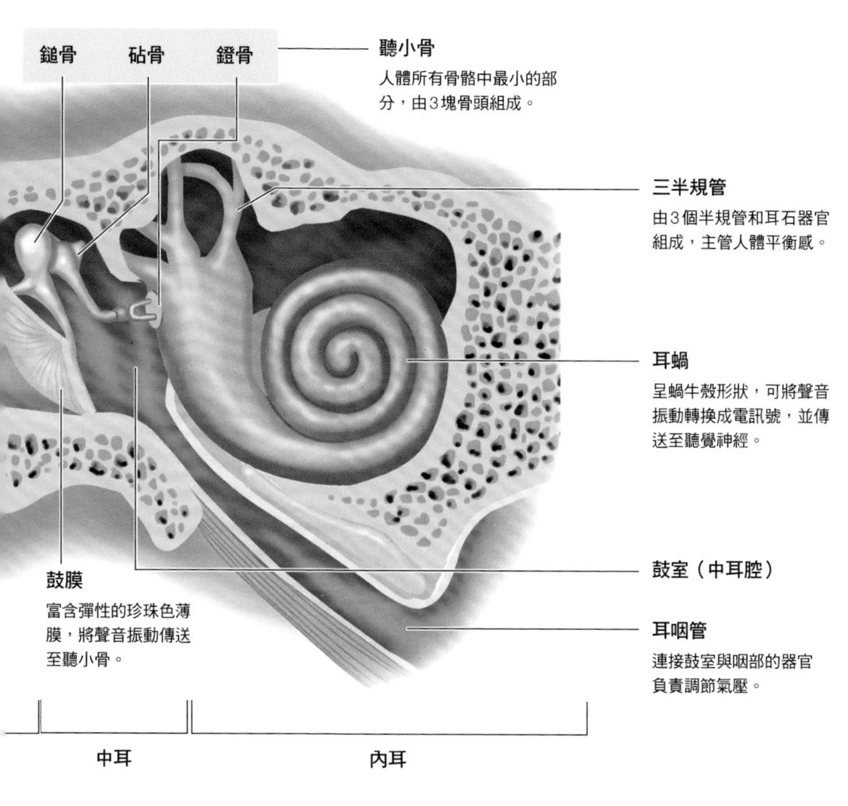
鎚骨
砧骨
鐙骨
聽小骨
人體所有骨骼中最小的部分，由3塊骨頭組成。
三半規管
由3個半規管和耳石器官組成，主管人體平衡感。
耳蝸
呈蝸牛殼形狀，可將聲音振動轉換成電訊號，並傳送至聽覺神經。
鼓室（中耳腔）
耳咽管
連接鼓室與咽部的器官負責調節氣壓。
鼓膜
富含彈性的珍珠色薄膜，將聲音振動傳送至聽小骨。
中耳
內耳

我們的聽力能夠儲存多大的訊息？

人類聽力範圍的容量大約是12,500位元（資訊最小的儲存單位，縮寫為bit），這範圍內能夠辨識的音程約有4000階。相比之下，人耳要能辨別日文的五十音，只需要些許的60位元就夠了。

人類的聽力範圍非常廣泛，除了一般對話之外，還能夠聽辨蟲鳴、引擎轟隆聲等各式各樣的聲音。

聽覺的運作原理

耳蝸將聲音振動轉換成電訊號，經聽覺神經傳送至大腦的聽覺皮質區，最後形成我們所認知的聲音。

聽小骨的功能 調節聲音振動的大小、高低

位置 **耳廓、外耳道、鼓膜、聽小骨、耳蝸、耳蝸神經**，以及**大腦聽覺皮質區**

構造&功能 我們平時所聽到的聲音，是空氣振動所引起的現象。耳廓捕捉的聲音通過外耳道抵達鼓膜，鼓膜隨即產生振動，其振動幅度會因聲音的大小、高低而異。聲音大，鼓膜振動幅度大；聲音小，鼓膜振動幅度小。

鼓膜的振動傳至中耳內的聽小骨（由**鎚骨**、**砧骨**、**鐙骨**組成），再進一步傳入內耳。聽小鼓的鎚骨與砧骨是由**韌帶**固定兩者的連接處。其中，韌帶和周圍的肌肉負責調節振動幅度，將過大的振動調小、過小的振動放大。

處理後的振動訊息繼續傳入內耳的耳蝸，刺激耳蝸的**感覺神經**。聲音振動會從耳蝸基部以蠕動的方式前進至尖端，使得耳蝸內的**淋巴液**隨之波動。

耳蝸的功能 轉換聲音振動為電訊號

構造&功能 耳蝸如同字面上的意思，是個外形如蝸牛殼的螺旋狀器官。

耳蝸的橫切面分成三個腔，上為**前庭階**，下為**鼓室階**，以及與前庭階、鼓室階為鄰的**耳蝸管**。耳蝸管內有**柯氏器**，由感覺神經的**毛細胞**組成，並且與聽覺神經相連。

感覺神經的毛細胞會因聲音的高低，起反應的部位也隨之不同。耳蝸入口處附近的毛細胞對高音較有反應，越往深處，對低音越有反應。這就好比鋼琴琴鍵的排列機制，一個毛細胞只對一個特

聲音源頭的蛛絲馬跡

我們要如何得知聲音來自何方呢？人體會依據左右耳聽到的聲音音量、些微的時間差來判斷聲音的來源。

舉例來說，來自正面的聲音幾乎同時間傳入兩側耳朵，聲音大小也一致，因此我們能斷定聲音來自正面或來自正後方。而當右耳聽到的聲音較強、左耳聽到的聲音較弱時，我們便能判定聲音來自右側。

另一方面，像是喇叭、警笛等高亢的聲音，由於波長較短、不易繞射，我們得以輕易辨別出聲音的來源。

綜合以上所述，我們可以根據聲音的高低、強弱，以及時間差等線索，找出聲音的源頭。

定音產生反應。順帶一提，前述的聲音高低，指的是振動頻率，聲音大小則與振動幅度相關。

聲音振動訊息經由毛細胞轉換成電訊號後，透過**耳蝸神經**傳送至大腦，最後再由大腦的聽覺皮質區處理為平時我們所說的聲音。

耳蝸與三半規管的構造

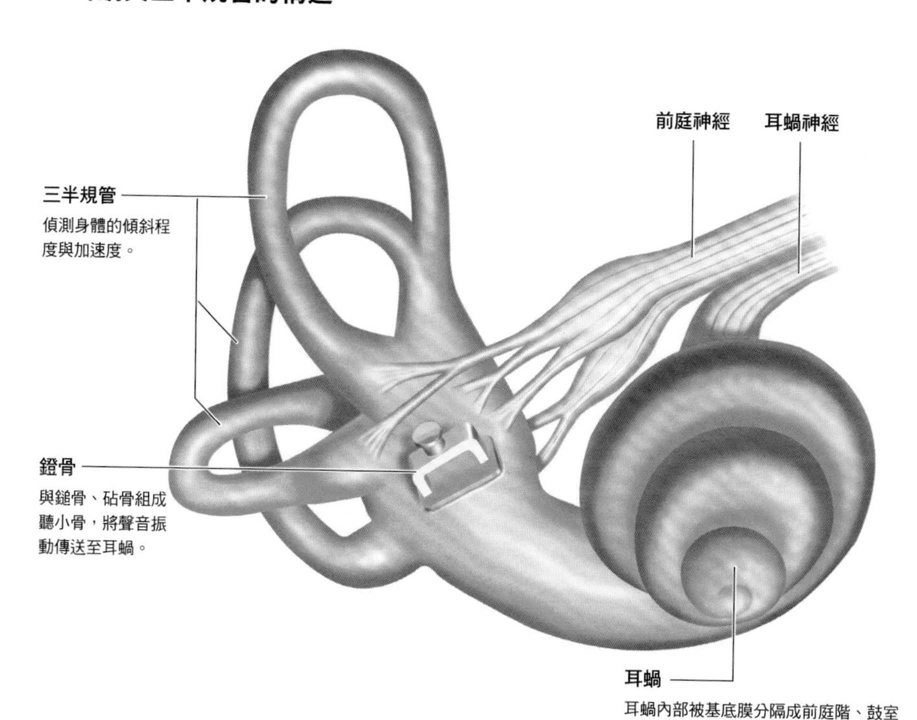
前庭神經
耳蝸神經
三半規管
偵測身體的傾斜程度與加速度。
鐙骨
與鎚骨、砧骨組成聽小骨，將聲音振動傳送至耳蝸。
耳蝸
耳蝸內部被基底膜分隔成前庭階、鼓室階、耳蝸管共三部分。耳蝸管內有柯氏器，能將聲音振動轉換成電訊號。

柯氏器的構造

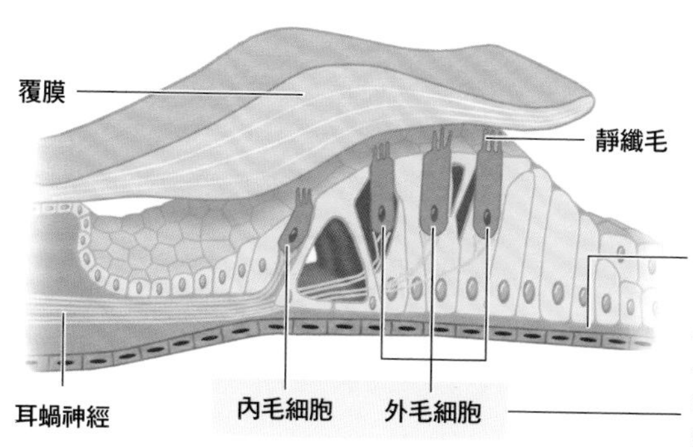
覆膜
靜纖毛
基底膜
毛細胞
一個毛細胞只對一種特定聲音有反應。耳蝸入口處附近的毛細胞會對高音起反應，越往深處，對低音的反應越明顯。
耳蝸神經
內毛細胞
外毛細胞

平衡覺的運作原理

平衡覺器官包括由三個半規管組成的三半規管，以及位於三半規管交叉處的耳石器官（前庭器官）。

內耳三半規管與耳石器官負責維持身體平衡

位置 **內耳、大腦**

構造&功能 維持身體平衡的平衡覺，是由耳朵內的**三半規管**和**耳石器官**掌管。

在內耳深處，位於**耳蝸**上部的三半規管，是由三個半圓形的管道（**半規管**）共同組成，管內充滿**淋巴液**。每個半規管基部都有膨大的壺腹，壺腹內隆起的區域稱為**壺腹嵴**（內部分布感覺神經），由長有**感覺毛**的**毛細胞**組成。當管內的淋巴液隨著身體擺動（加速）而流動時，同時也會帶動半規管基部的**壺腹頂帽**一起晃動，給予毛細胞刺激，因此三半規管便能立即掌握身體傾斜或旋轉的姿勢。

三半規管所偵測的傾斜、旋轉訊息，經由**前庭耳蝸神經**之一的**前庭神經**，傳送至大腦的**體感覺皮質區**。再由這個區域下達指令給骨骼肌、骨骼和關節，組織與器官共同作業，維持身體平衡。

由於三半規管分別處於三個不同的平面，因此可各自偵測前後、上下、左右三個不同方向的旋轉運動。

耳石不斷滾動偵測身體傾斜程度

構造&功能 三半規管的交叉處為耳石器官（**前庭器官**），包含**橢圓囊**和**球囊**兩個袋狀器官。囊內皆充滿淋巴液，內有位覺感受器**位覺斑**，位覺斑裡有毛細胞，其前端長有感覺毛。

囊內的耳石膜上布滿微小的碳酸鈣結晶體，也就是**耳石**。當頭部傾斜時，耳

人為什麼會暈車？

多虧有內耳三半規管和耳石器官，人體才能隨時保持平衡。但是乘坐汽車或船隻時，仍有不少人出現暈車或暈船的現象。除了一時間不習慣交通工具的速度改變，由於速度方向不停改變、反覆造成刺激，造成三半規管的平衡覺不同步，才會致使人體產生暈眩不適的症狀。

除此之外，大腦也會因為一時接收過多身體姿勢的訊息，混亂間下達錯誤的指令給自律神經，進而導致身體發冷、冒汗、臉色蒼白、噁心等症狀。

順帶一提，比起乘客，開車的駕駛反而不容易暈車，原因就在於駕駛時需要一直注視前面的行進方向，因此能夠事先促使身體做出相應的動作。

由此可知，暈車其實也與視覺有關，坐車時只要一直注視前方或眺望遠方，就比較不容易暈車了。

石也會跟著在感覺毛上滾動，使毛細胞受到刺激，進而將訊息傳送至大腦，使大腦能立即掌握身體的姿勢。其中，橢圓囊負責偵測水平方向的傾斜，球囊則偵測垂直方向的傾斜。

人體之所以能夠隨時保持同一姿勢而不跌倒，仰賴的正是不斷滾動的耳石。大腦接收水平與垂直傾斜的訊息，正確推算身體姿勢，並進一步使身體一直保持平衡。

● 位覺斑的構造

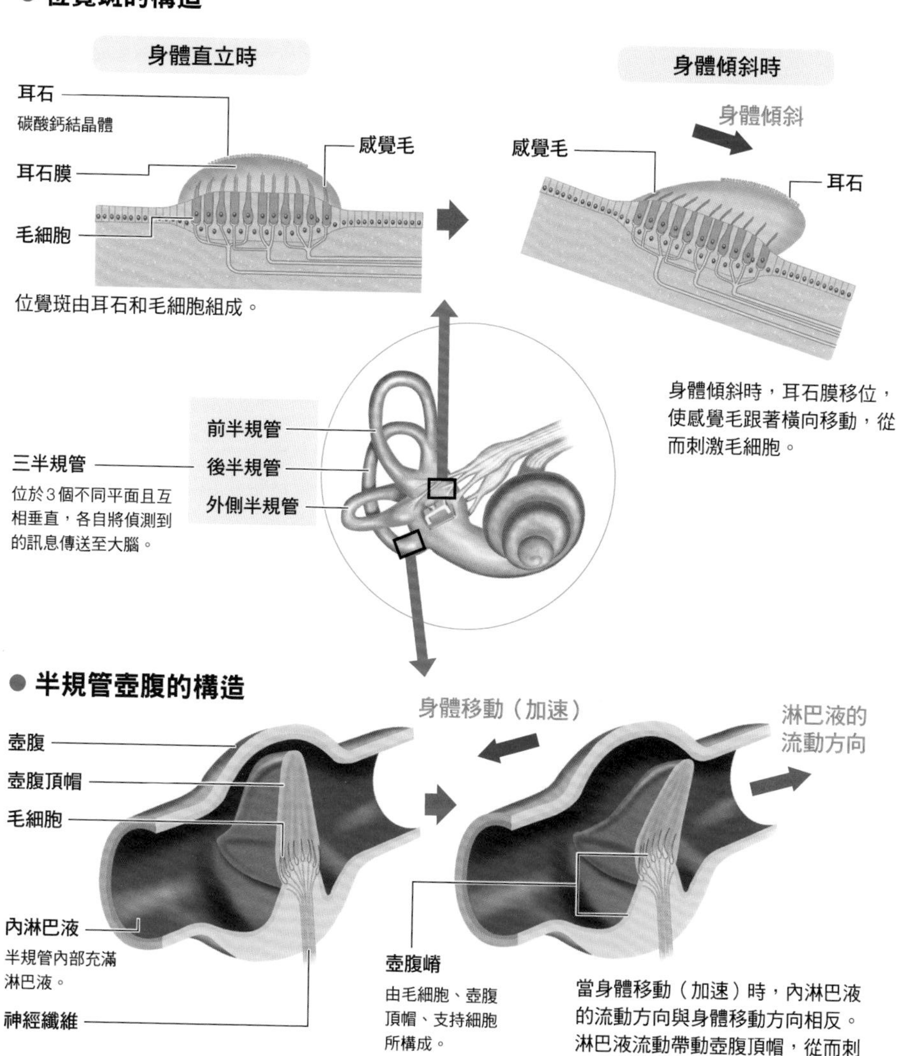

身體直立時
耳石
碳酸鈣結晶體
耳石膜
毛細胞
感覺毛
位覺斑由耳石和毛細胞組成。
身體傾斜時
身體傾斜
感覺毛
耳石
身體傾斜時，耳石膜移位，使感覺毛跟著橫向移動，從而刺激毛細胞。
前半規管
後半規管
外側半規管
三半規管
位於3個不同平面且互相垂直，各自將偵測到的訊息傳送至大腦。
● 半規管壺腹的構造
身體移動（加速）
淋巴液的流動方向
壺腹
壺腹頂帽
毛細胞
內淋巴液
半規管內部充滿淋巴液。
神經纖維
壺腹嵴
由毛細胞、壺腹頂帽、支持細胞所構成。
當身體移動（加速）時，內淋巴液的流動方向與身體移動方向相反。淋巴液流動帶動壺腹頂帽，從而刺激毛細胞。

氣壓調節機制

外耳與鼓室未能確實調整空氣壓力，進而引起耳朵悶塞時，開啟耳咽管便能有效解決問題。

為什麼耳內會有悶塞感？

位置 **鼓膜**至**耳咽管**

構造 當我們搭電梯至高樓層、搭乘飛機起飛、火車進入隧道裡時，有時候會出現**耳朵**悶塞，暫時聽不見的情況。這是因為我們周遭的氣壓突然改變，導致**鼓膜**外側和內側的壓力變得不一致。由於空氣具有重量，進而產生壓力，由空氣所形成的壓力便稱為**氣壓**。

平時鼓膜內外側的氣壓隨時保持在平衡狀態，但是當氣壓驟變時，鼓膜所隔開的外耳與**鼓室**（**中耳腔**）內的壓力若未能及時跟著調整，鼓膜便會往氣壓低的那一側鼓起。

另一方面，氣壓也會隨著高度增加而降低，從外側推壓鼓膜的壓力也就跟著變小，來自內側的推壓力量相對變大。這種情況下容易造成耳朵悶塞、疼痛不適、暫時聽不清楚。

耳咽管導入空氣至鼓室協助內外氣壓平衡

功能 **耳咽管**負責調節外耳與鼓膜內側鼓室的氣壓，當空氣進入鼓室，便是經由耳咽管排至**咽部**。

耳咽管連接鼓室與鼻腔深處、喉部上方，平時為關閉狀態，只有當打哈欠、吞口水、張大嘴時才開啟。耳咽管多半在無意識狀態下調解氣壓，因此我們平時感覺不到耳咽管的存在。

當所處環境的氣壓急遽改變，容易造成耳朵悶塞甚至感到疼痛，此時通常只要吞口水就能改善不舒服的感覺。這是

感冒時耳朵也會感覺悶悶的？

有時候再怎麼吞口水或打哈欠，仍是無法改善耳朵悶塞，這是因為空氣無法順利進入鼓室；換句話說，就是耳咽管未能正常開啟所致。

這種無法調節鼓室氣壓的狀態，就稱為耳咽管狹窄症。當我們感冒時，可能會引起耳咽管狹窄症。耳咽管鼻側出口的黏膜由於發炎而腫脹，造成分泌液沾附，致使耳咽管無法開啟，也因此無法調節外耳道與鼓室內的氣壓。這樣的狀態若遲遲未能改善，可能會惡化演變成急性中耳炎。因此只要感覺耳朵奇怪、有異狀時，請務必儘早前往耳鼻喉科就診。

另外，幼兒的耳咽管因尚未發育完整，常有空氣無法順利流通的情況發生，請家長務必特別留意。

因為吞嚥口水時，耳咽管會暫時開啟，透過呼吸運動，使外界空氣經由耳咽管進入鼓室。這樣一來，就能使鼓室內的氣壓慢慢與**外耳道**的氣壓趨於一致。當鼓膜恢復至正常位置後，耳朵悶塞問題便迎刃而解。

● 氣壓的調節機制

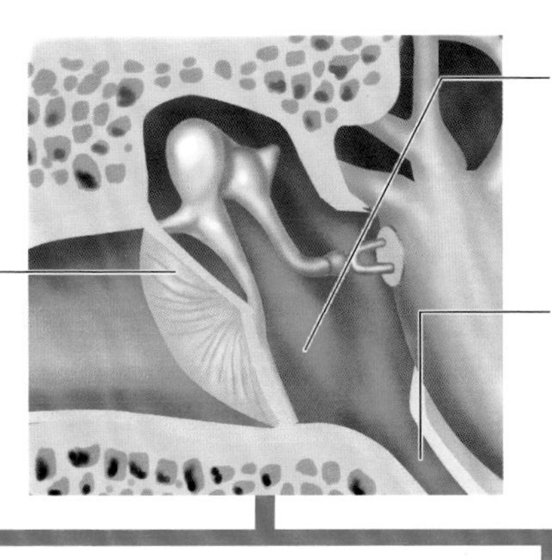

鼓室
內部充滿空氣，有助於將鼓膜振動傳送至聽小骨。

鼓膜
平時外耳道與鼓室內的氣壓保持平衡狀態。一旦氣壓失衡，鼓膜會向外耳道側或向鼓室側膨脹，進而引起耳朵悶塞或疼痛症狀。

耳咽管
連接耳朵與咽喉的管道，平時為關閉狀態。當外界氣壓與鼓室內氣壓不一致時，耳咽管會開啟，以利調節內外氣壓差。

外界氣壓變低時……

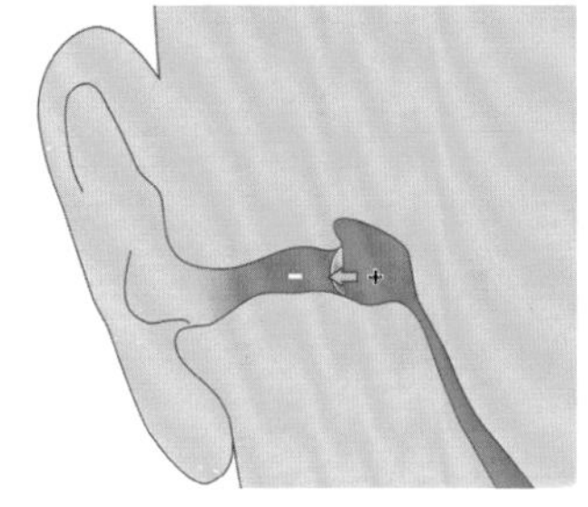

飛機升空、搭電梯至高樓層時，外界氣壓逐漸變低。由於鼓室仍維持平地的氣壓，因此鼓膜向氣壓低的外耳道膨脹。

外界氣壓變高時……

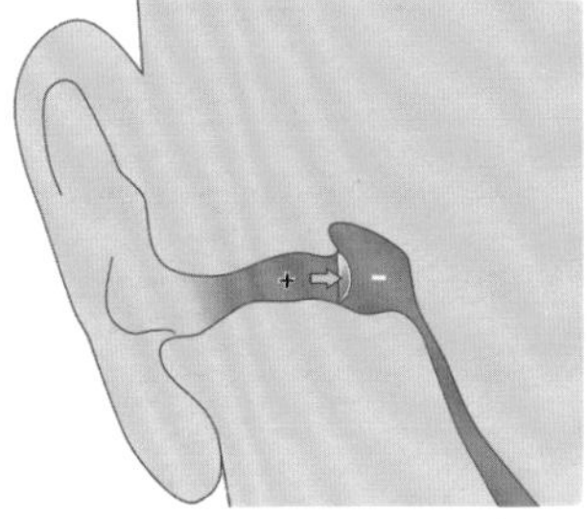

海裡的氣壓比平地高，潛水時外耳道的氣壓變得比鼓室內氣壓高，因此鼓膜往鼓室側膨脹。

吞嚥口水、打哈欠，便能夠使平時關閉的耳咽管開啟，口鼻吸進來的空氣經由耳咽管進入鼓室，有助於鼓室內氣壓與外界氣壓取得平衡。當鼓膜內外沒有氣壓差時，鼓膜便能恢復原本的正常位置。

鼻子的構造

鼻中膈將鼻腔分為左右兩個部分。鼻腔不僅是空氣的通道，同時也是感受味道的嗅覺器官。

鼻腔為空氣的通道 由三塊長條軟骨劃分而成

位置 **臉部**中央

構造 **鼻子**的入口稱為**鼻孔**，往內是**鼻前庭**，繼續往前延伸為寬廣的**鼻腔**。

鼻腔內有**鼻中膈**，將鼻腔分隔成左右兩個部分，表面覆蓋有**黏膜**。**上鼻甲**、**中鼻甲**、**下鼻甲**三塊長條骨，將空氣通道分成**上鼻道**、**中鼻道**、**下鼻道**。

鼻子吸進去的空氣（吸氣），主要通過上鼻道，經**咽部**、**氣管**送至**肺**。另一方面，自肺部吐出的空氣（呼氣），主要經由中鼻道和下鼻道排出。

鼻腔黏膜上布滿**微血管**，尤其鼻腔入口處附近的**利特氏血管叢帶**，不僅黏膜比其他部位薄，微血管更是密集分布。另外，鼻腔黏膜下方是容易受損的骨骼和軟骨，一點點刺激就會造成血管破裂而出血。

嗅球負責捕捉味道 於大腦嗅覺皮質區形成嗅覺

功能 鼻子是偵測味道的**嗅覺器官**，同時也能過濾摻雜細菌、病毒等病原體及異物的空氣。

吸進鼻腔的空氣裡有各式各樣的氣味分子，位於**大腦**底部（鼻腔上部）的**嗅球**負責偵測這些氣味。嗅球偵測到的氣味分子訊息，經**嗅神經**傳送至大腦的**嗅覺皮質區**，最後形成嗅覺。

吸入鼻腔裡的空氣，往往帶有細菌、病毒、塵埃顆粒等異物，而鼻前庭的鼻

鼻子、眼睛、耳朵、喉嚨，彼此相通

鼻和口相通，相信這個生理特點是眾所皆知。但事實上，鼻子和眼睛、喉嚨其實也相連在一起。

鼻和耳之間，由負責調節氣壓的耳咽管連接在一起。潛水時，由於水壓將鼓膜往中耳側推壓，容易引起悶塞的疼痛感，但此時只要捏著鼻子，讓空氣從鼻子往耳朵輸送（保持空氣流通），便能有效改善疼痛。這個訣竅便是利用來自鼻子的空氣壓力，促使平時關閉的耳咽管開啟，藉此調整外界與體內的氣壓差，使內外氣壓達到平衡。

另一方面，鼻子與眼睛之間則藉由鼻淚管相通。淚腺分泌的淚液通過鼻淚管排放至鼻腔，平時眼淚通過鼻淚管時會自然蒸發，但在淚液過多的情況下，淚液會變成鼻水，轉而從鼻子流出來。

毛、鼻甲黏膜分泌的**黏液**能夠攔截這些異物，過濾乾淨後再送至氣管、肺部。

除此之外，鼻子的獨特構造還能夠避免熱空氣、冷空氣、乾燥空氣等傷害氣管和肺等器官。具體運作如下：分布於鼻腔內黏膜上的微血管，將吸入的空氣調整至適當溫度（25～37度）與適當濕度（35～80%）後，再送至**呼吸器官**。由此可見，鼻腔真可謂是人體的最佳空氣調節器。

● 鼻子的構造

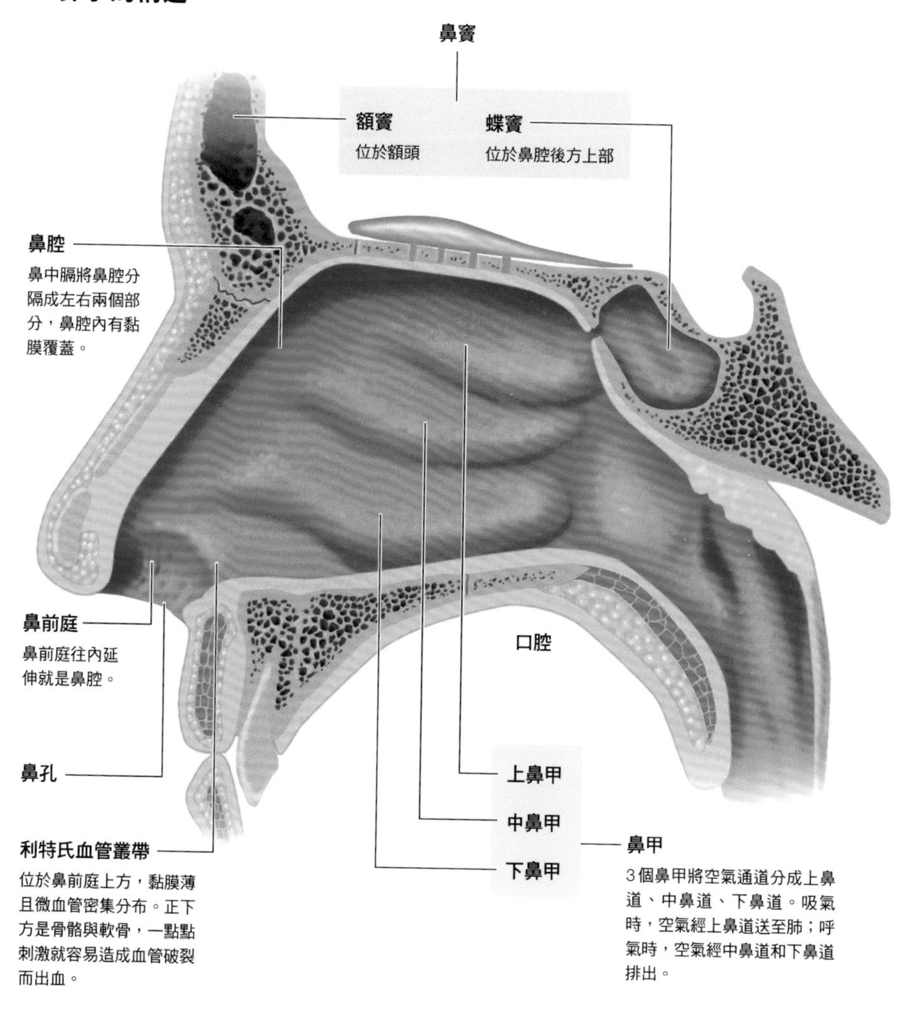
鼻竇
額竇
位於額頭
蝶竇
位於鼻腔後方上部
鼻腔
鼻中膈將鼻腔分隔成左右兩個部分，鼻腔內有黏膜覆蓋。
鼻前庭
鼻前庭往內延伸就是鼻腔。
口腔
鼻孔
上鼻甲
中鼻甲
下鼻甲
利特氏血管叢帶
位於鼻前庭上方，黏膜薄且微血管密集分布。正下方是骨骼與軟骨，一點點刺激就容易造成血管破裂而出血。
鼻甲
3個鼻甲將空氣通道分成上鼻道、中鼻道、下鼻道。吸氣時，空氣經上鼻道送至肺；呼氣時，空氣經中鼻道和下鼻道排出。

嗅覺的運作原理

嗅細胞偵測氣味訊息，經嗅球處理後，將訊息送至大腦嗅覺皮質區，進行綜合判斷。

鼻腔最上方的嗅上皮負責捕捉氣味訊息

位置 **嗅纖毛、嗅細胞、嗅神經、嗅球**

構造&功能 **嗅覺**可辨別氣味，用意在於自動迴避危險，因此在日常生活中占有一席重要地位。

如果人體無法辨別食物腐壞的氣味而誤食，不僅會吃壞肚子，嚴重的話可能會有生命危險。

眼睛看不見的氣味，其真實身分是名為氣味分子的揮發性化學物質。氣味發生源於空氣中散播氣味分子，當**鼻子**吸入空氣時，氣味分子跟著進入**鼻腔**內位於鼻腔頂部的**嗅上皮**，而嗅上皮的功用是捕捉氣味分子。

嗅上皮的**黏膜**上有大約5千萬個**感覺細胞**（嗅細胞），嗅細胞前端布滿嗅纖毛，並被**鮑氏腺**（**嗅腺**）分泌的**黏液**所覆蓋。

嗅上皮的嗅細胞經由嗅神經，與**大腦**底部的嗅球相連；而嗅球再透過**嗅徑**，連接至**大腦邊緣系統**與**額葉**。

嗅球處理過的訊息續送至大腦嗅覺皮質區

功能 進入鼻腔內的氣味分子，一旦接觸嗅黏膜分泌的黏液後會被溶解，負責接收這些溶解物質的正是嗅纖毛。

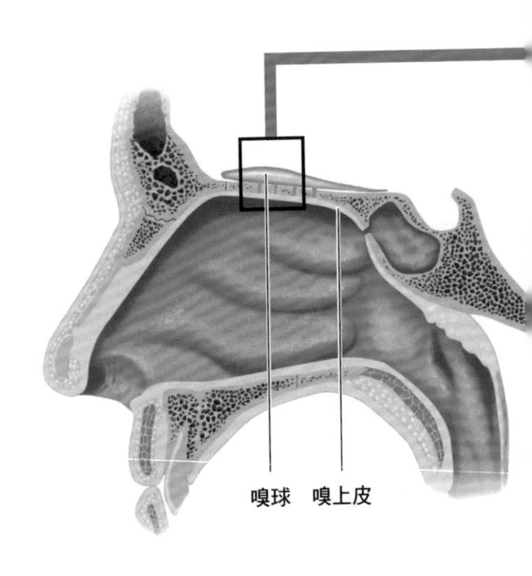
嗅球
嗅上皮

嗅纖毛偵測到氣味分子後，進一步刺激嗅細胞，引起嗅細胞興奮。嗅細胞隨即將氣味訊息轉換成電訊號，再經由嗅神經傳送至大腦。

嗅球的神經迴路自嗅神經接收氣味訊息後，立即從記憶相關的**海馬**中撈取氣味的記憶並進行分析。神經纖維將這些嗅覺訊息傳送至**大腦**的**嗅覺皮質區**，進行綜合分析和判斷。

根據臨床統計，人類能夠辨識的氣味約可達1萬多種。大腦的嗅覺皮質區依據過往經歷過的氣味記憶，判定這些氣味對人體有益還是有害。

經判斷為美味的氣味會送往**體感覺皮**

質區，這時唾液分泌增加，食慾大增。至於被判斷為討厭的氣味，則送往**運動皮質區**，大腦嗅覺皮質區會針對特定器官下達指令，例如伸出手指捏著鼻子。

● 嗅覺的運作原理

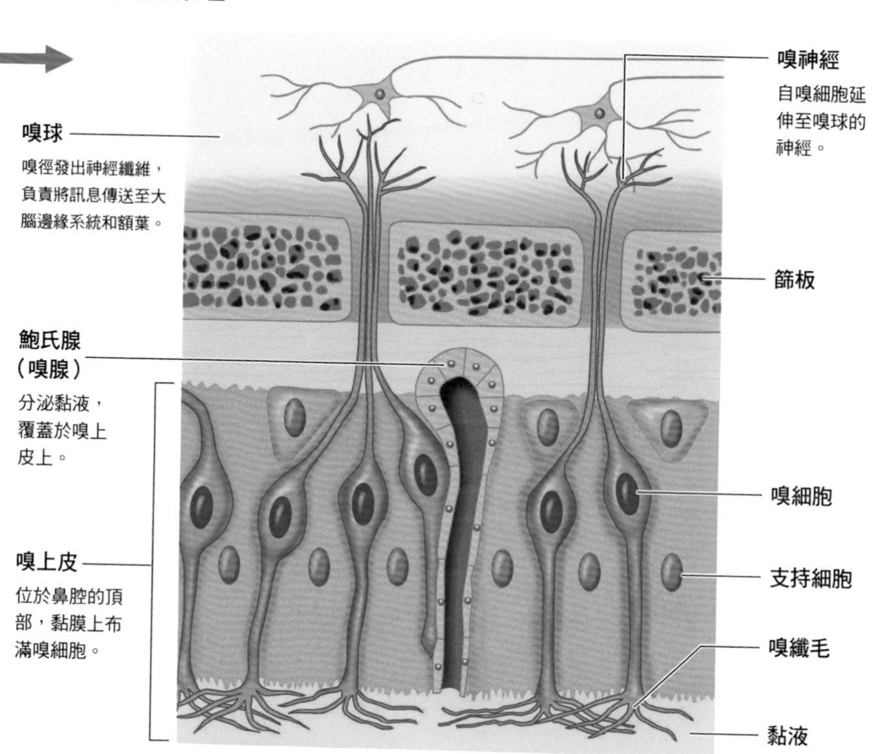

嗅球
嗅徑發出神經纖維，負責將訊息傳送至大腦邊緣系統和額葉。
鮑氏腺（嗅腺）
分泌黏液，覆蓋於嗅上皮上。
嗅上皮
位於鼻腔的頂部，黏膜上布滿嗅細胞。
嗅神經
自嗅細胞延伸至嗅球的神經。
篩板
嗅細胞
支持細胞
嗅纖毛
黏液

七種基本氣味

正如同味覺有4種基本的味道——苦味、酸味、甜味、鹹味等味覺，嗅覺也有7種基本氣味，分別是樟腦味、麝香味、花香味、薄荷味、乙醚味、辛辣刺激味、腐敗味，由嗅覺的嗅球辨識香味或臭味。

其中花香味有助於放鬆心情，促使副交感神經處於優勢，對人體來說屬於香味。相反地，令人感覺不適的腐敗味恐有危害身體之虞，所以在大腦嗅覺皮質區的指示之下，身體會做出迴避腐敗味的行為。

由於嗅神經極為敏感，容易疲乏，雖然一開始覺得很臭，但一陣子過後，嗅神經對氣味的判斷力變遲鈍時，慢慢就會適應這種氣味了。

口腔與舌頭的構造

口腔由唇、臉頰、上頜、口腔底所圍繞。舌頭由舌內肌和舌外肌構成，上面分布味覺感受器味蕾。

口腔之內 包含舌頭、牙齒等器官

位置 **臉部**下方

構造 **嘴唇**上下各有一片，將**口腔**（口內空間）與外界隔離。口腔的側壁為**臉頰**、頂部為**上頜**、下方為**口腔底**（**舌頭**下方），後方則從**咽峽**延伸至**咽部**。

口腔以**牙齒**為分界，外側稱為**口腔前庭**，內側為**固有口腔**。

位在口腔內側的舌頭是由柔軟的肌肉構成，能自由轉動。舌頭由**舌內肌**和**舌外肌**構成，兩者皆為肌纖維縱向、橫向排列的**橫紋肌**，其中舌外肌與周圍骨骼連接在一起。

舌頭可分為**舌體**和**舌根**。舌體的尖端部位稱為**舌尖**，中央有一條縱向的**中央溝**，將舌頭分為左右兩側。

舌頭的表面有許多名為**舌乳頭**的小突起，這些突起結構上分布許多味覺感受器 ── **味蕾**。

口腔內有三大分泌**唾液**的**唾液腺**。三大唾液腺包含位於耳朵前下方，**導管**開口於臉頰**黏膜**的**耳下腺**；宛如藏於**下頜骨**中，導管開口於牙齒與舌根間的**下頜下腺**；位於口腔底，牙齒和舌根間的黏膜下方，有多個導管的**舌下腺**。

唾液腺由導管和**腺泡**構成，腺泡連接於導管末端，部分由分泌蛋白質的**漿液細胞**組成，部分由分泌黏液的**黏液細胞**組成。

口腔為消化道入口 負責消化的前置作業

功能 口腔是胃、腸等消化系統的入口。口腔、舌頭和**牙齒**三位一體，將食物咬碎後和唾液混合在一起，接著從咽部送往食道。

嘴唇隔絕口腔與外界，功用是避免外界的蟲或塵埃等異物進入口腔，同時也能防止食物掉出口腔外。改變唇形便能發出各種聲音，而活動嘴巴周圍的**顏面表情肌**，則能做出各種臉部表情。

唾液的成分與功用

三大唾液腺負責分泌唾液，其功用是順暢咀嚼、讓食物容易進入食道裡。

唾液中含各種酵素，其中澱粉酶能幫忙分解食物中的澱粉。另外，過氧化酶具抗菌作用，能有效殺死在口腔內繁殖的壞細菌，可維持口腔乾淨並預防齲齒。

分布於舌頭上的味蕾，具有感受味覺的功用。

唾液腺平均一天可分泌1～1.5公升的唾液，三大唾液腺各自分泌不同性質的唾液。耳下腺分泌漿液性唾液，黏度較低；舌下腺分泌黏液性唾液，黏度較高；下頜下腺分泌的唾液介於兩者之間，屬於混合型唾液。

● 口腔的構造

● 舌頭的構造

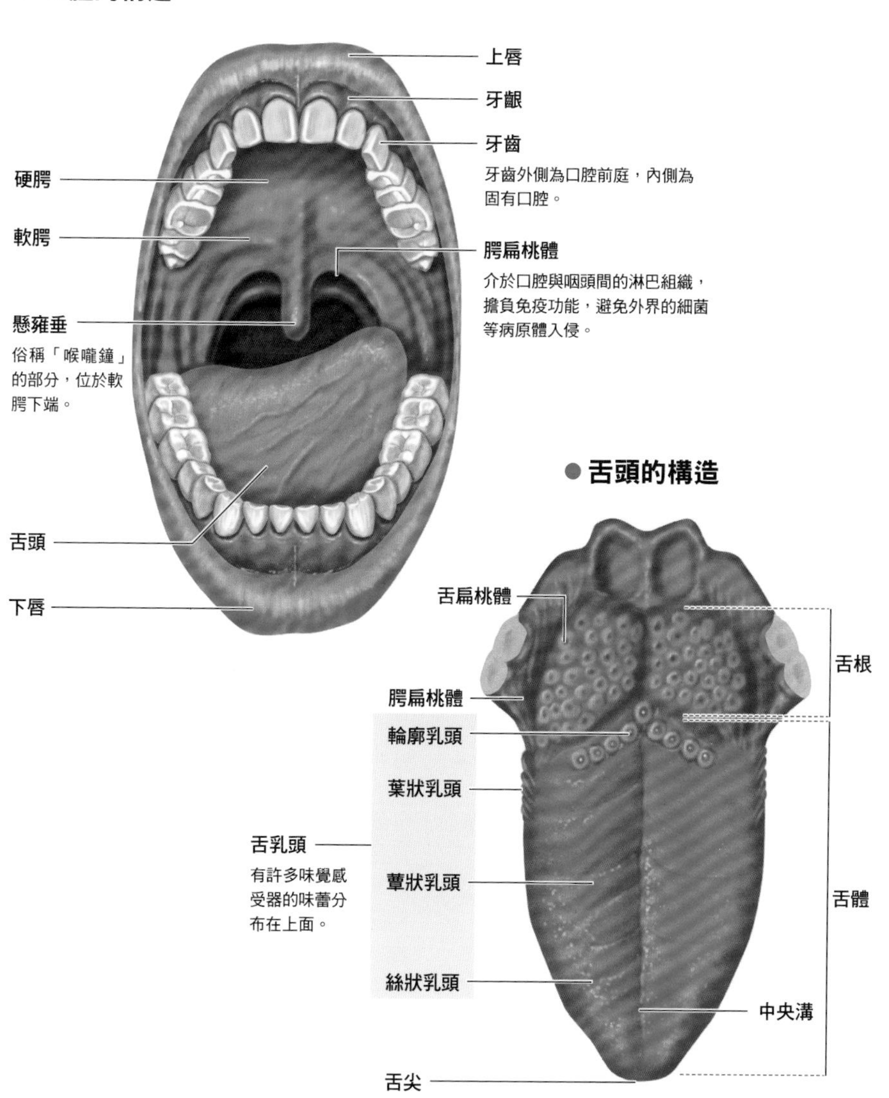

上唇
牙齦
牙齒
牙齒外側為口腔前庭，內側為固有口腔。
硬腭
軟腭
腭扁桃體
介於口腔與咽頭間的淋巴組織，擔負免疫功能，避免外界的細菌等病原體入侵。
懸雍垂
俗稱「喉嚨鐘」的部分，位於軟腭下端。
舌頭
下唇
舌扁桃體
舌根
腭扁桃體
輪廓乳頭
葉狀乳頭
舌乳頭
有許多味覺感受器的味蕾分布在上面。
蕈狀乳頭
舌體
絲狀乳頭
中央溝
舌尖

味覺的運作原理

舌表面的突起為舌乳頭，分布偵測味覺的味蕾，能感受甜味、鹹味、酸味和苦味。

舌表面的小小味蕾可感受味道

位置 **舌頭**表面的**味蕾**

構造&功能 人體感受**味覺**的構造，正是位於舌頭表面的味蕾。

舌頭表面的**黏膜**上有許多細小的突起物，這些小突起即是**舌乳頭**。舌乳頭可依形狀分為**輪廓乳頭**、**葉狀乳頭**、**絲狀乳頭**、**蕈狀乳頭**共四種類型。

輪廓乳頭位於**舌體**深處，呈V字形排列。葉狀乳頭位於舌體後外側，呈皺褶狀。而蕈狀乳頭和絲狀乳頭則分布於整個舌頭。

部分舌乳頭含有味覺感受器的味蕾，整個舌頭上約有1萬個味蕾。味蕾位於舌乳頭的黏膜上皮內，大小約70微米長，20～40微米寬。味蕾的尖端有**味蕾孔**，當食物溶解於唾液與水中時，其味道成分便是從味蕾孔進入味蕾。一個味蕾有數十個感受味道的**味覺細胞**。

味覺細胞的前端有**微絨毛**，微絨毛的**細胞膜**裡有味覺感受器。當味覺細胞受到刺激時，會進一步由**神經纖維**（**味覺神經**）將味覺訊息傳送至大腦。舌前三分之二的味蕾經由**鼓索神經**傳遞味覺，舌後三分之一的味蕾則由**舌咽神經**傳遞味覺。

味覺訊息透過這些神經傳送至**延腦**，再經**視丘**進入**大腦味覺皮質區**，由大腦判定食物味道，最終再將結果傳送至**體感覺皮質區**或**運動皮質區**。當我們吃進美味的食物時，大腦會下指令促使分泌唾液和胃液來幫助消化，增進食慾；如果食物不好吃或腐敗時，大腦則下指令

令人感到美味的條件

即便吃進同樣的食物，仍然會依條件不同，而有不一樣的味覺感受。

條件之一是食物的溫度。溫熱的食物比冰涼的食物更能讓人感受到甜味，此外，當食物溫度低時，鹹味往往比較突出。這是因為食物的溫度和體溫相差無幾時，甜味、苦味、酸味的味蕾受體最敏銳，而鹹味的味蕾受體遇低溫時最容易起反應。

除此之外，我們在日常生活中的飲食調味習慣，像是在西瓜上撒點鹽、年糕紅豆湯裡加鹽等等，也都是藉由鹹味來凸顯食物的甜味。其背後的原理即是利用鹹味刺激，提升味蕾受體對甜味的敏銳性。而在西瓜和年糕紅豆湯的例子中，比起鹹味，味蕾對甜味的敏銳度更高，因此甜味會變得更為明顯。

做出皺眉、將食物吐出來等動作。

酸味、甜味、苦味、鹹味 四種味道組合形成味覺

功能 味覺的基本味道有四種：甜味、鹹味、酸味、苦味，味覺便是由這四種基本味道組合而成。

感受甜味的味蕾分布在舌尖的蕈狀乳頭，鹹味味蕾分布於舌尖和舌兩側的絲狀乳頭，酸味味蕾位於舌體深處兩側的葉狀乳頭，苦味味蕾則位在舌體深處的輪廓乳頭。

另一方面，豐盛的料理、促進食慾大發的香氣等，這些視覺、嗅覺、口感、溫度覺也都會同時影響味覺運作。

舌乳頭的分布

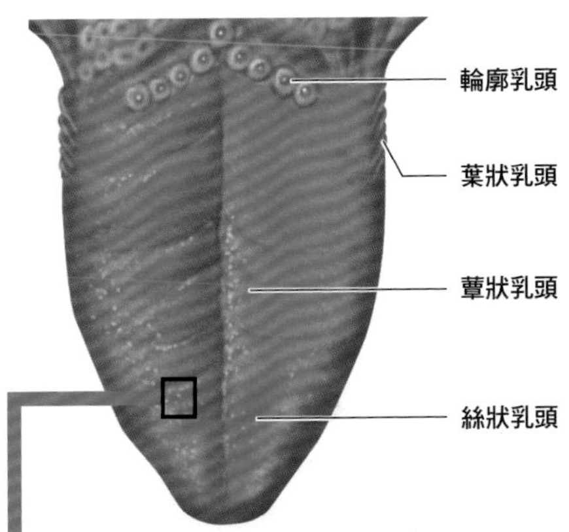
輪廓乳頭
葉狀乳頭
蕈狀乳頭
絲狀乳頭

輪廓乳頭： 位於舌體深處，呈V字排列，負責感受苦味。
葉狀乳頭： 分布於舌體深處的兩側，負責感受酸味。
蕈狀乳頭： 分布於整個舌頭，舌尖處可感受甜味。
絲狀乳頭： 分布於整個舌頭，舌尖與舌兩側感受鹹味。

味蕾的構造

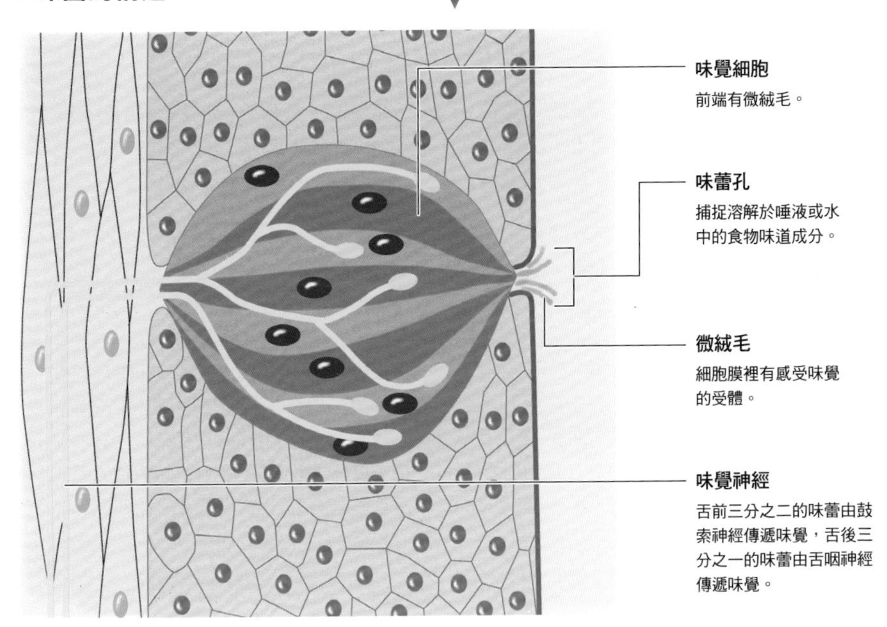
味覺細胞
前端有微絨毛。
味蕾孔
捕捉溶解於唾液或水中的食物味道成分。
微絨毛
細胞膜裡有感受味覺的受體。
味覺神經
舌前三分之二的味蕾由鼓索神經傳遞味覺，舌後三分之一的味蕾由舌咽神經傳遞味覺。

牙齒的構造

牙冠的表面覆蓋一層琺瑯質，是人體最硬的部分。四種恆齒的形狀依功能而不同。

牙齒的琺瑯質、象牙質富含鈣質成分

位置 **口腔**內

構造 **牙齒**露出**牙齦**外的部分為**牙冠**，埋在牙齦內的為**牙根**。

牙齒由三種硬組織構成，即覆蓋於牙冠表面的**琺瑯質**、打造牙齒形狀的**象牙質**，以及覆蓋牙根表面的**牙骨質**。

保護牙冠表面的白色琺瑯質，內含95%的鈣質，是人體最硬的部分，硬度媲美水晶。

琺瑯質內部為偏黃的象牙質，是構成牙齒的主要物質。象牙質內含70%的鈣質，比琺瑯質軟。

牙根埋在牙齦裡，表面覆蓋一層類似骨骼的構造，稱為牙骨質。牙骨質的鈣質含量很少。

牙根與牙齒基地的**齒槽骨**之間有**牙周韌帶**，可將齒根與齒槽骨緊密結合在一起。牙齒內部中空，名為**牙髓**，內有**血管**和**神經**通過，並與**頷骨**相連。

支撐牙齒的牙齦覆蓋於齒槽骨上，填滿牙齒與齒槽骨之間的空隙，有助於避免細菌等異物進入。

在孩童時期，所有的牙齒會汰舊換新一次。幼兒期的牙齒稱為**乳牙**，換齒後的牙齒為**恆齒**。乳牙牙冠表面的琺瑯質比恆齒薄且脆弱。

人類約在6歲開始長出恆齒的**第一大臼齒**，之後依**門齒**、**犬齒**、**第一小臼齒**、**第二小臼齒**的順序，慢慢換成新牙。

多數小朋友會於12歲前後長出**第二大臼齒**，到這個階段差不多所有牙齒都長齊了。至於**第三大臼齒**，不見得每個人都有，生長時間約為18～40歲。

乳牙共有20顆，恆齒中若包含**智齒**（即第三大臼齒）在內，共有32顆。如果將上排牙齒從中間分為左右兩側，一側各有2顆門齒、1顆犬齒、5顆臼齒（2顆小臼齒、3顆大臼齒），共8顆。亦即**上頷**有16顆，**下頷**有16顆，共計32顆牙齒。

換牙期需要先拔乳牙嗎？

乳牙尚未完全長齊之前，乳牙底下的牙齦裡便已經開始形成恆齒。隨著恆齒生長，乳牙一直被往上推擠；當乳牙受推擠而搖搖欲墜時，即代表恆齒已確保足夠的生長空間。恆齒發育完成後，仍會繼續往上生長，最終乳牙便會自然脫落。

牙齒負責咬碎、磨碎將食物送進食道裡

功能 當我們進食時，牙齒負責咬細碎、舌頭負責攪拌，兩者合作將食物送進食道裡。健康牙齒咬碎食物的瞬間，相當於有與自己體重差不多大小的力量施加在牙齒上，而牙齦就是承擔咬合力量的主要組織。

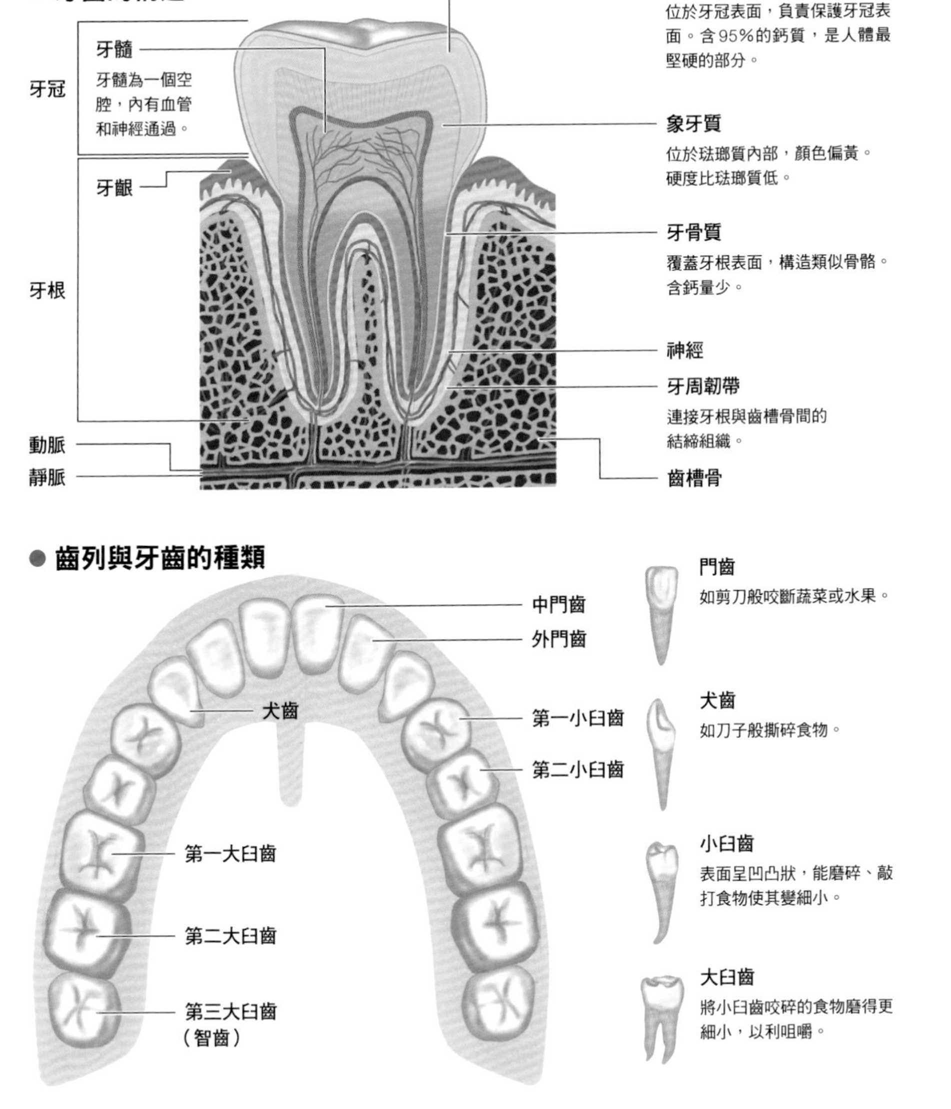

牙齒的構造
牙冠
牙髓
牙髓為一個空腔，內有血管和神經通過。
牙齦
牙根
動脈
靜脈
琺瑯質
位於牙冠表面，負責保護牙冠表面。含95%的鈣質，是人體最堅硬的部分。
象牙質
位於琺瑯質內部，顏色偏黃。硬度比琺瑯質低。
牙骨質
覆蓋牙根表面，構造類似骨骼。含鈣量少。
神經
牙周韌帶
連接牙根與齒槽骨間的結締組織。
齒槽骨
齒列與牙齒的種類
中門齒
外門齒
犬齒
第一小臼齒
第二小臼齒
第一大臼齒
第二大臼齒
第三大臼齒（智齒）
門齒
如剪刀般咬斷蔬菜或水果。
犬齒
如刀子般撕碎食物。
小臼齒
表面呈凹凸狀，能磨碎、敲打食物使其變細小。
大臼齒
將小臼齒咬碎的食物磨得更細小，以利咀嚼。

皮膚的構造

皮膚由表皮、真皮、皮下組織三個部分組成，可防止外界刺激與感染，具備保護人體的屏障功用。

● 皮膚的構造

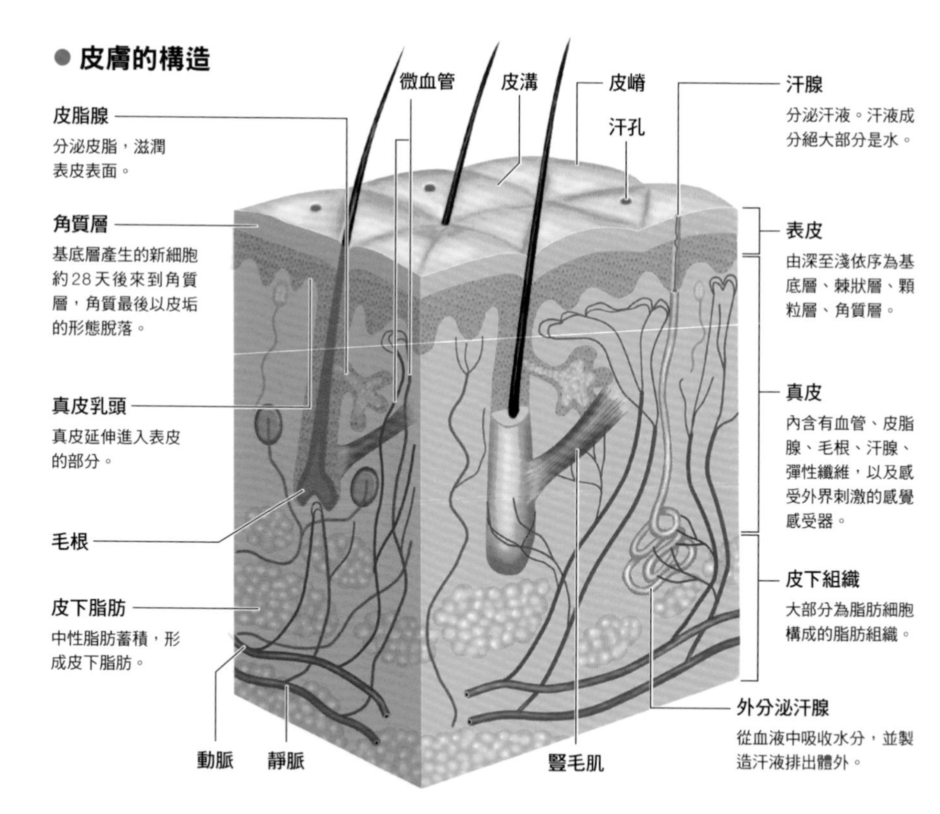

微血管
皮溝
皮嵴
汗孔
汗腺
分泌汗液。汗液成分絕大部分是水。
皮脂腺
分泌皮脂，滋潤表皮表面。
角質層
基底層產生的新細胞約28天後來到角質層，角質最後以皮垢的形態脫落。
真皮乳頭
真皮延伸進入表皮的部分。
毛根
皮下脂肪
中性脂肪蓄積，形成皮下脂肪。
表皮
由深至淺依序為基底層、棘狀層、顆粒層、角質層。
真皮
內含有血管、皮脂腺、毛根、汗腺、彈性纖維，以及感受外界刺激的感覺感受器。
皮下組織
大部分為脂肪細胞構成的脂肪組織。
外分泌汗腺
從血液中吸收水分，並製造汗液排出體外。
動脈
靜脈
豎毛肌

青春的象徵 —— 青春痘的形成

當青少年進入青春期之後，由於雄激素分泌旺盛，促使皮脂腺分泌量增加。

如果臉部沒有仔細清潔乾淨，表皮上的髒汙便容易與皮脂一同凝固並阻塞毛孔。當皮脂腺的出口被堵住，皮脂就會在表皮內側膨脹，這就是青春痘的真面目。

表皮內堆積的皮脂若進一步破壞表皮，一旦遭到細菌感染，就會導致傷口化膿，進而引起青春痘發炎。

即使日後青春痘痊癒，化膿後的結痂痕跡恐怕也會在皮膚上留下凹凸不平的疤痕，即一般俗稱的痘疤。

不斷再生的皮膚細胞 時時汰舊換新

位置 全身

構造 **皮膚**是人體表面積最大的器官，並且由**表皮**、**真皮**、**皮下組織**三層組織所構成。

皮膚最外層的表皮，厚度約0.1～0.4公釐，依部位而異。臉部的皮膚表皮最薄，只有0.04公釐；表皮最厚的部位集中在腳底，約可達2公釐，而手掌表皮的厚度約1公釐。

表皮可進一步分為四層，由深部至表面，依序為**基底層**、**棘狀層**、**顆粒層**、**角質層**。

基底層隔著**基底膜**，與真皮相鄰。基底層不斷分裂產生新細胞，並且在進行細胞分裂的同時，不斷將舊細胞往角質層推送；老舊細胞抵達角質層後，便以皮垢的形態脫落。這樣的過程便稱為皮膚的新陳代謝機制，大約以4個星期為一個代謝週期。

棘狀層裡，細胞分裂成為棘狀突起的多角形細胞，彼此緊密結合在一起，也是表皮中最厚的一層。

顆粒層則是由扁平細胞所構成，細胞彼此間如草莓種子般呈顆粒狀排列。

最後的角質層，主要由透明、沒有細胞核的死亡扁平細胞組成。

真皮裡包含**血管**、**皮脂腺**、**毛根**、**汗腺**、**彈性纖維**等構造，另外還有感應紫外線等外界刺激的**感覺感受器**（**感覺神經**末端）。

真皮與表皮的基底層緊密貼合，兩層之間的界線呈波浪狀，而真皮深入表皮的部分稱為**真皮乳頭**。

皮下組織主要為**脂肪組織**，由中性脂肪堆積而成的**脂肪細胞**所構成，因此也稱為**皮下脂肪**。

皮膚具有多功能 可調節體溫、吸附衝擊力

功能 皮膚透過位於真皮層的感覺感受器，感應**痛覺**、**觸覺**、**冷覺**、**熱覺**等外界刺激，經由**感覺神經**傳送至**大腦**。

皮膚同時也具有防禦外界刺激的屏障功用，能夠防止紫外線、化學物質、高溫等外界有害物質與外來刺激，以及碰撞引起的衝擊，藉此保護體內的臟器與組織。

表皮的基底層裡含有**黑色素細胞**，當紫外線入侵表皮時，黑色素細胞便會產生**黑色素**，防止紫外線誘發細胞產生活性氧。除此之外，皮膚同時也是人體的天然屏障，可防止沾附於皮膚表面的細菌、病毒等病原體入侵體內，可說是人體的第一道防護。

不僅如此，當酷暑導致體內溫度上升時，皮膚也能夠有效蒸發汗腺所排出的汗液，以利釋放體內的過多熱量。另一方面，冬天時，為了避免身體失溫，真皮層裡的**血管**會收縮，以防體內熱量逸散，因此皮膚也是人體**調節體溫**的重要功臣之一。

皮下脂肪除了可吸收外界衝擊力，同時也具有隔熱、儲存脂肪（熱量來源）的功用。

皮膚感覺的原理

真皮層裡有感受冷覺、熱覺、壓覺、痛覺、觸覺等五種皮膚感覺的感受器。

皮膚具備各種感受器 負責感應五種感覺

位置 **皮膚**的**真皮**

構造 皮膚從表面而下，依序為**表皮**、真皮、**皮下組織**。位於中間的真皮層裡有負責感受**冷覺**、**熱覺**、**壓覺**、**痛覺**、**觸覺**的**感受器**。

溫度感受器可分為兩種，分別為熱感受器與冷感受器。當人體接觸到熱物體時，熱感受器可感應皮膚因吸收熱而溫度上升；接觸冷物體時，冷感受器則感應皮膚溫度下降。

壓覺感受器負責感應施加於皮膚上的壓力，分別對重壓與輕壓產生反應。痛覺感受器通常為神經末梢，主要負責感應施加於皮膚上的疼痛感。觸覺感受器分布於**毛根**周圍，可感應物體接觸皮膚時的感覺。

這些外界刺激經由**感覺神經**，傳送至**大腦體感覺皮質區**和**體感覺聯合區**，進而形成熱、冷、痛等感覺。

感受器的分布密度會因部位而異

功能 皮膚上分布可感應冷覺、熱覺、壓覺、痛覺、觸覺的感受器，然而感受器的分布密度會依身體部位而異。

例如指尖有許多感受器密集分布，相較之下，後背等部位則分布得較零散。感受器密集的指尖比較敏感，感受器稀疏的後背反應則通常較為遲鈍。感受器呈密集或零散分布，與身體各部位的功能相關。

另一方面，位於真皮層底下的皮下組織、**肌肉**、**肌腱**、**骨膜**、**關節**等部位，也都分布有感受器，這些感受器專司**本體覺**。

舉例來說，痛覺感受器並非只限於皮膚，幾乎全身都會分布。這是因為痛覺

皮膚感覺的運作原理

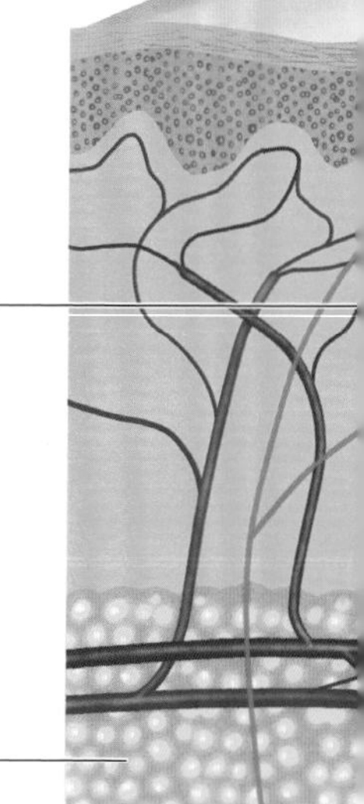
克氏終球
神經末梢的一種，主要負責冷覺、觸覺和壓覺。
洛弗尼氏小體
感應壓覺，尤其是皮膚遭拉扯的感覺。另外也負責熱覺。
皮下脂肪

乃是一種人體自我保護的防禦機制。

就連臟器裡也存在感受器，但數量比皮膚表面少，因此內臟痛的感覺通常較為模糊。相對地，舌尖分布的感受器比內臟多，感應到的感覺相對較多且明顯，因此非常敏感。

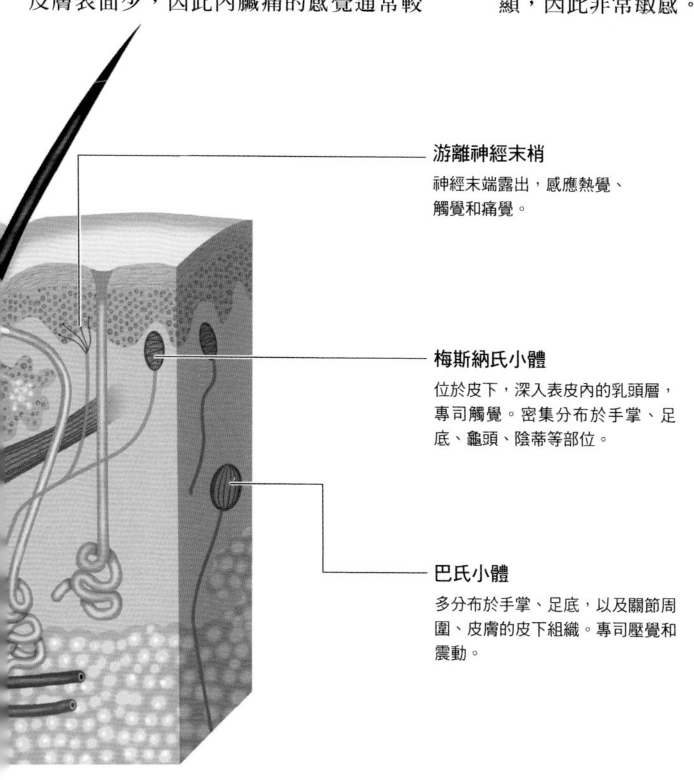
游離神經末梢
神經末端露出，感應熱覺、觸覺和痛覺。
梅斯納氏小體
位於皮下，深入表皮內的乳頭層，專司觸覺。密集分布於手掌、足底、龜頭、陰蒂等部位。
巴氏小體
多分布於手掌、足底，以及關節周圍、皮膚的皮下組織。專司壓覺和震動。

感覺冷或熱時，往往伴隨痛覺？

洗澡時，如果水溫太燙，我們感覺熱燙的同時也會覺得痛。另外，寒風迎面吹來、或是將手腳浸泡在冰水裡，痛的感覺往往比冷還要強烈。

為什麼痛覺會比熱覺或冷覺明顯呢？我們不妨從溫度切入觀察。當溫度介於16～40度之間，冷覺和熱覺正常運作。可是當溫度低於15度或高於40度時，由於痛覺感受器被活化，導致痛的感覺遠遠超過熱或冷。過熱或過冷時產生痛的反應，都是為了提醒身體避開危險，藉以保護自己。

另外，被芒刺等刺到而產生痛覺，通常還會伴隨隨手拔掉芒刺的自我防禦反應。換句話說，疼痛好比人體的警鈴，隨時警告我們身陷危險當中。

體溫調節機制

透過皮膚微血管的收縮與擴張，以及汗腺排汗等機制，使體溫保持在一定的範圍內。

隨時運作的功能 維持體溫恆定

位置 **皮膚**的**微血管**

構造&功能 無論氣溫如何隨晝夜或季節變化，人體的體溫都能隨時保持在一定範圍內。

當環境低溫時，體內產生熱量；環境高溫時，體內熱量排出體外，人體透過這樣的機制進行**體溫調節**。體溫調節與皮膚的**血管**、**汗腺**有密不可分的關係。

外界氣溫降低時，由於皮膚溫度相對較高，體內外溫度差距大，皮膚會不斷散發熱量。為避免體內熱量大幅流失，皮膚的**微血管**會收縮以減少血流，藉此降低皮膚溫度，防止熱量散發。這時候**毛孔**和汗腺孔也會一併關閉，阻止體內熱量散發至體外。

另一方面，位於真皮層的**豎毛肌**也會收縮，促使皮膚緊縮，透過皮膚表面積縮小的方式防範體內熱量流失。而豎毛肌收縮，也會使得**毛根**處與豎毛肌連接在一起的**毛髮**因拉扯而豎起，這樣的狀態就是俗稱的「雞皮疙瘩」。再加上**肌肉**為了製造熱量而不斷運動，這種緊繃感傳至皮膚時便引起顫抖。

相反地，當外界氣溫高或是因運動而使體溫升高時，皮膚的微血管會擴張，引進更多血液，提高皮膚的溫度使熱氣從表面散發。這時候**外分泌汗腺**開始分泌汗液，透過汗液蒸發帶走皮膚表面的熱氣，達到抑制體溫上升的目的。

自律神經下達指令 促使皮膚產生變化

功能 透過流汗、改變血流量來維持穩定體溫的調節機制，也與自律神經有著

其他型態的流汗現象

氣溫上升或運動後所引起的流汗，稱為溫度性出汗，這是任何人都可能發生的生理現象。

除此之外，有些人在某種要素的刺激之下，也可能會引起流汗現象。像是感到緊張或心悸時，手掌部位容易出汗，這種情況便稱為精神性出汗。手掌以外的部位，像是臉部、腋下、腳底等，也都可能出現大量冒汗的情形。

另外還有味覺性出汗，亦即食用十分辛辣或酸味強等刺激性食物時引發的流汗。當人體處於味覺性出汗時，絕大部分的汗水會出現在臉部；也因為血管急速擴張，導致臉部血流量變大而脹紅。

密不可分的關係。

皮膚的**熱覺、冷覺感受器**感應外界的氣溫變化，經由**感覺神經**將訊息傳送至**體溫調節中樞**。體溫調節中樞再經由**自律神經**下達指令，督促分布於臉、頸、背、腳、手等全身的汗腺分泌汗液、收縮豎毛肌，以及關閉毛孔和汗腺孔。

自律神經負責調節體溫，維持身體各項重要功能。自律神經一旦失調，將會引發異常出汗、畏寒等無法順利調節體溫的情況。

● 體溫調節機制

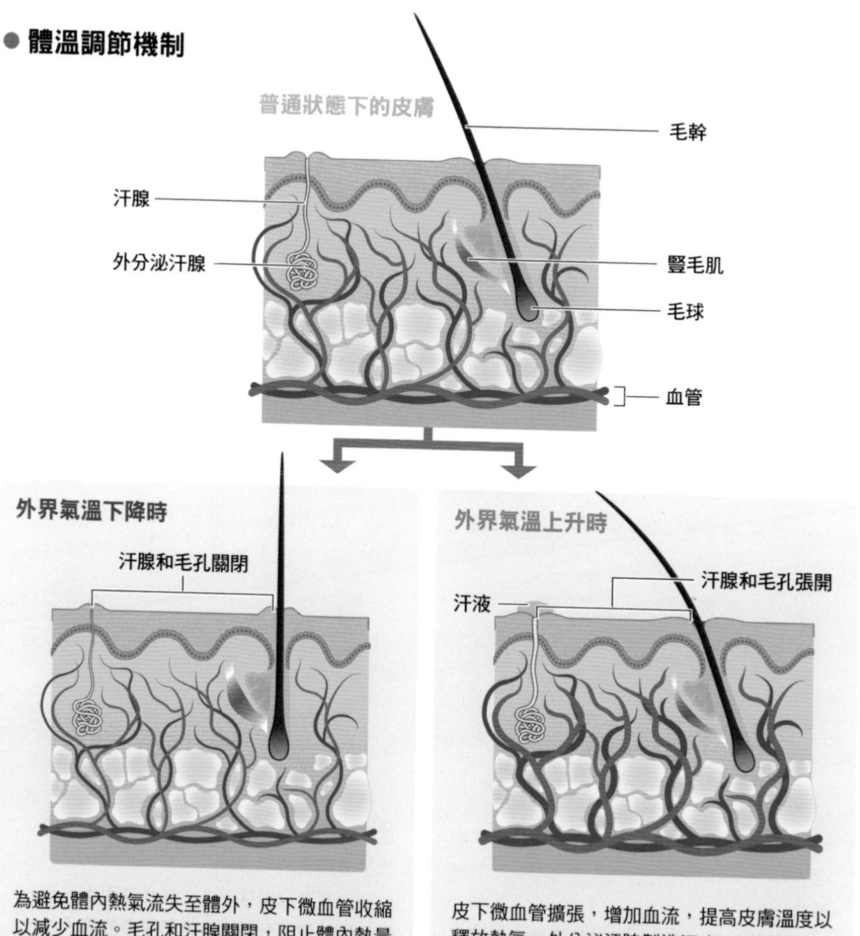

普通狀態下的皮膚
毛幹
汗腺
外分泌汗腺
豎毛肌
毛球
血管
外界氣溫下降時
汗腺和毛孔關閉
外界氣溫上升時
汗腺和毛孔張開
汗液

為避免體內熱氣流失至體外，皮下微血管收縮以減少血流。毛孔和汗腺關閉，阻止體內熱量散發；豎毛肌收縮，使皮膚緊繃，進而縮小皮膚的表面積，減少熱量流失。除此之外，肝臟和骨骼肌也會開始加速製造熱量。

皮下微血管擴張，增加血流，提高皮膚溫度以釋放熱氣。外分泌汗腺製造汗水，汗腺分泌汗液，透過汗液蒸發帶走皮膚表面的熱氣，藉此防止體溫上升。除此之外，肝臟和骨骼肌會放慢運作以減少熱量產生。

毛髮指甲的構造

毛髮與指甲，分別由毛囊基質以及指甲基質的細胞分裂而形成，其功用是保護人體。

毛髮的形成 源於毛基質的細胞分裂

位置 **毛髮、指甲**

構造&功能 **毛髮**是**頭髮**與**體毛**的總稱，主要成分由**角蛋白**和**蛋白質**所構成。毛髮的結構中，位於真皮層的部分稱為**毛根**，露出表皮外的部分為**毛幹**。

毛根最底端有**毛球**，毛球裡包含**毛基質**，毛基質的**毛基質細胞**不斷分裂形成毛髮，而毛基質的營養來源便是從從**毛乳頭**中獲取。

毛髮有三層構造，由外至內依序為**毛鱗片、毛皮質**和**毛髓質**。毛鱗片層由角質細胞構成，呈魚鱗狀；毛皮質層取毛基質的**色素細胞**形成毛髮顏色；毛髓質層則負責供給毛髮營養。

毛髮不僅能夠保護頭部等身體部位，同時也具有保溫的功用。毛髮的密度、長度和粗細依生長部位而異，但頭部等重要部位通常會長有大量的毛髮。

毛髮會持續每天慢慢生長，到達一定長度便自然脫落，生長與脫落持續不斷循環，這樣汰舊換新的循環便稱為**毛生長週期**。人體所有的毛髮中，生長週期最長的是頭髮，一個月約長1.2公分，大約需要3～4年才汰舊換新一次。

指甲保護指節末端 方便指尖用力

構造&功能 指甲是部分**表皮**角質化後的產物，呈硬甲板狀，屬於皮膚的附屬器官。指甲內沒有**神經**和**血管**通過，主要成分和毛髮相同，都是由角蛋白構成。

指甲的構造當中，露出表面外的部分

為什麼會長出白頭髮？

人類皮膚與毛髮的顏色，取決於黑色素含量，其中東方人由於黑色素含量多，因此頭髮的先天顏色多為黑髮。

但是隨年紀增長，白髮會慢慢冒出來，最後變成滿頭的白髮。主要原因在於產生黑色素的黑色素細胞功能逐漸衰退，導致黑色素產量不足而變成白色毛髮。

黑色素細胞功能衰退的原因之一是老化。一般來說，人類大約35歲過後開始明顯出現白髮，而後隨著年紀增長，白髮也逐漸變多。

另一個原因則是毛基質細胞和黑色素細胞活動所需的礦物質等營養素不足，另外像是壓力、藥物副作用、遺傳等因素，也都會導致白髮增生。

是**指甲**，也稱**指體**；隱藏於皮膚下的部分為**甲根**；指甲附著於皮膚上的部分稱則為**甲床**，相當於皮膚表皮的基底層與真皮上層。

位於甲床末端的**指甲基質**，**指甲基質細胞**分裂後角質化，往前推送而形成指甲。指甲脫離甲床後繼續向指尖延伸，每天約生長0.1公釐，而腳趾甲則大約可生長0.05公釐。

指甲負責保護末端指節，同時協助手指抓取物體。如果指甲基質因故而被破壞，造成指甲無法生長時，不僅指尖無法施力，若發生在腳趾甲也可能導致行走困難。

毛髮的構造

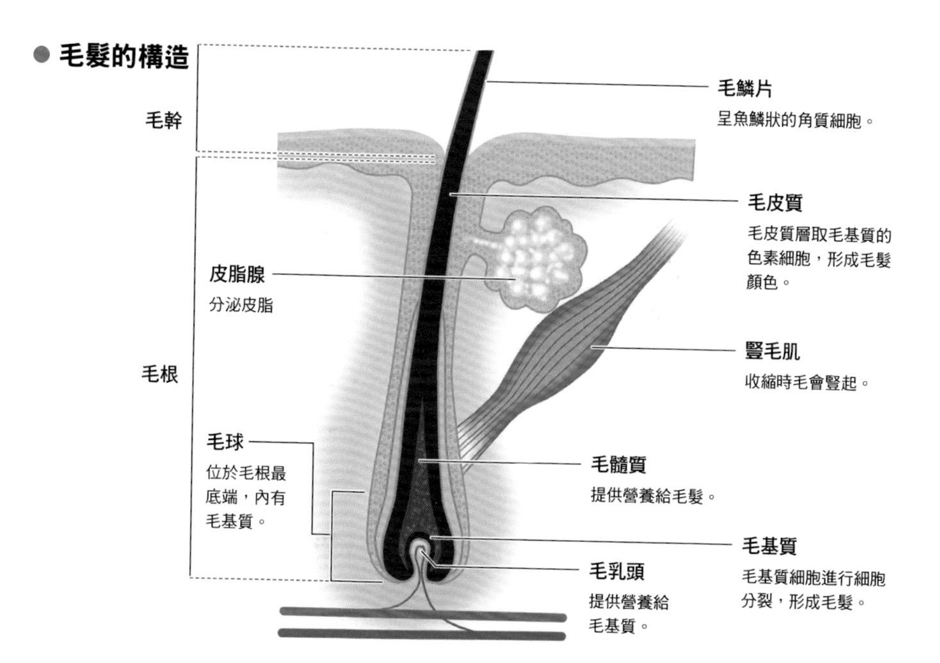
毛幹
毛根
毛鱗片
呈魚鱗狀的角質細胞。
毛皮質
毛皮質層取毛基質的色素細胞，形成毛髮顏色。
皮脂腺
分泌皮脂
豎毛肌
收縮時毛會豎起。
毛球
位於毛根最底端，內有毛基質。
毛髓質
提供營養給毛髮。
毛基質
毛基質細胞進行細胞分裂，形成毛髮。
毛乳頭
提供營養給毛基質。

指甲的構造

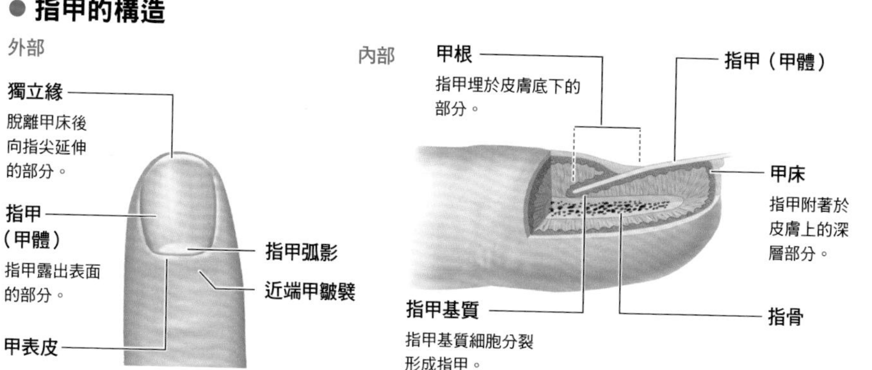
外部
獨立緣
脫離甲床後向指尖延伸的部分。
指甲（甲體）
指甲露出表面的部分。
指甲弧影
近端甲皺襞
甲表皮
內部
甲根
指甲埋於皮膚底下的部分。
指甲（甲體）
甲床
指甲附著於皮膚上的深層部分。
指甲基質
指甲基質細胞分裂形成指甲。
指骨

感覺器官的疾病

青光眼

●原因

青光眼是某些因素造成眼壓升高，視神經受到壓迫，進而導致視野缺損或縮小的疾病。

眼壓即眼球內的壓力。眼球通常藉由房水（眼內的液體，負責搬運營養素給角膜和水晶體，同時排出老舊廢物）的生成與排出，達到動態平衡，使眼壓保持在一定範圍內。

如果房水的生成與排出失衡，便會造成眼球壓力上升，一旦傷及視神經，不僅無法恢復原有的功能，若置之不理恐有失明之虞。

然而近年來，正常眼壓型的青光眼患者卻有逐漸增加的趨勢，亦即眼壓雖然維持在正常範圍內，但視野卻仍出現逐漸縮小的情形。

這是因為眼壓範圍存在個別差異，每個人的視神經對眼壓的耐受能力不同，因此有些人的眼壓雖然看似正常，但實際上視神經卻早已受損。

●症狀

眼球內的房水無法順利排出時，容易導致眼壓升高。若眼壓突然急速升高，發作的一眼會出現劇烈疼痛，並伴隨頭痛和噁心等症狀（隅角閉鎖型青光眼）。

如果房水是慢慢無法排出的情形，眼壓的上升速度會跟著放慢許多（隅角開放型青光眼）。

青光眼在初期階段，視野邊緣會出現縮小的現象，隨著病況進展，視野缺損範圍會逐漸往中間區域擴大。

●診斷與檢查

測量眼壓、進行眼底檢查和視野檢查。

●治療

視神經一旦受損，就再也無法恢復原狀了，因此早期發現非常重要。及早發現並接受降眼壓治療，有助於抑制或延緩青光眼病情發展。

而在治療方面，依病情進展，可選擇藥物治療、雷射治療或動手術。

近年來，由於已研發出有效的眼藥水，因此目前多半採用藥物治療。

眼藥水的功用是抑制房水生產過剩，或是加速排出房水。缺點是容易有乾眼、眼睛充血、黑眼圈等副作用。

慢性青光眼患者通常採用雷射小梁成形術，但自從藥效極佳的眼藥水登場後，接受雷射治療的患者便逐漸減少。

除此之外，也有開小洞引流房水的小梁切除術，但這種術式容易合併房水引流過度、眼壓下降等問題。

感覺器官負責蒐集外界訊息，容易遭到細菌、病毒等病原體或異物入侵，所以清潔工作格外重要。

花粉症

●原因

人類具有免疫功能，能自動排除入侵體內的異物（抗原）。

其實花粉並非是傷害人體的異物，只是對過敏體質的人來說，一旦過量的花粉進入體內，人體會將鼻黏膜上的花粉視為抗原並製造攻擊抗原的抗體。神經與血管受到刺激會釋放組織胺、白三烯素等刺激物質，進而引起一連串過敏症狀。

●症狀

花粉症的主要症狀為打噴嚏、流鼻水、鼻塞、眼睛癢、流眼淚等。症狀嚴重時，會因為頭昏腦脹而無法集中精神、思考力降低、心情憂鬱，有時甚至會影響工作或日常生活。

●診斷與檢查

通常醫師會進行一般問診、驗血，皮膚試驗、檢查眼睛和鼻子。

●治療

花粉症的治療方式以藥物治療為主，緩和並抑制症狀。藥物包含抗組織胺劑、抗白三烯素藥物、局部或口服類固醇藥物、噴鼻劑（血管收縮劑）等。

另外還有減敏療法，取花粉過敏原稀釋後製成注射劑，之後視情況提高濃度，讓患者體內能獲得攻擊抗原的免疫力。這種療法需要持續2年以上，據說八成左右的患者都能因此改善症狀。

● 發病機制

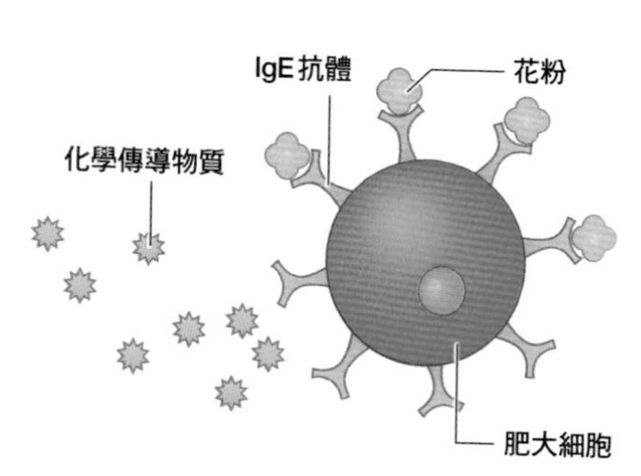
IgE抗體
花粉
化學傳導物質
肥大細胞

花粉進入鼻腔後，一旦與IgE抗體結合，便會刺激肥大細胞釋放組織胺等化學傳導物質，進而引起過敏症狀。

針對花粉症，最佳改善與預防方法仍是「不吸入、不沾附、不帶入」花粉。也就是在花粉紛飛的季節裡，多留意日本環境省、大學附屬醫院等單位提供的最新花粉資訊，以及氣象局提供的花粉預報，盡量避免在花粉指數升高的日子裡外出。

此外，每逢花粉大量飛散的時期，盡可能關閉居家門窗，勤加打掃，將屋內的花粉清除乾淨。

外出時，則應戴眼鏡（緊貼臉部的專用眼鏡）、不織布材質的口罩、帽緣寬一點的帽子，並穿著不易沾附花粉的尼龍、聚脂纖維材質的衣服。

返家時，進屋之前先用刷子刷掉沾附在頭髮或衣服上的花粉，進屋後立即漱口、洗臉、洗手。

感覺器官的疾病

梅尼爾氏症

●原因

內耳裡有負責掌控平衡感的三半規管與耳石器官，當身體旋轉或傾斜時，這些器官便立即將相關訊息傳送至大腦；若器官出現異常，容易因為無法傳送正確訊息而引起眩暈。

梅尼爾氏症患者除了會出現眩暈症狀之外，也常伴隨耳蝸異常造成的耳鳴或聽力喪失等聽障問題。

引起梅尼爾氏症的主要原因是內耳裡的淋巴液（內淋巴液）過剩，無法順利排出內耳，導致三半規管和耳蝸水腫。

雖然目前仍然不清楚內淋巴液增加的原因，但已知壓力過大、過勞等因素容易誘發梅尼爾氏症。這些因素與梅尼爾氏症的發病機制有著密不可分的關係。

●症狀

梅尼爾氏症的主要症狀為突如其來的眩暈，感覺自己與四周都在旋轉（旋轉式眩暈），甚至無法站立，同時伴有噁心、嘔吐症狀。除此之外，多數人還會出現單側耳鳴、聽力障礙等症狀，同時也會伴隨耳朵悶塞（耳脹感）等不適感。

眩暈發作的時間約數十分鐘至半天，若放任不管，症狀可能每隔數週至數個月發作一次，且聽力隨之衰退，有些人甚至會喪失聽力。

梅尼爾氏症可分為耳蝸型梅尼爾氏症與前庭型梅尼爾氏症，前者只出現耳鳴或聽力損失等聽力症狀，後者只有眩暈症狀。但是無論哪一種，約一至三成的患者會在症狀反覆發作過程中，慢慢演變成典型的梅尼爾氏症。

●診斷與檢查

通常醫師問診時，會詢問：「何時開始出現眩暈等症狀？」「是否有耳鳴、聽力障礙等症狀？」等問題。

必要時進行凝視眼振、平衡感等檢查。

●治療

梅尼爾氏症目前以藥物治療為主。

藥物治療包含使用利尿劑，藉由增加尿液排放量，排出體內過多的淋巴液，以期達到改善內耳水腫情況的功效。

另外，還有可促進內耳血液循環的循環促進劑、抑制急性期的發炎情況並且保護神經的類固醇藥物，以及改善壓力所造成的情緒不安、肌肉與神經緊繃的抗焦慮藥物等等。

當藥物成效不彰時，可考慮接受自我控制壓力的心理治療。另外，根據研究結果顯示，走路和游泳等有氧運動有助於控制眩暈。

牙周病

●原因

口腔內由於細菌叢聚集，附著於牙齒上形成牙菌斑（齒垢）。牙菌斑堆積在牙齒與牙齦間（牙周囊袋），造成該部位的牙周組織受到破壞，並進一步入侵牙齒深部。

根據日本厚生勞動省「牙科疾病現況調查」的報告，35歲以上的成人中，約有八成患有牙周病。

●症狀

牙周病分為牙齦炎和牙周炎兩個時期。在牙齦炎期，牙齦紅腫形成牙周囊袋，導致牙菌斑堆積在牙周囊袋裡。這個階段若不積極治療，一旦演變成牙周炎，齒槽骨會遭到分解破壞。

齒槽骨若遭分解，牙齒與牙齦間的牙齦溝將逐漸變深，依牙齦溝的深淺，可將牙周病分為輕度、中度和重度三個階段。當牙周病進展至重度時，牙周囊袋深達6公釐以上，大部分齒槽骨遭分解；而牙齦萎縮時，牙齒會因鬆動而脫落。

罹患牙周病不僅會讓牙齒掉光，對全身健康也會產生不良影響。若唾液和食物誤入氣管，牙周病菌會趁機進入肺部，進而引起吸入性肺炎。

根據臨床報告顯示，牙周病菌產生的物質容易使糖尿病惡化。如果糖尿病患者透過飲食療法、運動療法和藥物治療，依然無法有效控制血糖值，問題很有可能出在牙周病。除此之外，動脈硬化也與牙周病密不可分。

● 重度牙周病

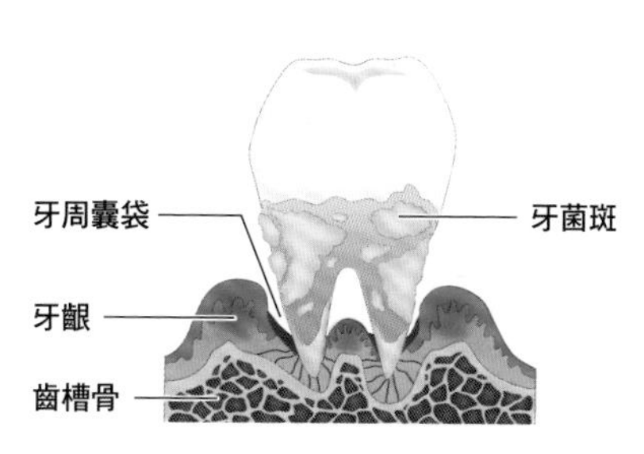
牙周囊袋
牙菌斑
牙齦
齒槽骨

齒槽骨遭破壞，導致牙齦逐漸萎縮。牙齦具備支撐牙齒的功能，當牙齦萎縮時，牙齒便會慢慢因為鬆動而脫落。

另一方面，牙周病菌產生的物質還會使子宮收縮，懷孕期間的不正常宮縮容易引起陣痛而導致早產。

●診斷與檢查

檢查牙周囊袋、牙周病細菌，以及進行X光檢查。

●治療

定期清潔牙齒表面與深部的髒汙。

平時於每餐飯後都要徹底刷牙，最重要的是避免牙菌斑堆積。使用牙刷仔細清除牙齒與牙齦間的縫隙，確實將塞入牙周囊袋裡的食物渣剔除乾淨，並使用牙間刷或牙線清潔每顆牙齒間的縫隙。

感覺器官的疾病

味覺障礙

●原因

味覺障礙主要是指對於味覺的敏感度降低。發病原因是體內鋅不足，造成感受味道的味覺細胞無法正常運作。

味覺細胞由於新陳代謝很旺盛，每個細胞的平均壽命大約10天。當味覺細胞進行新陳代謝時，鋅是不可獲缺的物質；而導致鋅攝取量不足的主要原因，可能出在營養失衡，極端減肥、速食或便利包食物等飲食生活，都可能會使人體無法從食物中攝取足夠的鋅。

至於中高齡者，容易因為長期服用降血壓、降膽固醇藥物、治療糖尿病的藥物，亦或是抗癌藥物而有鋅攝取不足的問題。另外，貧血、有腸胃或肝臟問題、因糖尿病而洗腎的人也可能有味覺障礙。

●症狀

味覺障礙的主要症狀是對味覺的敏感度變差，甚至味覺減退或味覺喪失。

除此之外，還包含嘴裡沒有任何東西，卻出現苦味、澀味等異常味道；明明吃進甜食，嚐起來卻很苦的味覺不正常；無論吃什麼都覺得有腐臭味的味覺異常，或者是缺乏甜味味覺的味覺缺乏等。

●診斷與檢查

一般醫生問診時，會詢問：「能夠辨別味道嗎？」「有味覺障礙的症狀嗎？」「覺得口內乾燥、舌頭痛或是嗅覺障礙嗎？」等問題。

此外也會檢查舌苔、舌炎、口內乾燥等口腔內狀況，並進行血液檢查，確認體內鋅含量是否足夠。

透過這些檢查，診斷後疑似為味覺障礙時，將進一步透過濾紙圓盤法或味覺電氣檢查協助確診。

濾紙圓盤法會使用帶有甜味、鹹味、酸味、苦味四種基本味道的濾紙，放置於舌頭和上顎的特定部位，檢查患者是否能辨別味道。

至於味覺電氣檢查，則是以微弱直流電刺激舌頭，檢查是否感覺得到金屬味或酸味。檢查過程中會改變電流強度，患者若感覺得到味道就立即按鈴，藉此檢測患者感覺味道的程度。

●治療

味覺障礙的基本治療方式為飲食療法，亦即從飲食中攝取足夠分量的鋅。

一般成人一天需要10～12毫克的鋅，但是現代人的飲食習慣普遍無法提供足夠的需求量。另外，在治療與預防方面，盡量不吃加工且添加物過多的食品。

除了接受飲食指導之外，患者也要服用醫師開立的鋅錠劑，也可以服用保健食品以替代鋅錠劑。整個療程大概需要3個月才看得到成效。

4章

呼吸器官

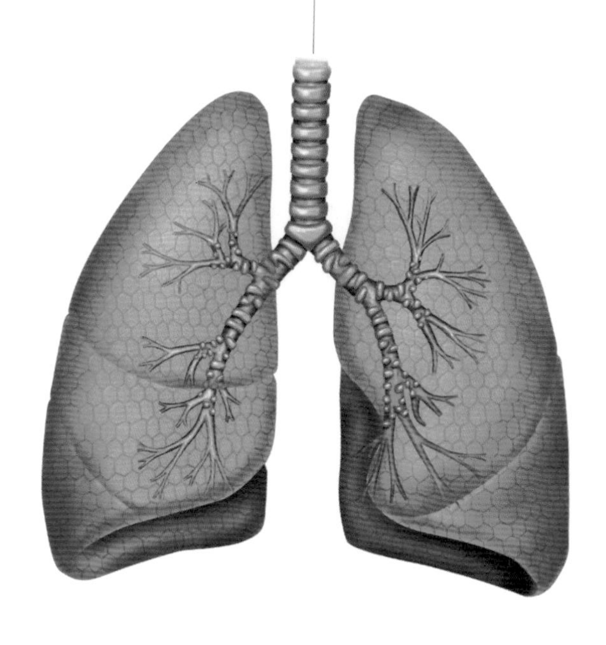

咽喉的構造

咽喉位於鼻腔和口腔深處至氣管入口，由連接食道的咽部與連接氣管的喉部所構成。

● 咽喉的構造

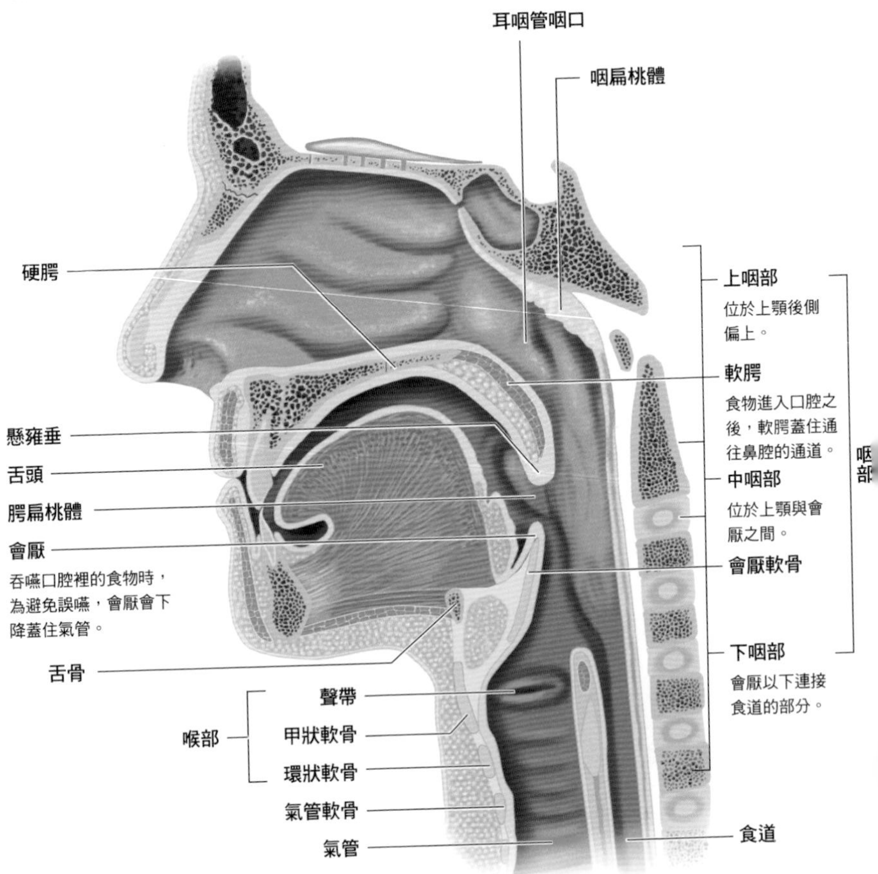

耳咽管咽口
咽扁桃體
硬腭
懸雍垂
舌頭
腭扁桃體
會厭
吞嚥口腔裡的食物時，為避免誤嚥，會厭會下降蓋住氣管。
舌骨
喉部
聲帶
甲狀軟骨
環狀軟骨
氣管軟骨
氣管
上咽部
位於上顎後側偏上。
軟腭
食物進入口腔之後，軟腭蓋住通往鼻腔的通道。
中咽部
位於上顎與會厭之間。
會厭軟骨
下咽部
會厭以下連接食道的部分。
食道
咽部

喉嚨的主要構造 咽部與喉部

位置 位於頸部，起始自**鼻腔**與**口腔**的深處。

構造 **咽喉**指的是鼻腔深處至氣管的這個部位，由**咽部**與**喉部**組成。

咽分成三個部分，**上顎**後側偏上的部位稱為**上咽部**（**鼻咽**）、上顎與**會厭**之間稱為**中咽部**（**口咽**），會厭以下連接食道的部分則稱為**下咽部**（**喉咽**）。上咽部有**耳咽管咽口**，頂部黏膜上有淋巴組織（**咽扁桃體**）。

喉部位於氣管最上端的入口處。男性的喉部有明顯的突出喉結，一眼就可看出喉部的所在位置。

咽喉內部中央處有兩片左右對稱的**聲皺襞**。當我們呼吸時，聲帶之間的開口（**聲門**）會張開；而當我們說話或是發出聲音時，聲門則會變狹窄。聲帶製造聲波，與進入口腔裡的空氣產生共鳴，再配合唇形變化、調整舌頭和牙齒的位置，就能形成各式各樣的聲音了。

體內運輸的重要交會點 空氣流動與食物的通道

功能 喉部位於氣管和食道的交接處。吸氣時，空氣經由喉部進入氣管、支氣管，最後抵達肺；呼氣時，空氣從肺進入支氣管、氣管，最後經由喉部排至鼻腔。當我們進食時，口腔內的食物則會經過喉部，進入食道。

為了避免食物不小心進入氣管，**軟腭**會在吞嚥時自動往背側移動，確保食道入口通行無阻，而**會厭**也會自動蓋住氣管。相反地，呼吸時，軟腭和舌頭則反射性地蓋住口腔出口，會厭往舌頭側移動以確保氣管通暢。

細菌等異物一旦從鼻腔或口腔入侵體內，並且在咽扁桃體或**腭扁桃體**的小孔上繁殖時，容易進一步引起發炎症狀。在炎症刺激下，白血球產生足以抵抗細菌的抗體，由NK細胞（自然殺手細胞）和毒殺性T細胞負責殺死細菌。由此可知，咽扁桃體和腭扁桃體也都屬於人體免疫系統的一部分。

睡眠打鼾的聲音是如何發出的？

每個人睡覺時其實都會打鼾，只是聲音大小的差異。所謂的鼾聲，指的是在無意識的睡眠狀態下，軟腭肌肉放鬆，並隨著每次的呼吸振動而發出的聲音。

另外，掛於軟腭末端的懸雍垂，因疲勞等因素於落入喉嚨深處，導致空氣通道變得狹窄。當空氣無法順利進入氣管時，就容易出現打鼾的現象。

除此之外，有些人習慣張嘴睡覺，口腔吸入大量空氣，當過多空氣要同時擠入狹窄的通道時，便造成軟腭大幅度振動，進而發出巨大的鼾聲。

另一方面，體型過胖的人，也因為脂肪堆積於喉部，同樣會致使空氣通道變狹窄而發出鼾聲。

相較於打鼾，體型過胖的人更需要留意喉部的脂肪層太厚，容易引起睡眠中暫時停止呼吸的睡眠呼吸中止症。

吞嚥機制

食物於口腔經咀嚼後送至咽部，此時軟腭提高，會厭蓋住氣管入口。

舌頭與喉嚨協作運轉 藉助複雜動作吞嚥食物

位置 **口腔、咽部、喉部**

構造&功能 對大家來說，吃東西是極為理所當然的事，但吞嚥行為其實包含一連串非常複雜的動作。

一開始，我們使用**牙齒**和**舌頭**幫忙咀嚼食物，抬起舌頭的同時，食物被壓在舌頭上送進咽部。這時咽部**軟腭**上升貼於咽部背側，形成通往**食道**的入口，同時間鼻咽關閉，防止食物逆流至鼻腔。

食物繼續往喉嚨深處前進，如同壓在**會厭**上。會厭是位於喉部入口的軟骨，像個蓋子般關閉氣管入口。喉是咽與氣管之間的一小段空氣通道，當會厭蓋住喉部後，食物順利前往食道，而不會誤入氣管。

賁門自動開啟 食物過食道進入胃裡

功能 食物通過食道，進入**胃**裡。食道與胃之間有一道名為**賁門**的閘門，平時處於關閉狀態，功用是避免進入胃裡的食物逆流回食道。當食物通過食道來到賁門前，賁門便自動開啟，讓食物進入胃裡。

有時候三餐吃得太油膩，或是暴飲暴食，便容易引起胸口灼熱、胃酸逆流等不適症狀，這便是俗稱的「火燒心」。火燒心是因為胃裡囤積過多油膩食物，造成消化不良，連帶使得賁門括約肌鬆弛，結果導致胃裡的食物和胃液一起逆流至食道。由於胃液裡的鹽酸是強酸物質，一旦刺激食道黏膜，便容易產生火燒心的不適症狀。

吞嚥障礙是一種疾病警訊？

假若平時吃東西或喝飲料時，忽然覺得喉嚨不適或是無法順利吞嚥，很有可能是某種疾病所引起的症狀，必須多加留意。

人體的食道至胃部總共有三個狹窄處，依序為食道入口、食道與氣管分界處，以及胃的入口。

我們常在電視上常看到高齡者吃年糕噎到的新聞，其實就是年糕堵塞在這三個狹窄部位的其中一處。若一口氣吞嚥太多食物，也容易發生食物堵塞狹窄處的危急情況。因此平日吞嚥時，若時常感覺食物容易卡在喉嚨或有異樣感，這有可能不是突發狀況，而是某種疾病所造成，應儘快前往就醫諮詢。

● 吞嚥機制

1. 口腔期

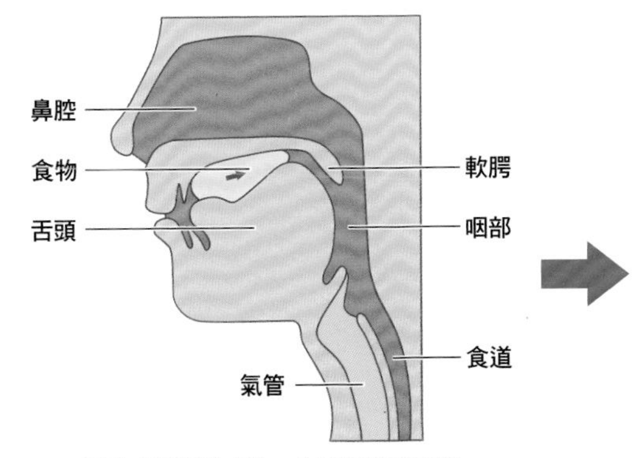
鼻腔
食物
舌頭
軟腭
咽部
食道
氣管

牙齒咀嚼過的食物，在舌頭協助下送至口腔深處並進入咽部。這個階段是靠自主意志進行的隨意運動。

2. 咽期①

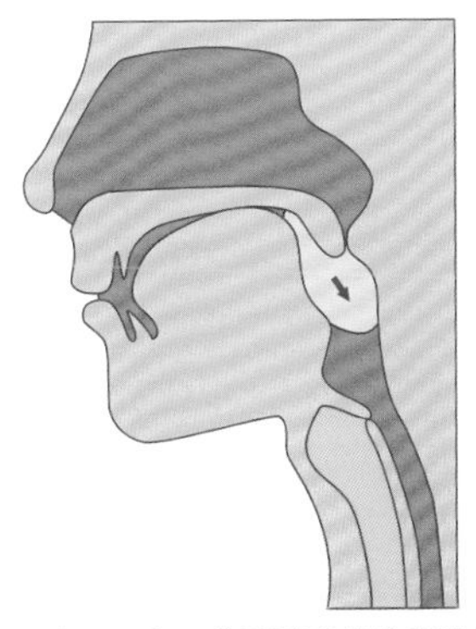

食物進入咽部，軟腭封閉前往鼻腔的通道，避免食物誤入鼻腔。這個階段屬於無關意志控制的非隨意（反射）運動。吞嚥的非隨意運動由延腦的吞嚥中樞支配。

3. 咽期②

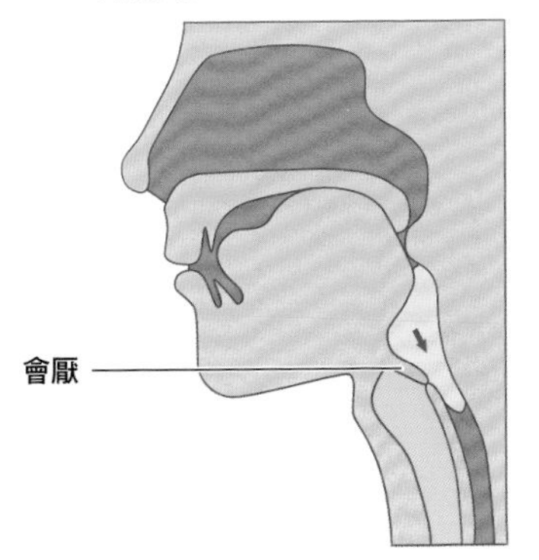
會厭

軟腭上升，關閉與鼻腔間的通道，這時會厭下降蓋住喉部入口，防止食物不小心跑進氣管裡。若發生誤嚥情況，可試著先以咳嗽方式排出食物。

4. 食道期

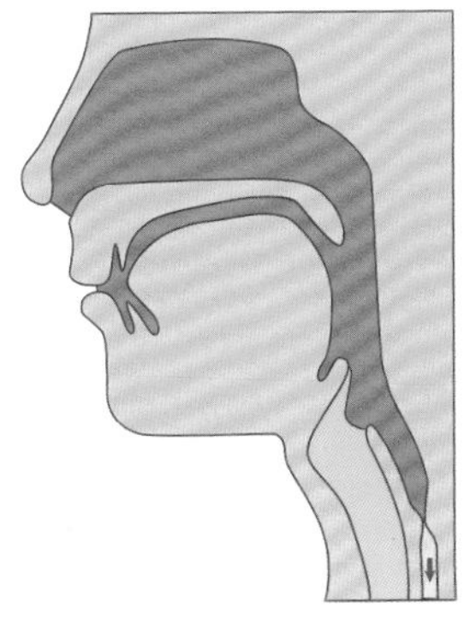

食物從咽部進入食道。透過食道的蠕動將食物向下推送，通過賁門後就能進入胃裡。

聲帶的構造

聲帶是肌肉膜狀結構，從喉腔左右壁突出，附著於甲狀軟骨上。左右聲帶之間的開口稱為聲門。

聲帶藉由空氣振動喉嚨發出聲音

位置 附著於**喉腔內**的**甲狀軟骨**上。

構造 人體所發出的聲音，是由**聲帶**、**喉肌**、**喉返神經**共同作用之下而產生。

聲帶是從喉腔左右壁突出的肌肉皺褶構造，聲帶與聲帶之間的開口即**聲門**。透過喉內軟骨之間的喉肌伸縮運動，協助聲門開啟與關閉。當我們呼吸時，聲帶開啟，以利空氣進出；而當聲帶關閉時，我們就能發出聲音。

協助聲帶開啟或關閉的喉肌，是由喉返神經所控制，當大腦皮質偵測需要發出聲音時，便會經由喉返神經下達發聲指令，最後傳送至喉肌。

喉肌收到指令後便伸展，藉以帶動聲帶收縮。此時聲門關閉，空氣被關在氣管內，進而促使管內壓力上升。當內壓上升至一定程度時，聲門隨即開啟，將空氣排出去，此時聲帶受到振動，就會產生聲音。

聲帶周圍的構造（背面觀）

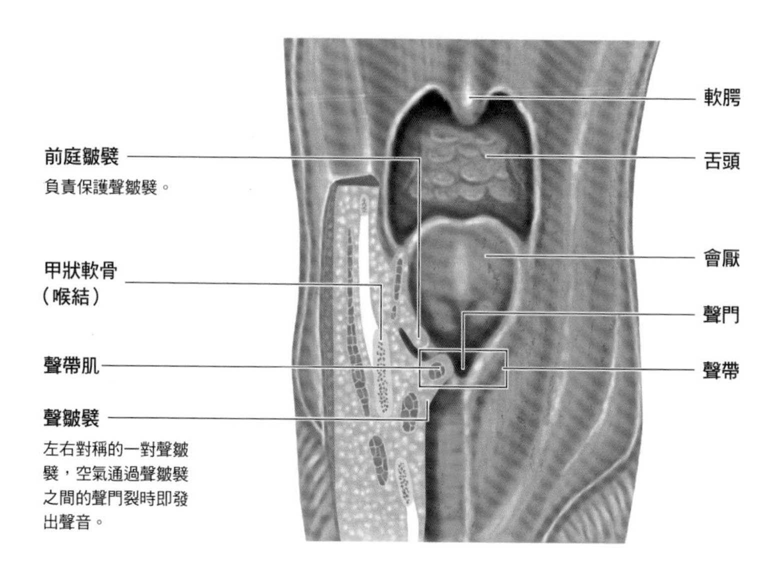
前庭皺襞
負責保護聲皺襞。
甲狀軟骨
（喉結）
聲帶肌
聲皺襞
左右對稱的一對聲皺襞，空氣通過聲皺襞之間的聲門裂時即發出聲音。
軟腭
舌頭
會厭
聲門
聲帶

男女聲音的高低取決於聲帶振動次數

功能 我們所發出的聲音高低，取決於聲帶的振動次數。

聲帶振動次數越多，聲音越高。女性的聲音之所以普遍高於男性，這是因為女性聲帶比男性短，聲帶振動次數相對較多。聲帶振動產生聲波，這就是形成聲音的音源。

聲門開啟將空氣排出去時，聲帶會在1秒內振動100～300次。另外，喉肌伸縮使聲帶振動次數產生變化，我們也能藉此改變聲音的高低。

至於發出聲音的大小，則是由聲帶振動幅度決定。

要發出巨大聲音時，聲門關閉，聲帶振動幅度就會加大。振幅越大，聲音就越大。相反地，聲門微開，促使振幅變小，聲音也就隨之變小。

聲帶的構造（上面觀）

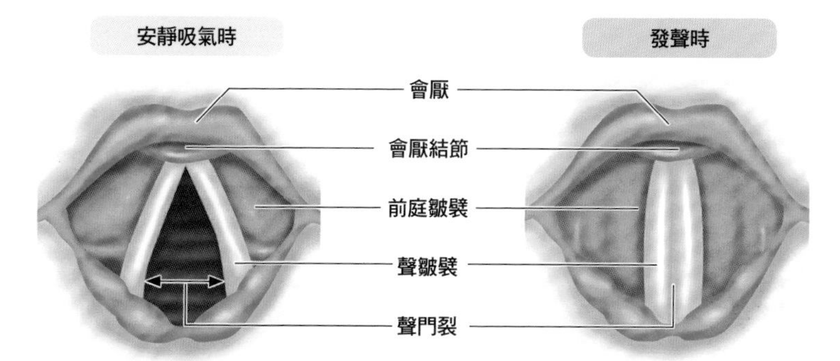
安靜吸氣時
發聲時
會厭
會厭結節
前庭皺襞
聲皺襞
聲門裂

成年男性的聲帶長度約20mm，女性約16mm。發聲時，聲門裂變狹窄，空氣通過聲門裂引起聲皺襞振動，形成聲波。

聲音並非一成不變

兒童的聲帶幾乎沒有男女之分，但是進入青春期之後，男生喉部的甲狀軟骨開始向前後發育成長，也就形成我們一般所說的「喉結」。

聲帶附著於甲狀軟骨，伴隨軟骨的成長而變長。而當聲帶變長，可以發出比一個八度更低的聲音，這就是一般俗稱的「變聲」現象，也就是從兒童聲變成大人聲音。女生也有變聲期，只是女生的喉部不如男生急遽發育，且聲帶長度也無明顯改變，因此女生沒有喉結，聲音僅高出1～2個音。但是鼻腔、口腔和咽部的發育，使得女生的音質變化比男生來得明顯。

另外，由於變聲期中的聲帶仍會繼續發育，持續變長導致無法正常振動，因此有些人的聲音在變聲期間較為低沉且沙啞。

氣管與支氣管的構造

喉部至肺泡的呼吸道，依序分支為氣管、支氣管、細支氣管。

分支為氣管、支氣管、細支氣管連接至肺泡

位置 **喉部**末端至肺部

構造 相對於鼻腔、口腔、咽部所組成的上呼吸道，**氣管**、**支氣管**、**細支氣管**則合稱為下呼吸道。

喉部末端至支氣管分歧點的這一段稱為氣管，長約10～11公釐，管腔直徑約15公釐。

氣管內壁表面（**黏膜上皮**）有叢生的細**纖毛**，纖毛會如水藻般搖晃。纖毛下有**杯狀細胞**，分泌黏稠的黏液。杯狀細胞底下是**黏膜固有層**和**基底膜**，黏膜固有層的外側是**黏膜下層**，內有**氣管腺體**和**小動脈**通過。另外還有**軟骨膜**，而氣管最外側是**氣管軟骨**。

氣管於肺部入口**肺門**的前面分支成**右主支氣管**和**左主支氣管**，分別進入左肺與右肺。主支氣管在肺內進行16次分支，形成**細支氣管**與**終端細支氣管**，最後再分支為**呼吸性細支氣管**，並連接至**肺泡**。

具備防範塵埃與病原體入侵肺部的功能

功能 氣管和支氣管是空氣的通道，同時也具有防禦異物入侵肺部的功能。

自口鼻進入的空氣，難免帶有塵埃、粉塵、細菌和病毒等病原體，或是花粉等過敏物質，這時覆蓋於黏膜上皮的纖毛便負責捕捉這些外來異物，避免異物進一步入侵肺部。

纖毛捕捉到異物之後，會先包覆在杯狀細胞與氣管腺體所分泌的黏液中，再送至氣管與喉部交接處，經由食道送至胃裡消化。

打噴嚏、咳痰，以及咳嗽

鼻腔內的黏膜，負責捕捉吸入鼻腔內的塵埃、花粉、病原體等異物，鼻腔黏膜受到異物刺激而引起噴嚏，目的就是為了將這些異物排出體外。

若異物經喉部入侵氣管或支氣管，氣管黏膜上皮的纖毛會進一步捕捉這些異物，並透過黏液的纖毛運動送入胃裡消化。假若異物過多，則會被黏液包覆，並以痰液的形態從嘴巴排出體外。

另一方面，若異物附著在氣管或支氣管上，氣管或支氣管由於受到刺激而發生痙攣，這就是我們平時所說的咳嗽。

● 氣管、支氣管的構造

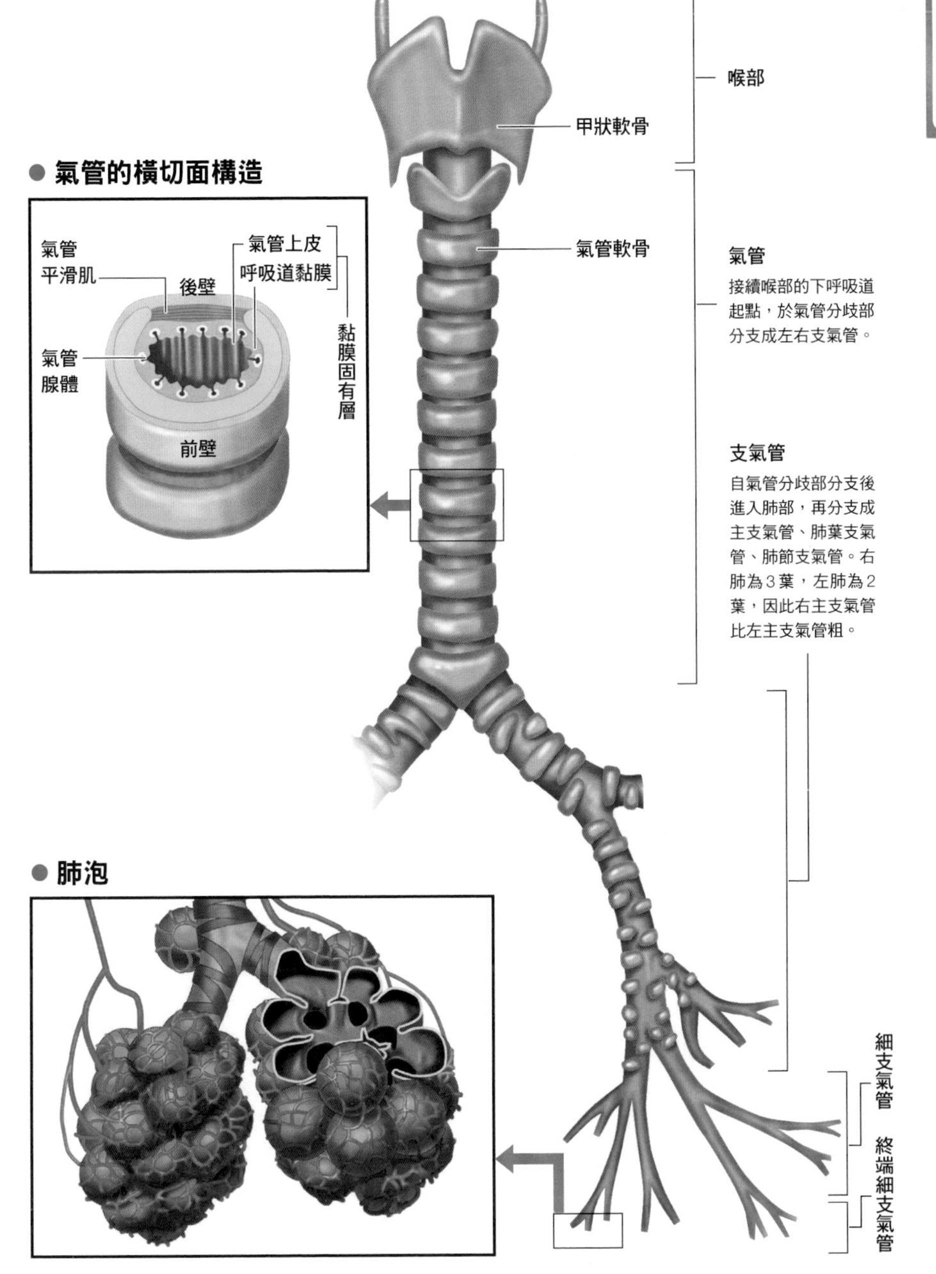
● 氣管的橫切面構造
氣管
平滑肌
後壁
氣管上皮
呼吸道黏膜
黏膜固有層
氣管
腺體
前壁
● 肺泡
喉部
甲狀軟骨
氣管軟骨
氣管
接續喉部的下呼吸道起點，於氣管分歧部分支成左右支氣管。
支氣管
自氣管分歧部分支後進入肺部，再分支成主支氣管、肺葉支氣管、肺節支氣管。右肺為3葉，左肺為2葉，因此右主支氣管比左主支氣管粗。
細支氣管
終端細支氣管

肺的構造

肺部由三葉的右肺與二葉的左肺構成，負責帶走血液中的二氧化碳，並運送氧氣至血液。

肺部的組成 由右肺與左肺所構成

位置 位於胸骨、肋骨與脊椎圍起來的胸腔內。

構造 **肺**分成**右肺**與**左肺**，右肺可分成**上葉**、**中葉**、**下葉**三片肺葉，左肺僅分成上葉與下葉二片肺葉。因此右肺比左肺大，兩者形狀不盡相同，且左肺緊鄰心臟。

肺上端呈尖形的部位是**肺尖**，由肺尖往下逐漸變寬，底部最寬的部位稱為**肺底**。肺底坐於**橫膈膜**上，中央部位稍微向內凹陷。其中**支氣管**、**肺動脈**、**肺靜脈**進出的區域則為**肺門**。

肺的內部由支氣管，以及沿著支氣管行進的肺動脈與肺靜脈所構成。支氣管從肺門進入肺裡，不斷分支，形成**終端細支氣管**，再形成**呼吸性細支氣管**，**肺泡**就位在呼吸性細支氣管的管壁上。

肺動脈從心臟的右心室進入肺裡，沿著支氣管分支。肺靜脈則是從肺進入心臟，與支氣管之間有些距離，走行於肺動脈之間。

肺泡呈葡萄狀，一個肺泡的大小比鮭魚卵還要來得小。左右肺的肺泡數量加起來大約有3億個左右。

帶走血液中的二氧化碳 提供氧氣輸送至心臟

功能 肺泡是血液中氧氣與二氧化碳進行交換的場所。氣管將空氣送至肺，接著由肺泡取出空氣中的氧氣，供應給來自肺動脈的血液。另一方面，肺泡也負責取出血液中的二氧化碳，經由肺靜脈將含氧的新鮮血液送至心臟。

肺泡所回收的二氧化碳，則經由支氣管、氣管，送至口腔和鼻腔，透過呼氣作用排出體外。

何謂肺活量？

肺活量是指人體最大吸氣後，再用力呼氣的空氣總量。

當我們吐氣後，留存於肺裡的氣體稱為「肺餘容積」，肺活量和肺餘容積加總起來便是「肺總量」。

一般醫療院所的健康檢查中，檢查項目包含第一秒用力呼氣量的量測，亦即測試者用力呼氣時，第一秒呼出的氣體容積，並以此1秒量計算呼氣量所占整個肺活量的百分比，並可據此得知胸廓大小、呼吸肌肉的強度、肺與橫膈膜的彈性，以及肺部異常現象等等。

● 肺的構造

● 肺內部的支氣管與血管

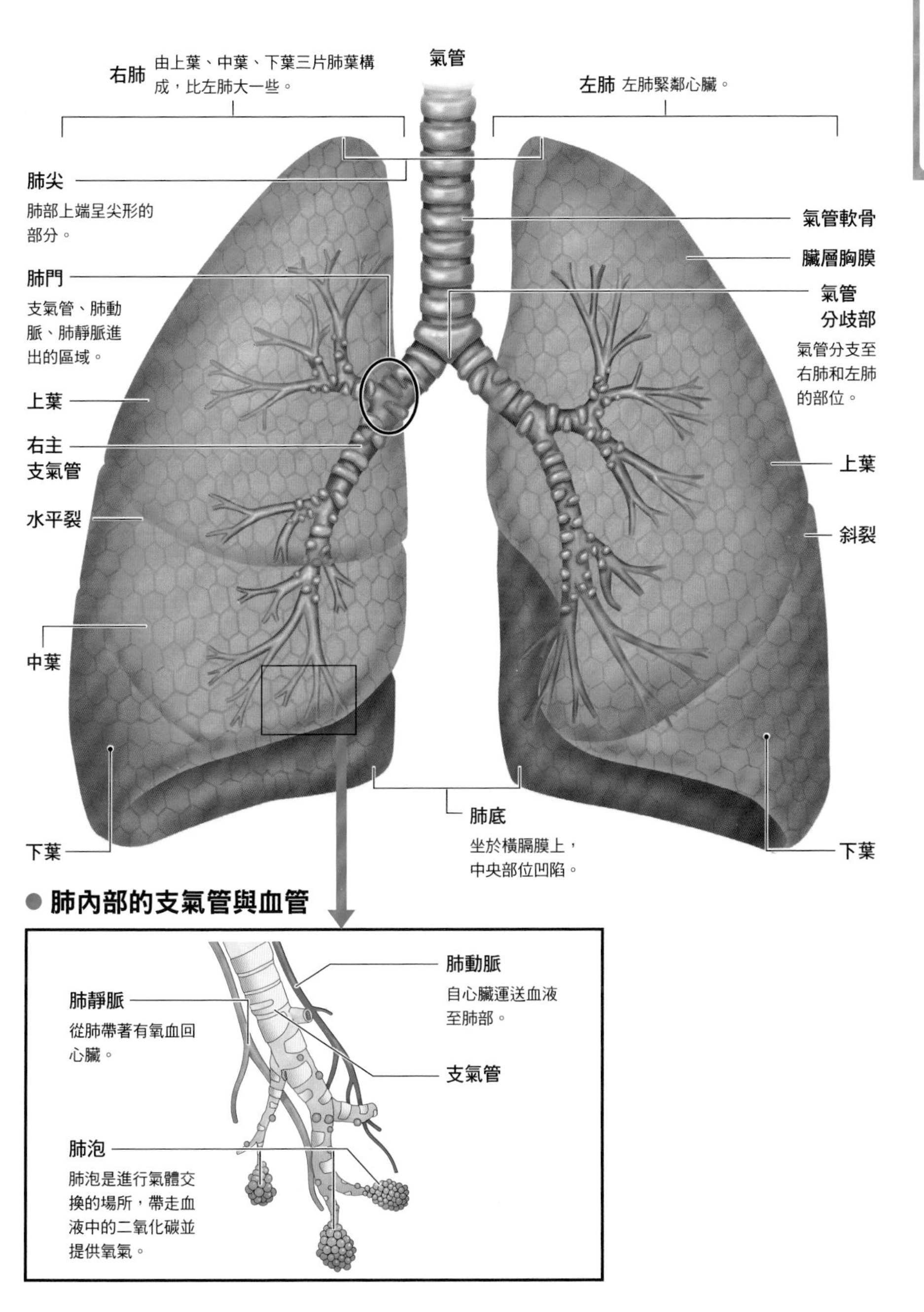
右肺
由上葉、中葉、下葉三片肺葉構成，比左肺大一些。
氣管
左肺
左肺緊鄰心臟。
肺尖
肺部上端呈尖形的部分。
肺門
支氣管、肺動脈、肺靜脈進出的區域。
上葉
右主支氣管
水平裂
中葉
下葉
氣管軟骨
臟層胸膜
氣管分歧部
氣管分支至右肺和左肺的部位。
上葉
斜裂
下葉
肺底
坐於橫膈膜上，中央部位凹陷。
肺動脈
自心臟運送血液至肺部。
肺靜脈
從肺帶著有氧血回心臟。
支氣管
肺泡
肺泡是進行氣體交換的場所，帶走血液中的二氧化碳並提供氧氣。

氣體交換機制

匯集全身的血液，自心臟輸送至肺，以氧氣取代二氧化碳再送回心臟。

攜帶氧氣與二氧化碳 氣體交換的基本單位

位置 **肺泡、微血管**

構造&功能 空氣經呼吸作用進入肺，透過肺泡將空氣中的**氧氣**供給血液，而血液裡的**二氧化碳**則反向往肺泡擴散。上述氧氣與二氧化碳在血液中交換的過程，便稱為氣體交換。

當含氧血從肺回到心臟後，再次從心臟出發至全身，供應細胞和組織進行新陳代謝。

在這複雜的交換過程中，負責氣體交換的正是血液的成分之一 ——紅血球中的**血紅素**。

血紅素在肺部氧氣濃度高的地方與氧分子結合，而在末梢組織等氧氣濃度低的地方釋放氧分子。另一方面，血紅素同時也會在二氧化碳濃度高的地方與二氧化碳結合，在二氧化碳濃度低的地方釋放二氧化碳。

血紅素與氧結合時，呈現鮮紅色；與二氧化碳結合時，呈暗紅色。因此在體內循環的**動脈血**會呈鮮紅色，**靜脈血**則呈暗紅色。

肺泡的構造

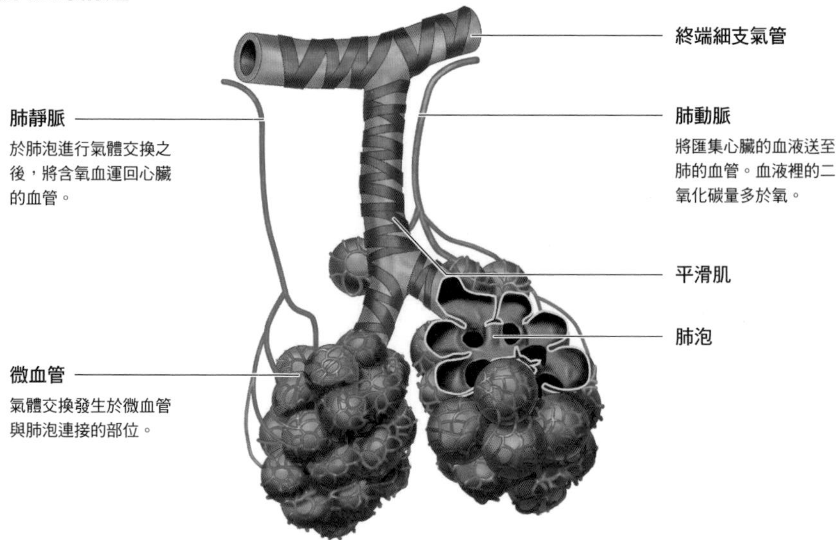
終端細支氣管
肺靜脈
於肺泡進行氣體交換之後，將含氧血運回心臟的血管。
肺動脈
將匯集心臟的血液送至肺的血管。血液裡的二氧化碳量多於氧。
平滑肌
肺泡
微血管
氣體交換發生於微血管與肺泡連接的部位。

紅血球與肺泡行氣體交換 經薄壁擴散二氧化碳與氧氣

功能 血液進行氣體交換的場所位於**支氣管**末端的肺泡。肺泡被許多微血管包圍，且肺泡壁非常薄，有利於氧氣和二氧化碳自由進出。

紅血球循環體內後，帶有大量的二氧化碳，來到肺泡後釋放二氧化碳，並與氧分子結合後再次回到心臟。自心臟出發的血液，由動脈輸送至全身各個角落的微血管。

肺泡很小，呈袋狀，左右肺裡的肺泡加起來共有6億多個，總表面積高達60～70平方公尺，相當於30塊榻榻米拼接起來的大小。人體行氣體交換之所以這麼有效率，全多虧了肺泡與血管能夠大面積接觸。

肺泡的氣體交換機制

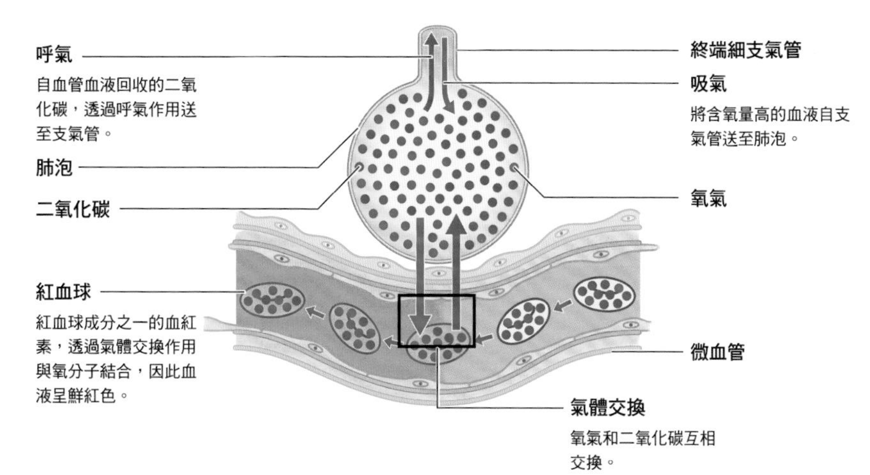
呼氣
自血管血液回收的二氧化碳，透過呼氣作用送至支氣管。
肺泡
二氧化碳
紅血球
紅血球成分之一的血紅素，透過氣體交換作用與氧分子結合，因此血液呈鮮紅色。
終端細支氣管
吸氣
將含氧量高的血液自支氣管送至肺泡。
氧氣
微血管
氣體交換
氧氣和二氧化碳互相交換。

為什麼運動時會氣喘吁吁？

持續運動一段時間後，我們會慢慢感覺呼吸變得急促，而且上氣不接下氣；而當我們從事劇烈運動過後，這個現象會更嚴重。這是因為人體用力且快速活動肌肉，過程中需要耗費大量的能量，若要產生能量，便必須借助血液中的氧分解細胞內儲存的糖分與脂肪。

為了製造大量能量，血液裡也必須含有大量的氧氣。因此呼吸中樞下達指令，增加呼吸次數，引進更多氧氣至體內，這就是運動時呼吸變急促的主要原因。

可是，即使沒有運動或爬樓梯，平時也會出現呼吸急促或呼吸困難的情形時，很有可能便是呼吸器官或心臟出了問題。

呼吸機制

呼吸分為靠肋間肌收縮、鬆弛的胸式呼吸，以及以橫膈膜上下運動為主的腹式呼吸。

肋間肌與橫膈膜共同參與協助身體行呼吸運動

位置 肺

構造 人體的細胞和組織隨時需要大量氧氣以供新陳代謝使用，並且將代謝過程中產生的二氧化碳排放至血液。因此呼吸運動不單只是吸氣和呼氣，而是包含這整個過程的行為。

成人1分鐘內的平靜呼吸次數為15～20次，一次呼吸的吸氣量為400～500毫升，一整天吸入的空氣量高達1公升以上。

與呼吸運動有關的臟器便稱為呼吸器官，其中最重要的成員正是肺臟。平時我們在無意識狀態下進行呼吸運動，但這並非肺本身行擴張與收縮運動。

肺的擴張與收縮，仰賴**肋間肌**（胸部的肌肉）和**橫膈膜**（區隔胸腔與腹腔的肌肉薄膜）運動。肋間肌和橫膈膜的運動受自律神經支配，無關自我意志，但仍舊可以自我控制。

呼吸可分為兩種方法 胸式呼吸與腹式呼吸

功能 呼吸作用可分為**外呼吸**與**內呼吸**兩個層次。自口鼻吸入空氣、自肺排出空氣的呼吸行為，便稱為外呼吸，一般我們所說的「呼吸」指的正是外呼吸。相對地，內呼吸則是指**肺泡**與組織末端進行氣體交換的機制。

另外，依據呼吸的方式，還可以進一步區分為仰賴肋間肌收縮、鬆弛的**胸式**

放鬆身心的腹式呼吸法

臨床發現，腹式呼吸法具有安定精神、抑制血壓上升，以及活化大腦的效果。當我們以腹式呼吸法進行深層呼吸時，大腦便會產生α波（腦波的一種），有利於身體放鬆，降低焦慮感。

基於上述醫學原理，不難發現腹式呼吸法的優點可以說是遠遠多於胸式呼吸法。當我們情緒緊繃，或是突如其來被龐大壓力壓得喘不過氣之際，不妨試著深呼吸，透過腹式呼吸法讓自己放輕鬆，紓解緊繃的身體，回復平靜的心情。

腹式呼吸法應該怎麼做呢？正確的作法是從吐氣開始。首先吐氣，肚子內收，把肺裡所有的空氣全都排出，接著慢慢鼓起肚子，讓橫膈膜放鬆下降，然後再用鼻子吸氣，緩慢地重複吐氣與吸氣的動作。一開始的吐氣非常重要，這樣才有助於吸入大量的空氣。

呼吸，以及活動腹肌，使橫膈膜上下運動的**腹式呼吸**。正常人的呼吸方式為胸式與腹式的混合呼吸，安靜時則多以腹式呼吸為主。

● 呼吸機制

胸式呼吸

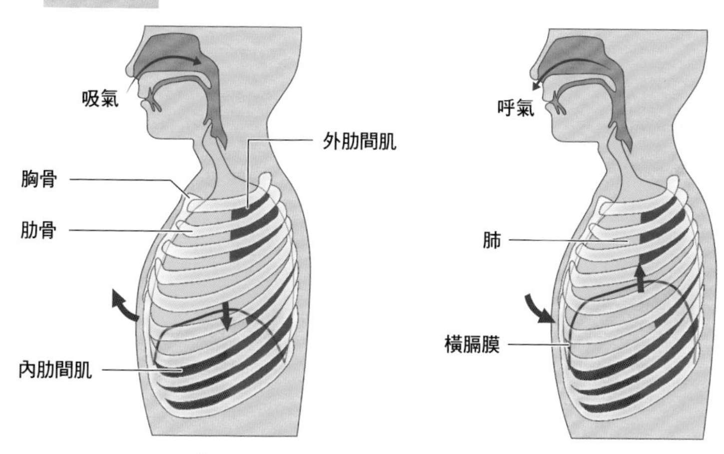
吸氣
外肋間肌
胸骨
肋骨
內肋間肌
呼氣
肺
橫膈膜

藉由肋間肌的收縮與鬆弛，使肋骨上下運動的呼吸方式。

腹式呼吸

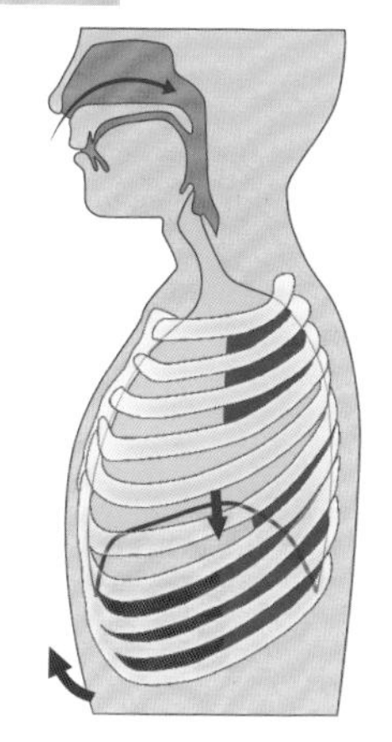

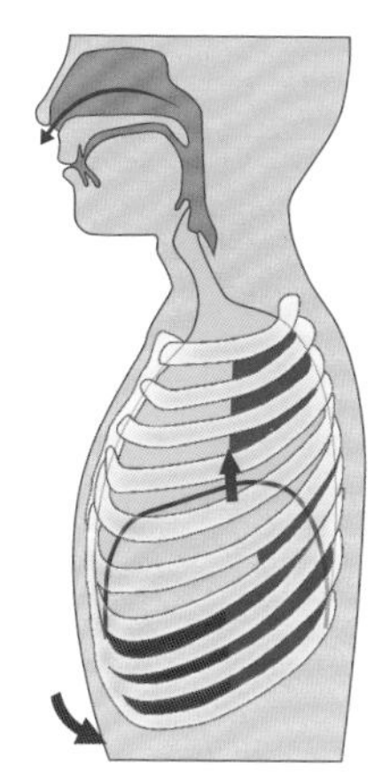

活動腹肌，讓橫膈膜上下運動的呼吸方式。當人體處於緊張或壓力大時，腹式呼吸法有助於放鬆身心。

呼吸器官的疾病

肺癌

●原因

肺癌最主要的致病原因是吸菸。吸菸者罹患肺癌的風險通常高於非吸菸者，男性約4倍之多，女性約2倍。

死於肺癌的患者中，男性約七成是吸菸所致，女性則約為兩成。另外，家人或同事吸菸造成的二手菸，往往也是誘發肺癌的原因之一。

其他如汽機車排放廢氣、暖氣造成生活環境乾燥、遺傳、增齡等，都可能是引發肺癌的原因。

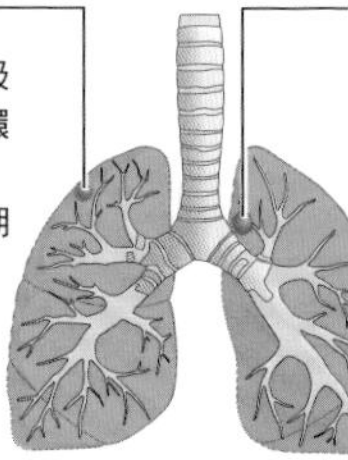

●症狀

肺癌是指肺臟細胞受損，導致正常細胞病變成癌細胞的疾病。

目前日本罹癌患者中，死亡率最高的就是肺癌。肺癌中腫瘤長於肺門附近的大支氣管上，稱為中央型肺癌；腫瘤長於肺內支氣管小分支上，稱為周圍型肺癌。中央型初期症狀為咳嗽、咳痰或血痰。周圍型則幾乎沒有初期症狀，一旦出現症狀，病情多半已經惡化。

●診斷與檢查

中央型肺癌多半不容易從胸部X光攝影或胸部CT影像檢查中發現，必須進行痰液細胞學檢查。

周圍型肺癌通常透過胸部X光攝影或胸部CT影像檢查，即可確認肺部狀態。但是腫瘤通常必須大於2公分，才有辦法透過X光攝影檢查發現病灶。CT影像檢查不僅

周圍型肺癌
致病主因：吸菸、二手菸、環境因素、遺傳
主要症狀：初期幾乎沒有症狀

中央型肺癌
致病主因：吸菸
主要症狀：咳嗽、痰液變多。咳血痰

能發現X光攝影拍不出來的病灶，即便腫瘤細胞只有1公分左右，也能清楚顯現在影像上。

依據影像檢查結果疑似肺癌時，進一步透過支氣管鏡檢、經皮穿刺切片檢查、胸腔鏡等精密檢查，加以確診。

●治療

治療方法因肺癌種類而異。針對進展速度快的小細胞肺癌，抗癌劑十分有效。若病變只發生在含**縱膈腔**和**鎖骨上窩淋巴結**在內的單側胸廓裡時，可搭配順鉑（Cisplatin）和滅必治（Etoposide）等抗腫瘤劑進行治療；若癌細胞擴散至其他臟器，則搭配順鉑和抗癌妥（Irinotecan）進行治療。針對非小細胞肺癌，搭配含鉑藥物和其他抗癌劑一起使用，通常醫師也會建議使用分子標靶藥物治療。

除了藥物治療，也可以考慮接受切除手術，亦即切除病灶所在的肺葉及周圍淋巴結。另外也有定位放射治療，從各方向照射放射線來殺死癌細胞。

睡眠呼吸中止症

●原因

無呼吸狀態是呼吸道上半段的上呼吸道阻塞所致，主要原因為肥胖。

睡眠時，由於全身肌肉鬆弛，喉部周圍的肌肉也隨之放鬆。尤其仰躺時，重力使舌根等組織下垂至上呼吸道，導致上呼吸道變狹窄；若再加上肥胖，位於喉部內側的脂肪和軟組織致使上呼吸道更加狹窄。當空氣硬要通過狹窄的上呼吸道，就會產生打鼾的聲音，一旦上呼吸道完全阻塞，就變成呼吸中止的狀態。

●症狀

睡眠中鼾聲大作，當鼾聲突然停止，其實代表呼吸也跟著暫停。通常呼吸會暫停10～20秒，但也有人呼吸中止的狀態會持續1分鐘左右。

當鼾聲再次響起時，呼吸運動跟著重新啟動，一整晚的睡眠中可能重複好幾次鼾聲大作與呼吸停止的現象。

由於無法獲得充足的睡眠，患者在白天容易出現強烈睡意來襲，或是注意力下降等症狀。

睡眠中發生數次呼吸停止，容易導致血液中氧氣濃度下降；血氧不足，致使全身臟器受到不良影響，尤其心血管系統最容易受到損害。如果不積極接受治療，恐會併發高血壓、腦中風、狹心症、心肌梗塞等疾病。

睡眠呼吸中止症通常好發於40～60歲的男性，然而女性年齡過了更年期後，發生睡眠呼吸中止症的機率攀升，約與男性不相上下。

●診斷與檢查

問診時，醫師一般會詢問：「常在睡眠中驚醒嗎？」「白天是否會突然很想睡？」等問題。

根據問診結果，疑似為睡眠呼吸中止症時，醫師通常會先請患者帶檢測器回家，自行操作簡單的呼吸狀態檢查。

依據檢查結果，如果強烈懷疑是睡眠呼吸中止症時，必須住院一晚，接受多項睡眠生理檢查，根據腦波、口鼻呼吸氣流、伴隨呼吸的胸部與腹部運動、心電圖、血氧飽和度（血液含氧濃度）等監測結果，進行最後的診斷。

●治療

因扁桃腺肥大而造成上呼吸道阻塞的患者，可以接受摘除扁桃腺的手術。

如果患者症狀輕微，可以於睡覺時戴上口腔牙套矯正器。戴上口腔牙套矯正器後能夠迫使下顎向前突出，有效避免上呼吸道阻塞。

然而，如果是重症患者，使用口腔牙套矯正器後也無法有效改善症狀時，可以考慮接受CPAP治療，亦即連續性呼吸道正壓通氣治療。

患者可於睡眠中戴上鼻罩，透過一台小型空氣裝置，以適合人體的壓力持續輸送空氣，確保上呼吸道通暢。

慢性阻塞性肺疾病（COPD）

●原因

主要原因是吸菸，但前提為汽機車排放廢氣已造成生活環境空氣汙染。

●症狀

這種疾病的症狀表徵為患者爬樓梯或走上坡路時，會感到呼吸困難，而且長期久咳不癒、有痰。這是因為支氣管、細支氣管、肺泡發炎，使支氣管內腔因腫脹而變狹窄；發炎也會進一步使痰液增加，導致空氣流動不順暢，身體為了排出痰液，才會不斷咳嗽。肺泡受到有害物質刺激，無法順利進行氣體交換時，會逐漸因為血中氧氣不足，演變成慢性肺功能不全。

除此之外，慢性阻塞性肺疾病也容易併發全身肌肉萎縮、動脈硬化、肺癌、骨質疏鬆症、憂鬱症、肺性心（心臟右心室慢慢擴張、肥大）、胃潰瘍等疾病。

若患者罹患感冒，可能致使病症突然惡化，情況嚴重時可能出現38度以上的高燒、痰液變濃稠、喘不過氣的呼吸困難症狀。更嚴重時甚至因心臟衰竭導致浮腫、尿液量減少、體重增加，病症嚴重惡化甚至會有生命危險。

●診斷與檢查

吸菸史（包含二手菸）、過往病史、家族病史、自覺症狀（咳嗽頻率、痰液量與顏色）等項目，都是一般問診中醫生常提出的問題。檢查方面則包含肺功能檢查、血氧飽和度檢測、平地步行6分鐘測驗等。

● COPD患者的細支氣管

健康

空氣順暢地從細支氣管進入肺泡。

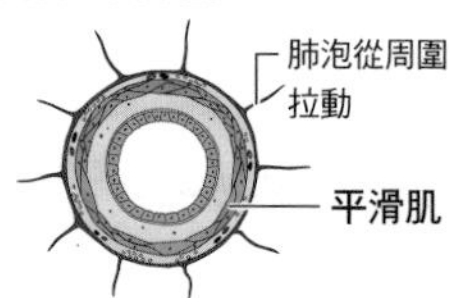
肺泡從周圍拉動
平滑肌

COPD

痰液增加、平滑肌肥大、肺泡受損等，導致細支氣管內腔變狹窄，吸氣受阻。

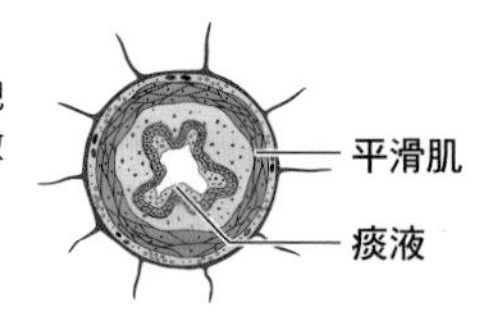
平滑肌
痰液

●治療

治療前，必須先正確理解慢性阻塞性肺疾病，包含致病原因、發生經過、是否接受抑制肺功能下降的治療等。確實做到戒菸，養成輕運動的習慣，維持全身肌力。

症狀輕微者多半為體型肥胖，所以需要控制飲食，尤其不可攝取過量的脂肪和糖分。但是症狀惡化成重症者，反而必須防止體重過輕，需要多攝取高能量食物和優質蛋白質，並在正餐之間吃些點心。一次無法多量進食時，也必須改成少量多餐的飲食步調。

此外，也需要進行呼吸訓練，學會緩慢吐氣的噘嘴呼吸和橫膈膜呼吸。前者用鼻子吸氣，然後噘嘴吐氣，吐氣時間是吸氣時間的2倍長；後者即腹式呼吸法，吸氣時肚子膨脹，吐氣時肚子內縮。

至於藥物治療，通常使用支氣管擴張劑（抗膽鹼藥物、β_2刺激劑等），必要時追加吸入性類固醇。

5章 循環器官

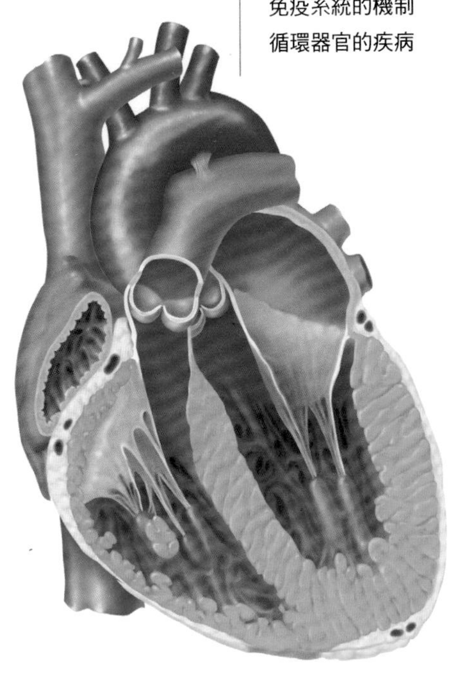

心臟的構造

血液由腔靜脈運送至右心房，經右心室、肺、左心房、左心室，再由主動脈運送至全身。

心臟分為右心房、右心室、左心房、左心室四個腔室

位置 位於胸廓中心稍微偏左，左右側與肺相鄰。

構造 心臟由肌肉（心肌）所構成，心肌規律地收縮與舒張，將血液輸送至全身。心臟內側為**心內膜**，外側為**心外膜**，且內部可再進一步分為**右心房**、**右心室**、**左心房**、**左心室**四個腔室。

各腔室之間有瓣膜區隔，可防止血液回流，整個心臟共有四個瓣膜。右心房與右心室之間為**三尖瓣**，左心房與左心室之間的瓣膜稱為**僧帽瓣**。

循環全身回到心臟的血液，由**肺動脈**運送至肺，再由**主動脈**運送至全身。肺動脈和主動脈的入口處各有**肺動脈瓣**和**主動脈瓣**，這兩個瓣膜皆由三個半月形的瓣膜所組成。

心肌不斷進行收縮、舒張運動，其氧氣和能量來源便是由**左冠狀動脈**和**右冠狀動脈**運輸供給，再由**冠狀靜脈**運送心臟代謝廢物後的血液，匯入**冠狀竇**，進入右心房。身體的各大血管（主動脈、**腔靜脈**、肺動脈、**肺靜脈**）也會將血液運送至心臟，再向外輸送。

輸送血液至全身 終年無休的大泵浦

功能 心臟猶如一個大泵浦，將富含氧氣和養分的動脈血輸送至全身。

從心臟出發的血液供應氧氣和能量給細胞、組織，同時帶走二氧化碳和老舊

人體一整年的心跳數可以達到多少下？

健康的成年男性在安靜狀態下，1分鐘的心跳次數為62～72次，成年女性則為70～80次。也就是說，成人一整天的心跳次數約可達90,000～115,000次，一年約3千萬次以上，無論人體處於清醒或睡夢中，心臟仍分分秒秒持續跳動。

支撐心臟不停跳動的大功臣正是心肌。心肌需要消耗大量的能量，便是由冠狀動脈負責供應養分。

動脈一旦硬化，會促使冠狀動脈內腔變狹窄，增加狹心症發病風險。若動脈硬化持續進展，導致血栓堵住狹窄的動脈內腔時，容易引發心肌梗塞。動脈內腔阻塞會使前端的心肌得不到足夠的氧氣和養分，一旦心肌壞死，可能會有生命危險。

心臟約有拳頭大小，但重量卻只有體重的兩百分之一，然而進入冠狀動脈的血液量卻高達全身總血液量的二十分之一。

廢物，形成靜脈血後再回到心臟（右心房）。靜脈血往往含有來自肝門靜脈的能量、激素、神經傳導物質等。

回到心臟的靜脈液，接著前往肺，進行氧氣與二氧化碳的氣體交換，之後再次回到心臟（左心房）。

● 心臟的構造

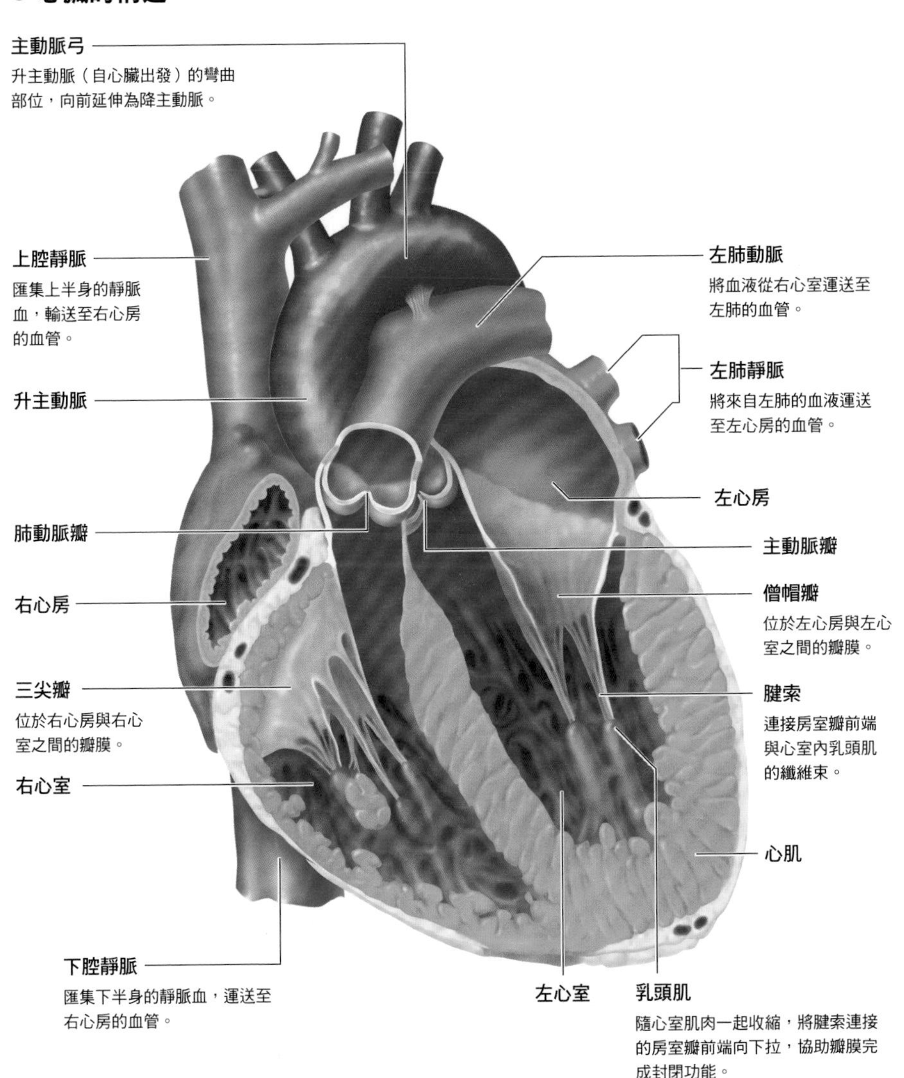
主動脈弓
升主動脈（自心臟出發）的彎曲部位，向前延伸為降主動脈。
上腔靜脈
匯集上半身的靜脈血，輸送至右心房的血管。
升主動脈
肺動脈瓣
右心房
三尖瓣
位於右心房與右心室之間的瓣膜。
右心室
下腔靜脈
匯集下半身的靜脈血，運送至右心房的血管。
左肺動脈
將血液從右心室運送至左肺的血管。
左肺靜脈
將來自左肺的血液運送至左心房的血管。
左心房
主動脈瓣
僧帽瓣
位於左心房與左心室之間的瓣膜。
腱索
連接房室瓣前端與心室內乳頭肌的纖維束。
心肌
左心室
乳頭肌
隨心室肌肉一起收縮，將腱索連接的房室瓣前端向下拉，協助瓣膜完成封閉功能。

心跳機制

位於右心房的竇房結產生電訊號，傳送至心肌，引起心臟進行規律的收縮與舒張運動。

● 刺激傳導機制

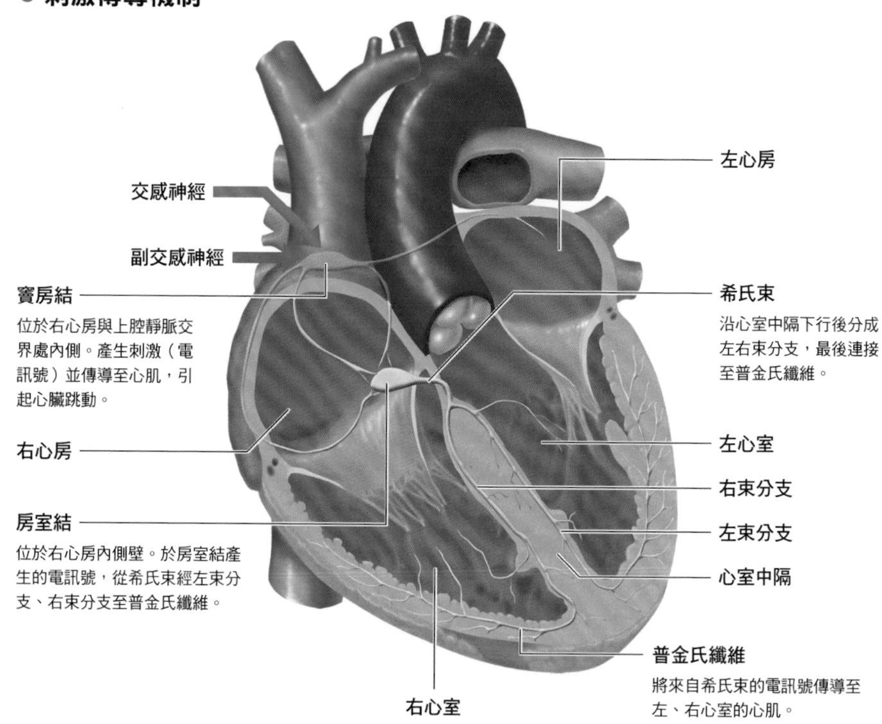
左心房
交感神經
副交感神經
竇房結
位於右心房與上腔靜脈交界處內側。產生刺激（電訊號）並傳導至心肌，引起心臟跳動。
希氏束
沿心室中隔下行後分成左右束分支，最後連接至普金氏纖維。
右心房
左心室
右束分支
房室結
位於右心房內側壁。於房室結產生的電訊號，從希氏束經左束分支、右束分支至普金氏纖維。
左束分支
心室中隔
普金氏纖維
將來自希氏束的電訊號傳導至左、右心室的心肌。
右心室

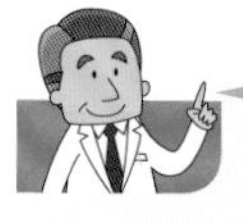

脈搏會在什麼情形下加快？

手腕、頸部側邊、太陽穴、腹股溝（大腿根部）、膝窩等部位，都能夠摸到脈搏跳動，這是因為這些部位的動脈皆位在靠近皮膚處。不只是劇烈運動，當交感神經處於優勢的時候，脈搏的跳動次數也會突然急速增加。

舉例來說，當我們感到恐懼、憤怒、緊張，或是極度悲傷時；看到喜歡的人會感到心悸；觀賞刺激的運動賽事、參與演唱現會現場活動等等，這些會讓人感到情緒高漲、極度興奮的時候，也都會使脈搏跳動加快。

心臟在安靜狀態下 每分鐘運送五公升的血液

位置 **心臟**

構造&功能 透過**心肌**（心臟肌肉）的收縮與舒張，血管將血液運送至全身，這就是心臟跳動，簡稱**心跳**。心肌收縮的同時，心臟左右側的**房室瓣**關閉，**主動脈瓣**和**肺動脈瓣**開啟。位於**右心室**的血液前往**肺**，位於**左心室**的血液被壓往**主動脈**。當人體處於安靜狀態下，每一分鐘從左心室壓出的血液量約有5公升。

接下來，心室舒張，主動脈瓣和肺動脈瓣關閉，防止血液回流。這時左右房室瓣開啟，來自**腔靜脈**的血液由**右心房**進入右心室，來自**肺靜脈**的血液則由**左心房**進入左心室。

心臟內的血液流動節奏是由**竇房結**掌控。竇房結產生電訊號並傳導至心肌，維持心臟不停歇地跳動。

竇房結產生的電訊號傳入左右心房，促使心房收縮。之後電訊號再匯集至位於右心房內側的**房室結**，經希氏束分支至左束與右束分支，最後連接普金氏纖維，使整個心室收縮。透過這一連串的電訊號傳導，心臟才能不間斷地跳動。

心臟跳動的頻率 由自律神經所主導

功能 健康成年男性於安靜狀態下，每分鐘的平均心跳次數為62～72次，成年女性為70～80次，女性的心跳數普遍多於男性。

自律神經中的**交感神經**會促使心跳次數增加，**副交感神經**則減少心跳次數。

心跳機制

動脈血 ➡ 靜脈血 ➡ 心肌收縮／舒張 ➡

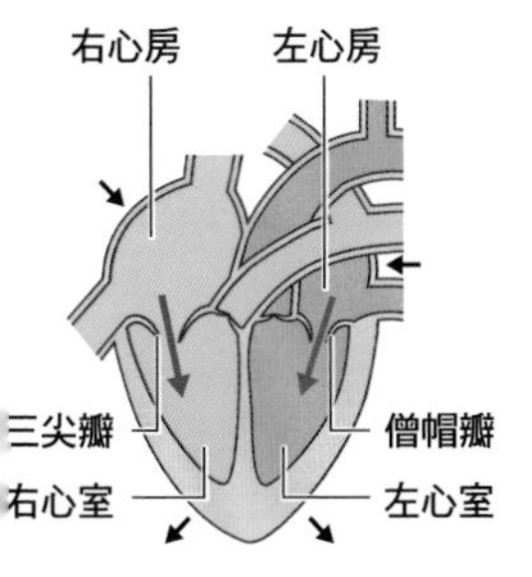
右心房
左心房
三尖瓣
右心室
僧帽瓣
左心室

心房收縮，三尖瓣開啟，靜脈血自右心房流向右心室；僧帽瓣同時開啟，動脈血由左心房流向左心室。

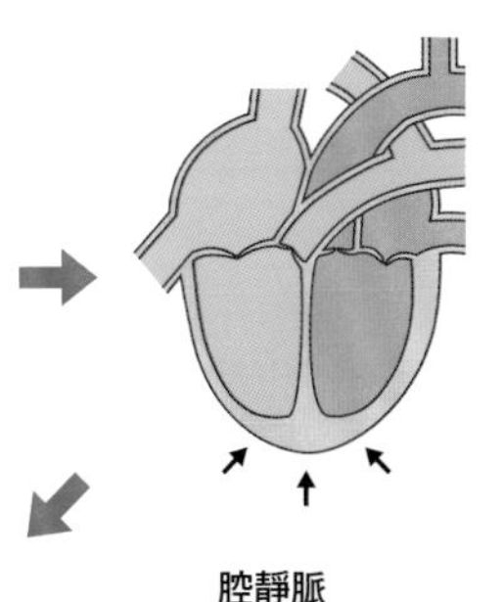

心室接著收縮，三尖瓣、僧帽瓣、肺動脈瓣、主動脈瓣關閉。心房同時舒張，靜脈血流向右心房，動脈血進入左心房。

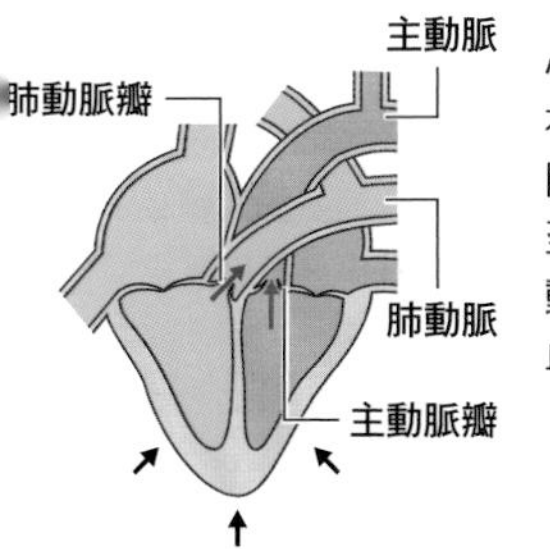
主動脈
肺動脈瓣
肺動脈
主動脈瓣

心室的心肌收縮，右心室的肺動脈瓣開啟，靜脈血輸送至肺；左心室的主動脈瓣開啟，動脈血輸送至主動脈。

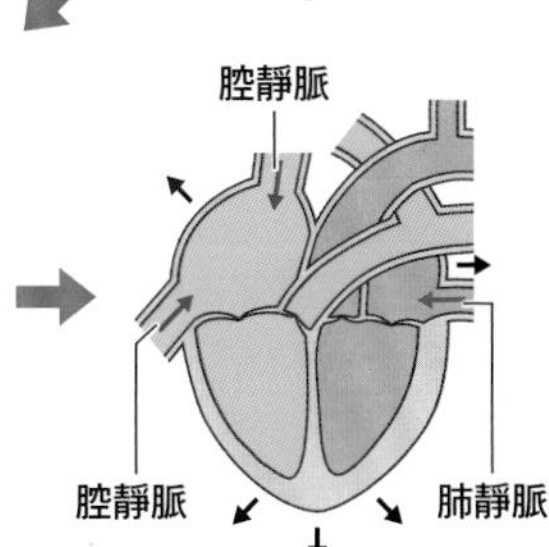
腔靜脈
腔靜脈
肺靜脈

心室舒張，肺動脈瓣和主動脈瓣同時關閉，防止血液回流。靜脈血從腔靜脈流向右心房，來自肺的血液經肺靜脈進入左心房。

血液循環機制

血液循環可分為自心臟出發，循環全身再回到心臟的體循環，以及在心臟與肺之間循環的肺循環。

體循環的路徑 左心室出發，回到右心房

位置 全身

構造 血液自**心臟**出發時，為含氧的**動脈血**，在**微血管**回收二氧化碳和老舊廢物後，變成**靜脈血**，並於**肺臟**內的**肺泡**進行氣體交換後，再次變成動脈血。血液從心臟出發，最後再回到心臟，這樣的路徑稱為血液循環。血液循環可分為**體循環**和**肺循環**兩種路徑。

肺循環的過程 於肺泡進行氣體交換

功能 體循環路徑如下：來自**左心室**的動脈血，經**主動脈**→各分支動脈→**中型動脈**→**微血管前小動脈**→微血管。

血液運送氧氣和養分至臟器和肌肉等全身細胞組織，同時也回收二氧化碳和老舊代謝廢物，然後再經由微血管→**微血管後小靜脈**→**中型靜脈**→**腔靜脈**的路徑，最終回到心臟。體循環的路程雖然很長，但最快大約20秒便能回到心臟。

血液自心臟出發後，於途中分支成前往上半身和前往下半身的動脈；血液返回心臟時，上半身的血液匯流至**上腔靜脈**，下半身的血液則匯流至**下腔靜脈**，最後共同注入**右心房**。自**右心室**出發的血液，由**肺動脈**送至肺，然後再由**肺靜脈**運回**左心房**，這樣的循環路徑則稱為肺循環。

動脈血循環全身，為人體各個組織和細胞供應氧氣、葡萄糖等養分；而靜脈血則回收二氧化碳和老舊廢物，回到心臟後，依循右心房→右心室→肺動脈的路徑進入肺，並在肺泡進行氣體交換。氣體交換完成後，血液帶著豐富的氧氣經肺靜脈回到心臟。接著再經左心房、左心室，透過體循環將血液運送全身。一次完整的肺循環，大約只需要3～4秒的短短時間。

血液的流動速度有多快？

成人全身的血管總長約有9萬公里，總血液量則是體重的十三分之一。血管內平均約有4～5公升的血液循環流動。

人體內的血流速度相當快，升主動脈每秒大約可達60～100公分，降主動脈每秒約20～30公分。另一方面，微血管的血流速度比較慢，每秒約0.5～1公分。

血流速度會受到血液黏稠度、血管壁狀態、血壓等因素影響，如果血管壁具有彈性且管腔大，血流速度自然比較快。

全身的主要動脈與靜脈

動脈 靜脈

內頸靜脈
匯集來自腦和頭頸部的血液。

頭臂靜脈
由鎖骨下靜脈和內頸靜脈匯流而成，將血液運送至上腔靜脈。

上腔靜脈
由左右頭臂靜脈匯流而成，將血液送回右心室。

腋靜脈

肱靜脈
注入鎖骨下靜脈。

腎靜脈
將在腎臟過濾後的血液送回下腔靜脈。

下腔靜脈
收集下肢的靜脈血，運送至右心房。

總髂靜脈
收集下肢和骨盆周圍的靜脈血，注入下腔靜脈。

外髂靜脈

股靜脈
收集膝、足等下肢的靜脈血。

大隱靜脈
分布於下肢淺層，將靜脈血運送至股靜脈。

膕靜脈
注入股靜脈。

小隱靜脈

總頸動脈
運送血液至頭頸部。

鎖骨下動脈
運送血液至上肢。

主動脈弓
升主動脈向下半身延伸時的彎曲部分。

升主動脈
左心室出發的血液注入升主動脈。

腋動脈

肱動脈
自上臂延伸至肘部。

降主動脈

胸主動脈
降主動脈延伸至橫膈膜為止的動脈。

腹主動脈
降主動脈始於橫膈膜的動脈。

腎動脈
將帶有老舊廢物的血液運送至腎臟。

橈動脈
即手腕處可摸到的脈搏。

腹腔動脈
將血液運送至胃、十二指腸、肝臟、胰臟、脾臟。

總髂動脈
腹主動脈的分支，運送血液至骨盆和下肢。

外髂動脈

股動脈
分布於髖關節至膝蓋，運送血液至下肢。

膕動脈
股動脈至膝窩處變成膕動脈。

脛前動脈

脛後動脈

足背動脈
分布於腳背。

血壓調節機制

血壓調節可分為與自律神經有關的神經調節，以及與下視丘、腦下垂體分泌激素有關的體液調節。

血壓即血液流動時施加於動脈壁上的壓力

位置 血管

構造 **血壓**，是指心臟收縮與舒張時，送出的血液對血管壁（**動脈血管壁**）形成的壓力。

心臟收縮時送出的血液最強而力，對血管壁形成的壓力也最大，這時的血壓稱為**收縮壓**（**最高壓力**）。另一方面，心臟舒張時，血流較緩和，壓力也相對較小，這時的血壓稱為**舒張壓**（**最低壓力**）。收縮壓也稱為心縮壓，而舒張壓又可稱為心舒壓。

成人最理想的血壓數值如下：收縮壓120 mmHg以下，舒張壓80 mmHg以下。雖然人體體內備有可調節血壓並維持穩定的功能，但是隨著年紀增長、動脈硬化等因素，致使血管內腔變狹窄，血管變得缺乏彈性，這時便容易導致血壓向上攀升了。

神經系統和激素調控血壓的上升與下降

功能 一般而言，人體一整天的血壓值不會完全固定不變，會受到各種因素影響而出現起伏變動。舉例來說，夜晚和睡眠中的血壓值最低，起床後便慢慢升高。而血壓的上升和下降現象，便是與**神經調節**、**體液調節**有關。

動脈裡有感應血液壓力和氧氣量的感受器，感受器負責將接收的訊息傳送至**血管運動中樞**。當血壓上升時，便會刺

心臟和腎臟疾病的警訊 —— 隱藏性高血壓

高血壓依醫療院所測量的「門診血壓測量值」和在家測量的「居家血壓測量值」，大致可分為三種類型。

門診或居家血壓測量值均高於標準值，這個現象稱為持續性高血壓。

而在家測量時，血壓普遍不高，但進入診間後，因緊張而血壓升高的現象，稱為白袍高血壓。

第三種則與白袍高血壓相反，門診時測量的血壓一切正常，但居家測量的血壓值卻普遍偏高，這個現象便是一般所稱的隱藏性高血壓。

隱藏性高血壓的發生原因，多半是各種疾病或不規則的生活習慣所致。在所有隱藏性高血壓中，血壓值會在夜間飆升的類型，主要便是因心臟疾病、腎臟代謝差、自律神經病變、睡眠呼吸中止症而引起。而起床時血壓值飆高的類型，則可能因為動脈硬化持續進展、睡眠呼吸中止症、失眠而引起。

激**副交感神經**，這時血管擴張，心跳數減少，有助於降低血壓。相反地，當血壓下降時，則會刺激**交感神經**，增加心跳數，就能促使血壓上升。此即血壓的神經調節機制。

另一方面，體液調節則是指透過**下視丘**、**腦下垂體**、**腎上腺**、**腎臟**等器官分泌的激素，藉此控制血壓的升降。

● 血壓調節機制

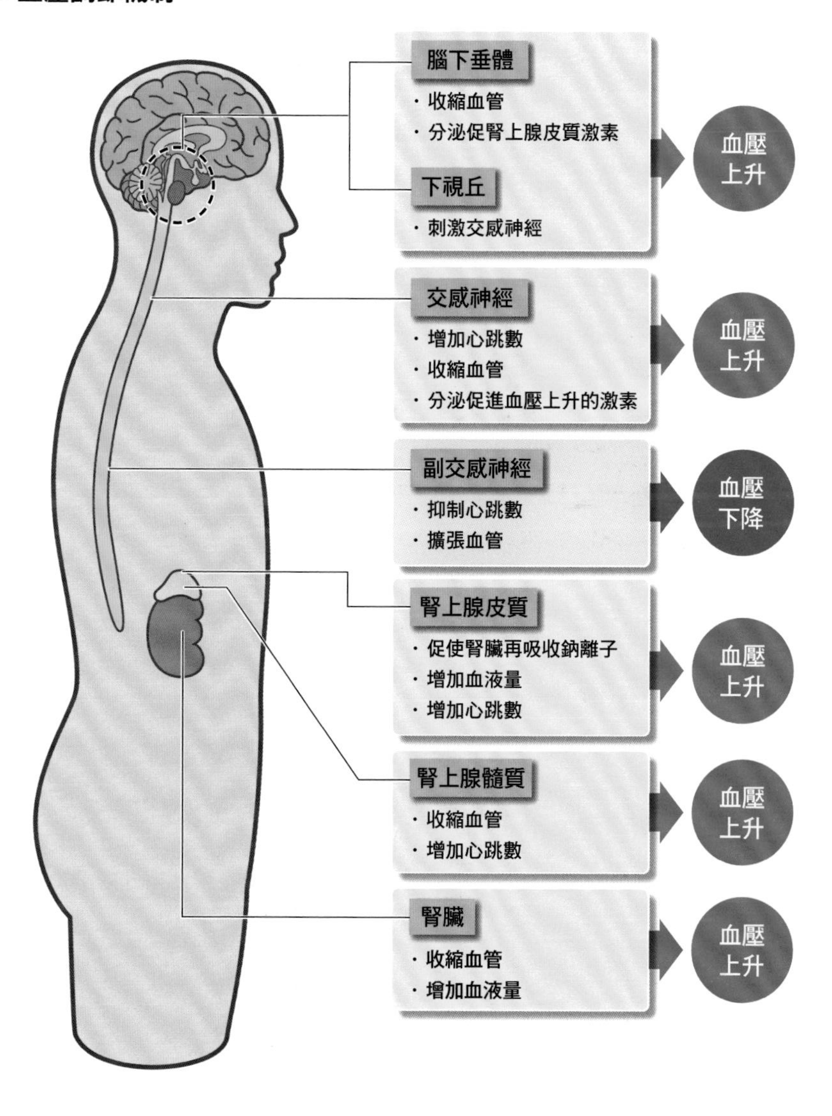
腦下垂體
・收縮血管
・分泌促腎上腺皮質激素
下視丘
・刺激交感神經
血壓上升
交感神經
・增加心跳數
・收縮血管
・分泌促進血壓上升的激素
血壓上升
副交感神經
・抑制心跳數
・擴張血管
血壓下降
腎上腺皮質
・促使腎臟再吸收鈉離子
・增加血液量
・增加心跳數
血壓上升
腎上腺髓質
・收縮血管
・增加心跳數
血壓上升
腎臟
・收縮血管
・增加血液量
血壓上升

血管的構造

血管全長達9萬公里，包含動脈、靜脈和微血管，各有其功能和構造。

動脈、靜脈、微血管 各自擁有與功能相符的構造

位置 分布於全身

構造 血液自**心臟**輸送至**主動脈**，經**中型動脈**、**小動脈**、**微血管前小動脈**、**微血管**、**微血管後小靜脈**、**小靜脈**、**中型靜脈**，最後由**腔靜脈**送回心臟。整個血管網絡的總長約為9萬公里，而成人血

動脈與靜脈的構造

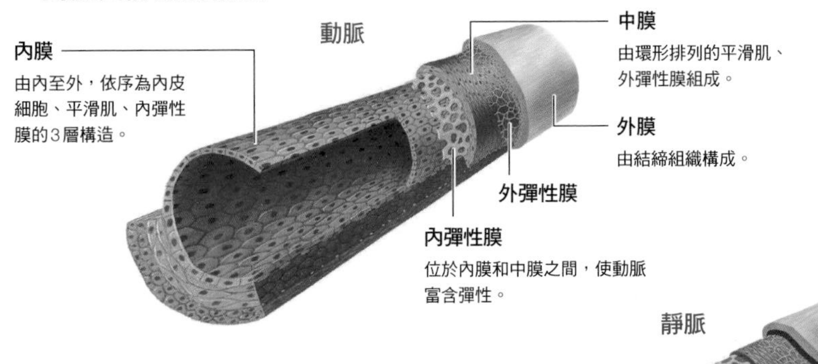
動脈
內膜
由內至外，依序為內皮細胞、平滑肌、內彈性膜的3層構造。
中膜
由環形排列的平滑肌、外彈性膜組成。
外膜
由結締組織構成。
外彈性膜
內彈性膜
位於內膜和中膜之間，使動脈富含彈性。
靜脈
外膜
中膜
內膜
瓣膜
位於血管內腔，左右成對。由於靠近身體末梢的靜脈血壓不高，瓣膜可是防止血液逆流的功能。除了上肢和下肢，其他部位的靜脈裡並沒有瓣膜這個構造。

微血管的氣體交換機制

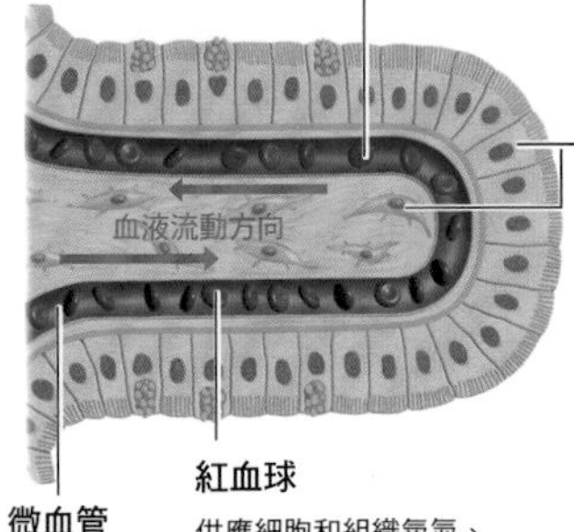
紅血球
自細胞和組織回收二氧化碳與老舊廢物的紅血球。
血液流動方向
細胞
紅血球於微血管管壁進行物質交換，提供細胞和組織氧氣、葡萄糖等養分，同時也回收新陳代謝所產生的二氧化碳和老舊廢物。
紅血球
供應細胞和組織氧氣、養分的紅血球。
微血管

管內源源不絕的流動血液，其總重量約占全身體重的十三分之一。

大體而言，血管可分為動脈、靜脈、微血管三種類型。

動脈血管的管壁厚且彈性佳，橫切面呈圓形。由內至外的構造依序是**內膜**、**中膜**和**外膜**。內膜是由**內皮細胞**、**平滑肌**和**內彈性膜**組成的三層構造；中膜由**環形**排列的平滑肌、**外彈性膜**組成；而外膜則由結締組織所構成。

主動脈的血流壓力（血壓）最強，血管壁裡有彈性佳的彈性纖維，確保血管維持一定彈力。另一方面，微血管前小動脈裡有許多平滑肌細胞，透過**微血管前括約肌**收縮來調整血管的粗細，藉此控管進入微血管的血液量。

靜脈的血壓不如動脈那麼大，再加上血管壁薄、缺乏肌肉組織與彈性纖維，因此彈性較動脈差。靜脈的橫切面呈橢圓形，同樣為內膜、中膜、外膜組成的三層構造。

手臂和腿部等處的靜脈管徑可達1公釐以上，內腔裡皆有左右成對的半月形**瓣膜**。由於靠近身體末梢的靜脈血壓不高，這個瓣膜的功能是為了防止血液逆流。像是頭部和軀幹等部位的靜脈，便沒有瓣膜這個構造。

微血管直徑只有百分之一公釐，非常細小，廣泛分布於心臟瓣膜、軟骨組織、眼睛結膜、水晶體以外的全身。微血管不同於動脈和靜脈，僅由一層內皮細胞和薄薄的**周圍細胞**組成。

微血管提供氧氣與養分供應細胞和組織

功能 血管負責運輸含有氧氣、養分的血液至細胞和組織。動脈和靜脈主要負責運送血液，而微血管另外還有一項重要任務——物質交換。

微血管就像漁網，深入細胞和組織的各個角落；由於管壁非常薄，有利物質和氣體交換，不僅提供氧氣和葡萄糖等養分給細胞和組織，同時也回收新陳代謝所產生的二氧化碳和老舊廢物。

除此之外，皮膚的微血管還具有釋放熱量的功用。而當天氣變得寒冷時，微血管也能夠收縮減少血液量，防止體內熱量流失。

有效掌管血管收縮與舒張——自律神經

天氣寒冷時，手腳指尖變冷，這是因為皮膚血管收縮，血液循環變差，促使血流量減少。相反地，當天氣炎熱或泡澡時，我們會不斷流汗，正是皮膚藉由散熱來調節體溫所致，這個時候血管會擴張，血液循環變順暢。

而上述的血管收縮與舒張機制，便是由自律神經負責掌控。自律神經包含互相制衡的交感神經與副交感神經，當交感神經處於優勢時，血管收縮，血流速度變慢；而當副交感神經處於優勢時，血管內腔變大，血液流動變順暢。

造血機制

骨骼的骨髓腔裡充滿了骨髓，骨髓裡的造血幹細胞分化成紅血球、白血球、血小板。

位於骨骼的中心部位 負責造血的紅骨髓

位置 **骨髓**

構造 人體內的血液由骨髓負責生成。

骨表面覆蓋骨膜，骨內有血管和神經通過，內側有以鈣和磷為主要成分的堅硬骨組織。骨頭的內部空間**骨髓腔**裡，即充滿可生成血液定形成分（血球）的骨髓。

若進一步分析骨髓腔，內部又包含了紅骨髓與黃骨髓。紅骨髓位於兩端，是海綿狀多孔組織；黃骨髓則填滿骨髓腔中間的空洞區。其中紅骨髓具有造血功能，也稱為**造血組織**。

新生兒只有紅骨髓，因此所有的骨髓都能夠生成**造血細胞**。當人體逐漸增長成年後，僅剩下**脊椎骨**、**胸骨**和**肋骨**的骨髓腔裡有紅骨髓，且脂肪組織的黃骨髓會逐漸增加，進一步導致造血能力變差。然而當人體大量出血需要緊急補充血液時，黃骨髓會變成紅骨髓，暫時恢復部分造血能力。

骨髓生成造血幹細胞 可分化為各種血球

功能 造血組織的紅骨髓會先生成原始造血細胞，即**造血幹細胞**。造血幹細胞可分化成**紅血球**、**白血球**，以及**血小板**等任何一種血液的細胞成分。

除此之外，造血組織裡還有**網狀結締組織**，內部分布的**微血管**名為**竇狀隙**。竇狀隙管壁上有許多小孔，造血組織製

貧血的成因 —— 血紅素不足

紅血球的整體重量中，有三分之一來自血紅素，血紅素正是使血液看起來呈紅色的成分，其主要任務為運送氧氣至身體各個角落。

當人體缺乏血紅素時會呈現缺氧狀態，並伴隨頭暈、喘不過氣等貧血症狀出現。貧血可再進一步區分好幾種類型，其中最常見的便是缺鐵性貧血。

鐵是構成血紅素的重要成分，其來源可分為兩種，一種是紅肉、魚類等動物性食物中富含的血基質鐵，另一種則是蔬菜、海藻等植物性食物中富含的非血基質鐵。

人體無法有效吸收鐵這種礦物質，尤其是非血基質鐵，吸收率僅有5%；而血基質鐵的吸收率較佳，約有23～35%。因此建議各位可透過動物性食物攝取鐵質，並搭配維生素C一起食用，可有效提高非血基質鐵的吸收率。

造的各種血球就是從這些小孔釋放進血液，隨著血液循環運送至全身。

造血幹細胞不斷分裂，以每秒增加兩百萬個細胞的速度增加，不斷分化出紅血球、白血球、血小板等各種血球。

骨髓腔

骨骼內有中空的骨髓腔，裡面充滿骨髓，可生成紅血球、白血球等血液定形成分。

● 血液定形成分的分化過程

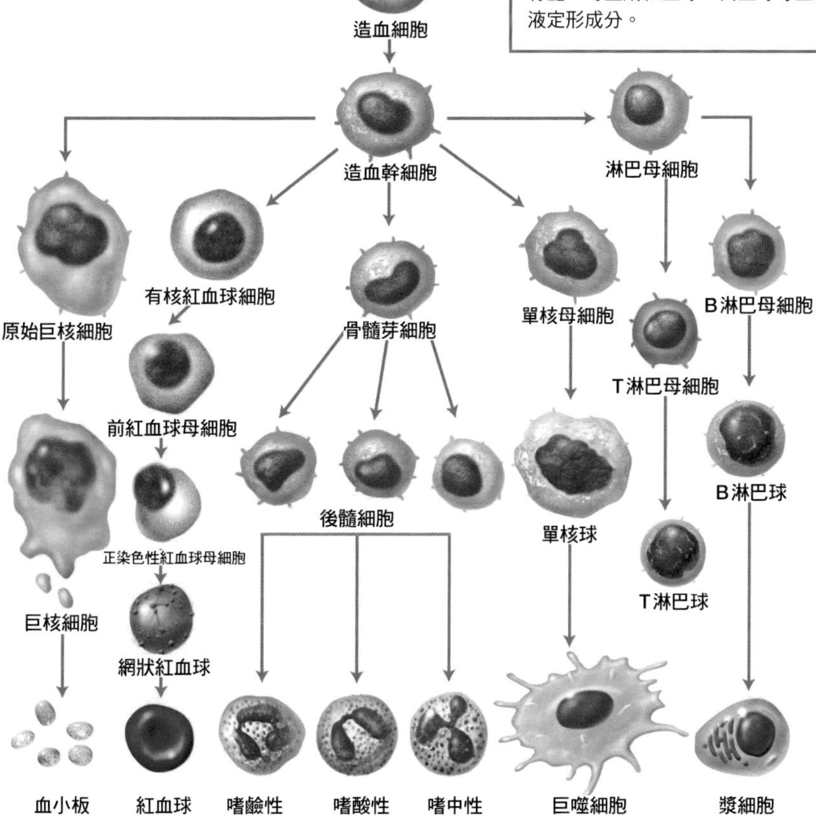

造血細胞
造血幹細胞
淋巴母細胞
原始巨核細胞
有核紅血球細胞
骨髓芽細胞
單核母細胞
B淋巴母細胞
T淋巴母細胞
前紅血球母細胞
後髓細胞
單核球
B淋巴球
正染色性紅血球母細胞
T淋巴球
巨核細胞
網狀紅血球
血小板
紅血球
嗜鹼性白血球
嗜酸性白血球
嗜中性白血球
巨噬細胞
漿細胞

血液的組成①

血液由紅血球、白血球等定形成分，以及包含蛋白質、電解質等的液體成分（血漿）構成。

血液的主要構成 包含定形成分和液體成分

位置 血管內

構造 人體的總血液重量相當於體重的十三分之一。例如一名體重65公斤的人，他身上的血液大約便有5公斤重。

血液從心臟出發，循環於身體各個角落後再回到心臟。血液由**定形成分**的**血球**，以及**液體成分**的**血漿**（含養分、電解質）所構成。兩種成分的容積比例為血球占40～45%，血漿占55～60%。

採集的血液靜置一段時間後，便會分離成底部的沉澱物（血球因**血液凝固**成固態）與上方清澈的液體（血漿）。

其中血球可分為**紅血球**、**白血球**（**淋巴球**、**嗜中性白血球**等）和**血小板**。血球中大部分為紅血球，白血球和血小板僅占1%左右。

另一方面，血漿的主要成分是水，占90%以上，內含**血漿蛋白**（**白蛋白**、**球蛋白**、**纖維蛋白原**、**補體**、**抗體**、**酶**、**激素**等）、蛋白質被分解的物質（**尿素**、**尿酸**、**肌酸**、**肌酸酐**、**氨**等）、**脂質**（**中性脂肪**、**膽固醇**）、**葡萄糖**、**電解質**（**鈉**、**鉀**、**鈣**、**氯**等）、**無機質**（**鐵**、**銅**等）。

移除纖維蛋白原的血漿便稱為**血清**，血清療法常應用於臨床醫學上。

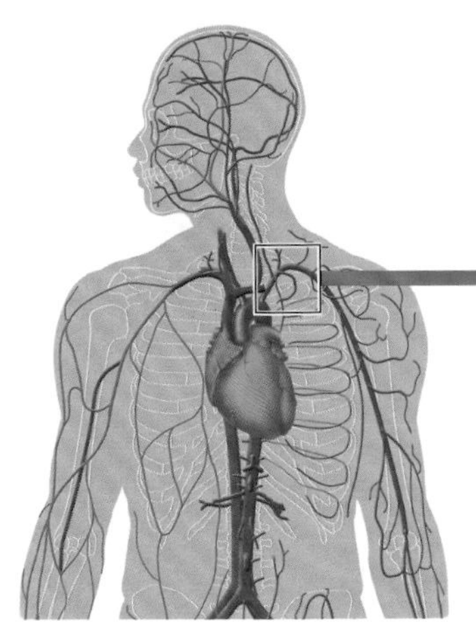

血管裡流動的血液，可分為液體成分的血漿，以及紅血球、白血球、血小板、電解質等定形成分。

血液的不同成分 各有不同的功能的任務

功能 占血球絕大部分的紅血球，負責搬運氧氣並回收二氧化碳。

白血球為**免疫細胞**，負責殺死細菌、病毒等入侵體內的病原體，以及正常細胞病變後的癌細胞。尤其白血球中約占30%的淋巴球，更能在遇上病原體等異物時產生**抗體**，有效發揮免疫功能。

血小板的功用是流血時使血液凝固，藉以達到止血目的。

血漿中的各種成分則用於新陳代謝與調節體內各項功能。

● 血液的構成

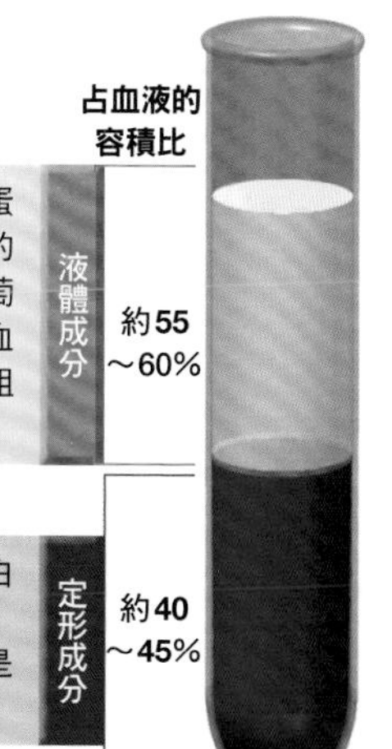
占血液的容積比
液體成分
約55～60%
定形成分
約40～45%

液體成分中約90%是水，另包含白蛋白等血漿蛋白、尿素等蛋白質分解後的物質、中性脂肪和膽固醇等脂質、葡萄糖、鈉和鈣等電解質、鐵等無機質。血漿的工作是將這些成分運送至細胞和組織，並回收老舊廢物。

由紅血球、淋巴球和嗜鹼性白血球等白血球、血小板構成。
血球中大部分是紅血球，僅1%左右是白血球和血小板。

白血球

由淋巴球、嗜鹼性白血球、嗜酸性白血球、嗜中性白血球和單核球構成。白血球一發現入侵的細菌和病毒等病原體，立即合作排除異物，屬於人體免疫系統的一部分。

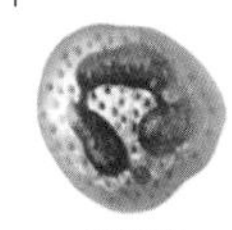

嗜鹼性白血球

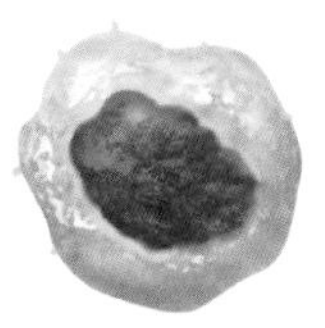

單核球

嗜酸性白血球

T淋巴球

嗜中性白血球

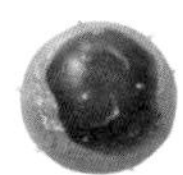

B淋巴球

紅血球

血紅素約占紅血球重量的三分之一。血紅素容易和氧氣、二氧化碳結合，負責提供氧氣給細胞和組織，並帶走二氧化碳。

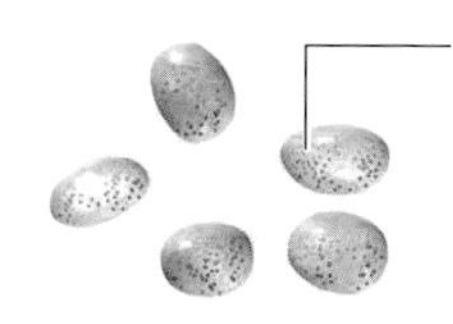

血小板

血小板為定形成分當中體積最小的成分，每1 mm^3 的血液中約有15～35萬個血小板。可聚集在血管破裂處，負責堵住傷口並止血。

不同種類的血球，壽命長短各不同

骨髓生成血球後，便會穿過骨骼的微血管進入微血管後小靜脈。

不同血球各有長短不一的壽命。正常紅血球的壽命約100～120天，當紅血球死亡後，便送至肝臟和脾臟加以破壞。

血小板的壽命大約僅有8～11天。

白血球由於成員較多，壽命則依種類而異，一般而言淋巴球的壽命只有短短的數小時。而遭到病原體破壞的白血球，則會以鼻液和膿的形態排出體外。

血液的組成②

血液中微量的血小板、血漿蛋白、葡萄糖、電解質、無機質，是生命活動不可或缺的成分。

血小板和血漿成分連鎖反應 共同完成止血機制

位置 血液中

構造&功能 **血小板**是**血球**當中最小的細胞，沒有細胞核，外形呈圓盤狀，直徑約2～3微米。每一立方公釐的血液中，約含有15～35萬個血小板。

血小板是由骨髓內的**巨核細胞**生成而來，壽命平均約8～11天，衰老的血小板會在**脾臟**內被吞噬破壞。

血小板具有凝固血液的功用。血管若破裂出血，血小板便會聚集轉換成**凝血活酶**，作用於**血漿**中的**纖維蛋白原**。纖維蛋白原進一步轉變成**纖維蛋白**，促使血液凝固，藉由在血管破裂處形成**血栓**（血凝塊）來達到止血的功用。

血液凝固（止血）時，除了纖維蛋白原，血漿中的其他成分也會起連鎖反應形成纖維素，進一步與血球結合形成結痂，藉此堵住傷口止血。

生命活動不可或缺的物質 皆由血漿運送至全身

位置 血液中

構造&功能 血漿為淡黃色液體，大約有90％為水，另外含有**抗體**、**酶**、**激素**、**血漿蛋白**、**葡萄糖**、**中性脂肪**、**膽固醇**、**電解質**、**無機質**等成分。

葡萄糖和中性脂肪是細胞和組織的能量來源，膽固醇則是細胞膜和生物膜的組成成分。

酶和激素可以維持人體的各項功能，

提高鈣質吸收的小祕訣

鈣、鎂、磷等礦物質，是構成骨骼和牙齒所不可或缺的成分。以50公斤的成人為例，體內的鈣含量約有1公斤重，其中有99%形成骨骼和牙齒。

鈣除了是骨骼與牙齒的組成成分之外，還具有維持心臟穩定跳動，以及促使肌肉順利收縮的功用。鈣也能夠輔助血液凝固以防止出血，另外也能起到促進細胞分裂與分化、鎮靜興奮的神經，以及安定精神等等作用。

雖然鈣是如此重要的營養成分，但是大部分的日本人卻有鈣質攝取不足的問題。事實上，人體對鈣質的吸收情形普遍不甚理想，例如小魚的鈣質吸收率約30%，青菜的鈣質吸收率也只有18%左右。如果想要從食物中有效吸收鈣質，建議最好搭配醋、蘋果、檸檬等含有檸檬酸的酸性食物一起食用，效果較為理想。

而**抗體**屬於發現異物入侵的防禦系統。

另外，電解質和無機質富含礦物質，負責維持生命活動運作無礙，例如協助細胞進行新陳代謝、調節血壓、維持心臟規律跳動。

血漿中的血漿蛋白成分，其中約有三分之二為**白蛋白**。血漿蛋白主要負責維持血液中的滲透壓，調節細胞內與血管內的水分含量，使**紅血球**和**白血球**能夠順利運送至全身。

● 血液凝固（止血）機制

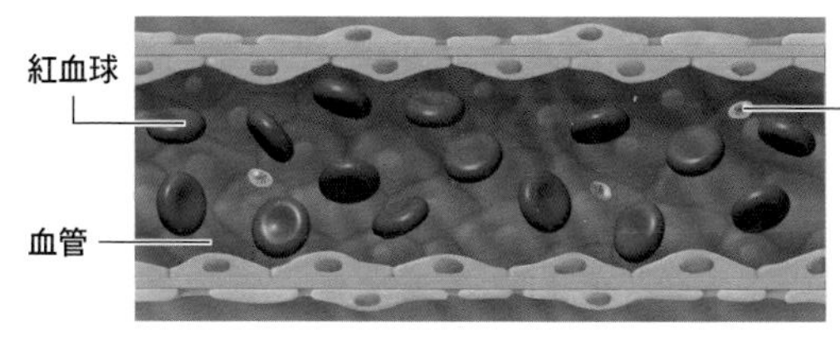
紅血球
血管
血小板

藉由血管的收縮與擴張，使血液中的紅血球、白血球和血小板等定形成分能順利流動。

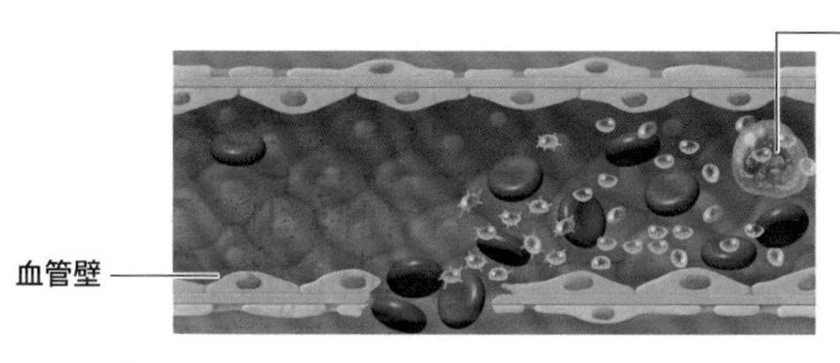
白血球
血管壁

當身體因內在要因（如高血壓）或外在要因（如受傷）而造成血管破裂時，血液即從傷口流出。為阻止出血，血管收縮的同時，血小板也會前往傷口處聚集。

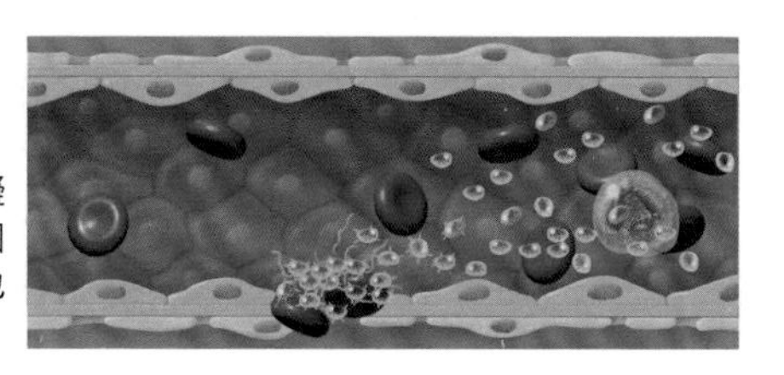

聚集在傷口處的血小板轉變成凝血活酶，作用於血漿中的凝血因子、纖維蛋白原；纖維蛋白原也會轉變成纖維蛋白（纖維素）。

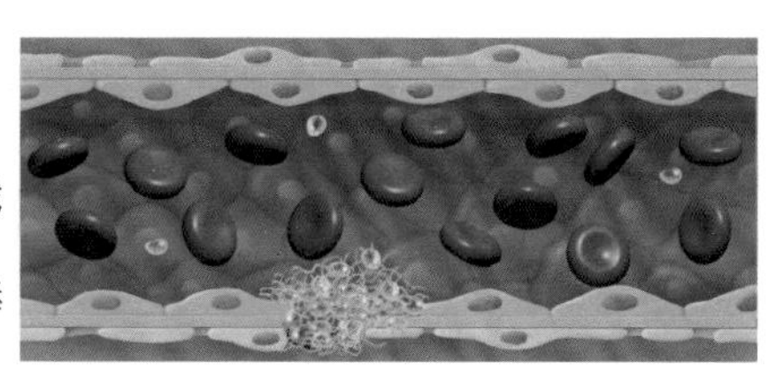

纖維蛋白變成網狀，網住血小板和紅血球以形成血凝塊，藉由血栓（血凝塊）堵住傷口以止血。血漿中其他成分也會起連鎖反應，轉變成纖維素使血液凝固，並在傷口處結痂。

淋巴系統的構造

淋巴管走遍全身，不斷合流後匯入內頸靜脈和鎖骨下靜脈的交會處，最後進入血管。

人體免疫機制的一環 淋巴管與靜脈平行分布全身

位置 全身

構造 人體內除了血管之外，還有又細又透明的**淋巴管**分布全身，管內有無色透明的**淋巴液**流通。

淋巴管隨著不斷匯流而逐漸變粗，大的匯流處稱為**淋巴結**，或稱**淋巴腺**。靜脈中的**內頸靜脈**和**鎖骨下靜脈**會會合於一處，稱為**靜脈角**，**胸管**即經左靜脈角、**右淋巴幹**則經右靜脈角進入血管。淋巴液進入血管後，經由**心臟**和**動脈**運送至全身。

淋巴液的流動仰賴**骨骼肌**收縮，因此流動速度緩慢。為防止淋巴液倒流，淋巴管內有成對的**瓣膜**。位於皮膚或皮下淺層的淋巴管稱為**淺層淋巴管**，位於身體深部的稱為**深層淋巴管**。淺層淋巴管與走行於皮下組織的**靜脈**平行，深層淋巴管則與**深部靜脈**平行。

淋巴管內的淋巴液分別從左右靜脈角進入血管，流經心臟、動脈後，從微血管滲出，之後再流進淋巴管裡。

負責搬運老舊廢物 帶走老舊細胞

功能 淋巴液順著從**微血管**滲出的**血漿**流進淋巴管，其成分當中有90％是水分，另外包含**蛋白質**、**葡萄糖**、**鹽分**、**白血球**。淋巴液負責搬運老舊細胞和廢物，以及腸道內吸收的脂肪。

淋巴液裡還有另一個重要成分——從微血管滲透出來的**淋巴球**。淋巴球負責保護身體免受病毒或細菌攻擊。

為什麼酒喝多了會臉部浮腫？

前一晚喝酒，隔天早上時常會出現臉部浮腫的現象。這是因為過量的酒使血液中的酒精濃度升高，血管擴張，導致靜脈和淋巴管來不急排出多餘的水分，因此容易有浮腫現象。另外，由於睡眠時抗利尿激素的分泌量增加，喝醉後不排尿而直接就寢的話，在抗利尿激素的作用下，致使尿液生成量減少；若再加上平躺睡姿，導致體內水分往臉部移動，也就更容易造成臉部浮腫。

同樣的原理，長時間久站或久坐也會導致腿部浮腫。此時只要仰躺，讓腳尖高於心臟便能解決浮腫的問題了。

除了這類暫時性浮腫之外，內臟疾病也會引起浮腫症狀。如果發現浮腫現象持續未消，建議應儘快前往醫院接受檢查。

全身的淋巴系統

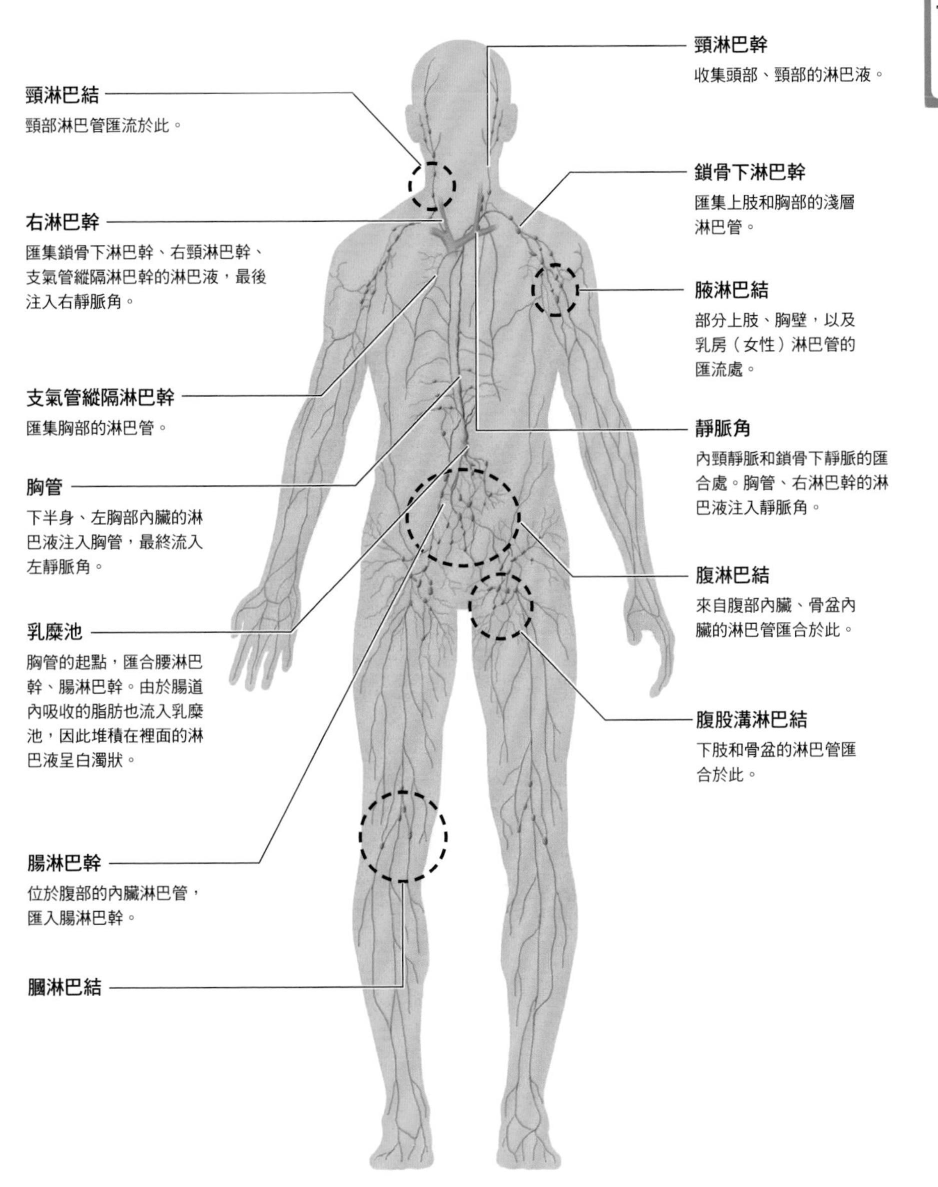
頸淋巴結
頸部淋巴管匯流於此。
右淋巴幹
匯集鎖骨下淋巴幹、右頸淋巴幹、支氣管縱隔淋巴幹的淋巴液，最後注入右靜脈角。
支氣管縱隔淋巴幹
匯集胸部的淋巴管。
胸管
下半身、左胸部內臟的淋巴液注入胸管，最終流入左靜脈角。
乳糜池
胸管的起點，匯合腰淋巴幹、腸淋巴幹。由於腸道內吸收的脂肪也流入乳糜池，因此堆積在裡面的淋巴液呈白濁狀。
腸淋巴幹
位於腹部的內臟淋巴管，匯入腸淋巴幹。
膕淋巴結
頸淋巴幹
收集頭部、頸部的淋巴液。
鎖骨下淋巴幹
匯集上肢和胸部的淺層淋巴管。
腋淋巴結
部分上肢、胸壁，以及乳房（女性）淋巴管的匯流處。
靜脈角
內頸靜脈和鎖骨下靜脈的匯合處。胸管、右淋巴幹的淋巴液注入靜脈角。
腹淋巴結
來自腹部內臟、骨盆內臟的淋巴管匯合於此。
腹股溝淋巴結
下肢和骨盆的淋巴管匯合於此。

淋巴結的構造

淋巴結是淋巴管匯合的部分，由網狀結締組織的淋巴竇和淋巴球聚集的淋巴小節所構成。

淋巴管的匯合處 擔負過濾淋巴液的重要功能

位置 **淋巴管**

構造 數條淋巴管匯合之處，即稱為**淋巴結**（**淋巴腺**）。

淋巴結的大小不一，小至紅豆，大至蠶豆，形狀也因部位而異。

人體共有800多個淋巴結遍布全身，密集分布於**頸部**（耳朵周圍、下顎、頸根處）、**腋窩**（腋下）、**腹股溝**（大腿根部）周圍。這些部位的淋巴結，直接從皮膚表面就能觸摸得到。

另一方面，除了體表之外，在**肺門**、**肝門**、**腹膜後腔**等人體深部，也有淋巴結分布其中。

淋巴結是由**淋巴竇**（由**網狀結締組織**所構成）和**淋巴小結**（由**淋巴球**匯集而成）共同組成。

淋巴小結的中心有**濾泡生發中心**，負責製造**B淋巴球**。淋巴竇則具有過濾**淋巴液**的功用，負責剔除病原體、毒素和老舊廢物。生成的淋巴球也會暫時儲存於淋巴竇，直到發育成熟。

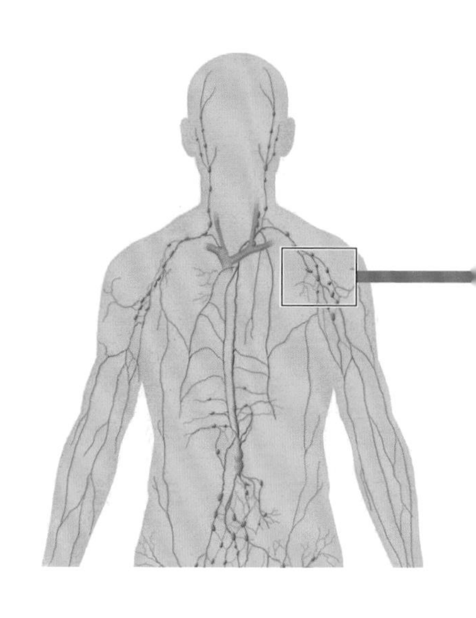

淋巴結腫脹是 人體和病原體奮戰的證明

功能 有時我們會發現耳下長出腫塊，或者腋下的淋巴結出現腫大、疼痛的情形，其實這些不適症狀都是淋巴結與入侵人體的細菌、病毒等病原體奮勇搏鬥的證據。

細菌或病毒一旦入侵人體，淋巴液裡的淋巴球和**巨噬細胞**等**免疫細胞**立即產生反應，開始攻擊病原體。

但是當病原體來勢兇猛時，可能會突破人體防禦，經由淋巴管直搗淋巴結。淋巴球會在淋巴結裡集結，再次與病原體交戰，這就是淋巴結腫大的原因。

淋巴結可以說是保護人體免受病原體等異物入侵的最後一道防線，一旦淋巴結失守，無法擊退病原體，便容易引起敗血症。

● 淋巴結的構造

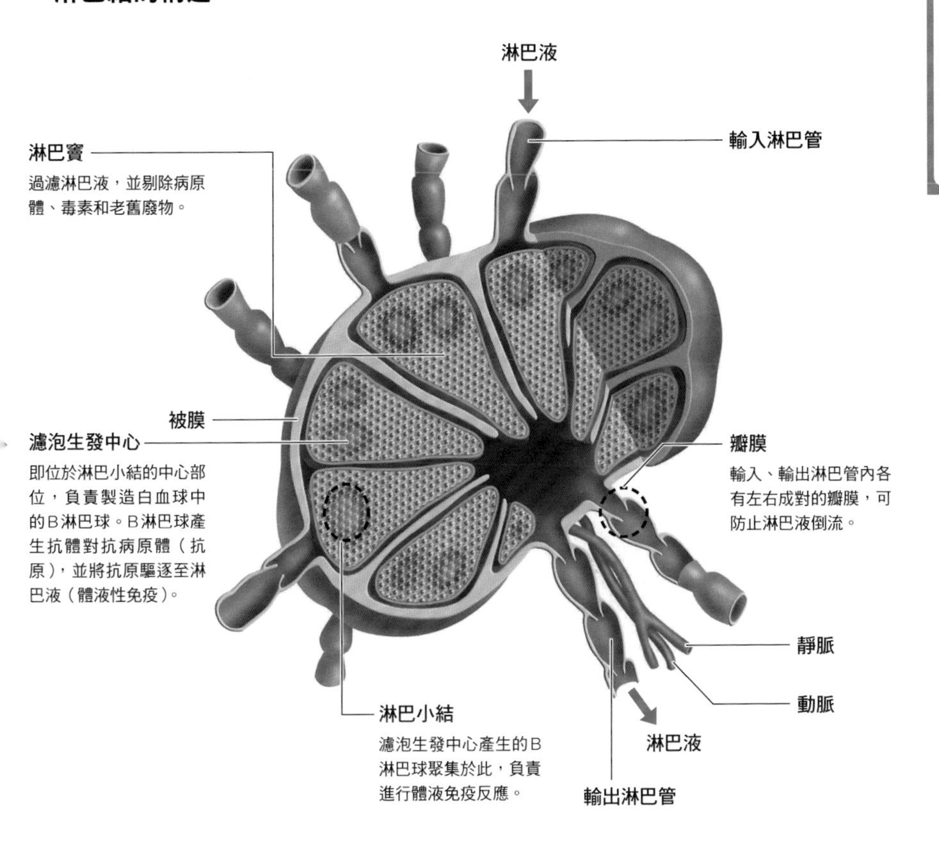
淋巴液
輸入淋巴管
淋巴竇
過濾淋巴液，並剔除病原體、毒素和老舊廢物。
被膜
濾泡生發中心
即位於淋巴小結的中心部位，負責製造白血球中的B淋巴球。B淋巴球產生抗體對抗病原體（抗原），並將抗原驅逐至淋巴液（體液性免疫）。
瓣膜
輸入、輸出淋巴管內各有左右成對的瓣膜，可防止淋巴液倒流。
靜脈
動脈
淋巴小結
濾泡生發中心產生的B淋巴球聚集於此，負責進行體液免疫反應。
淋巴液
輸出淋巴管

不斷展開生死搏鬥的體內戰士

淋巴結腫大，皆源於病原體入侵而起，但是哪一個淋巴結會出現腫大情形，卻是依疾病種類而有所不同。

病原體戰勝淋巴球和嗜中性白血球後，經由淋巴管進入淋巴結，導致手臂和腿上的淋巴管看起來像條紅線。至於耳下、腋窩（腋下凹陷部位）、腹股溝等處，這些部位的淋巴結則會出現腫脹、甚至疼痛的症狀，這全是因為白血球正在奮力抵抗病原體的攻擊。

罹患中耳炎、口腔潰爛、膿瘡時所出現的化膿現象，其實就是嗜中性白血球等免疫細胞和病原體的屍體形成了濃液。累積在傷口的膿液若無法排出體外，會進一步導致患部腫大疼痛，此時只要排除膿液，疼痛自然就能緩解了。

免疫系統的機制

保護人體免受病原體（抗原）攻擊的免疫系統，分為體液性免疫與細胞性免疫兩種類型。

防範病毒、細菌入侵攻擊 人體堅實的防禦系統

位置 全身

構造 人體時常與外界接觸，免不了受到病毒和細菌等異物（**抗原**）的入侵與攻擊。為了保護身體，每個人體內都自備防禦異物入侵的系統，這個防禦系統即稱為**免疫**。

當不屬於自身的異物入侵時，**免疫細胞**的**淋巴球**產生**抗體**，進行防禦（**抗原抗體反應**）。淋巴球會記憶抗原所產生的毒素性狀，並且製造出能與之抗衡的抗體，同時將這個記憶傳承給新的淋巴球。如此一來，當同樣的抗原再次入侵體內時，淋巴球便能立即反應並採取因應對策。

體液性免疫與細胞性免疫 雙重對抗抗原

功能 淋巴球所負責的免疫機制，可以概略區分為**體液性免疫**和**細胞性免疫**兩種類型。

體液性免疫是以**B細胞**為主的免疫反應，細胞性免疫則是以**T細胞**為主。

當抗原入侵體內，**巨噬細胞**前往捕獲抗原，並將抗原訊息傳送給**輔助性T細胞**。輔助性T細胞隨即召集B細胞（能產生對付抗原的抗體），這時B細胞會轉變成**免疫母細胞**。

這個時候，免疫母細胞在**第二型輔助性T細胞**（T細胞的一種）的協助下，分化成能夠產生抗體的**漿細胞**。漿細胞所製造的抗體便稱為**免疫球蛋白**，這是一種B細胞表面的球蛋白產生變化後的蛋白質，據說免疫球蛋白的種類高達一億多種。

B細胞產生的免疫球蛋白，具有標記抗原的特異性，同時可達到中和抗原的功用。製造的抗體大量釋放至**血漿**中，與抗原相結合，接著便由巨噬細胞將其吞噬消化。上述過程便是體液性免疫的運作機制。

淋巴球另外一種免疫作用為細胞性免疫。細胞性免疫無關製造抗體，而是由T細胞中的**毒殺性T細胞**連同巨噬細胞一起攻擊抗原。

當病原體入侵體內，**第一型輔助性T細胞**活化毒殺性T細胞，毒殺性T細胞再使用名為穿孔素的蛋白質攻擊抗原。

此外，在抗原的刺激下，**延遲性T細胞**進一步活化巨噬細胞，促使巨噬細胞吞噬抗原。

我們常聽見器官移植術後產生排斥反應，通常都是因為細胞性免疫起反應，造成身體內無法接受移植器官。

● 體液性、細胞性免疫機制

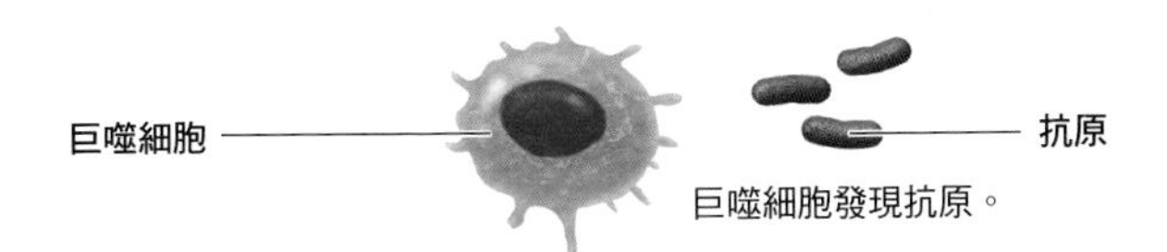
巨噬細胞
抗原

巨噬細胞發現抗原。

體液性免疫

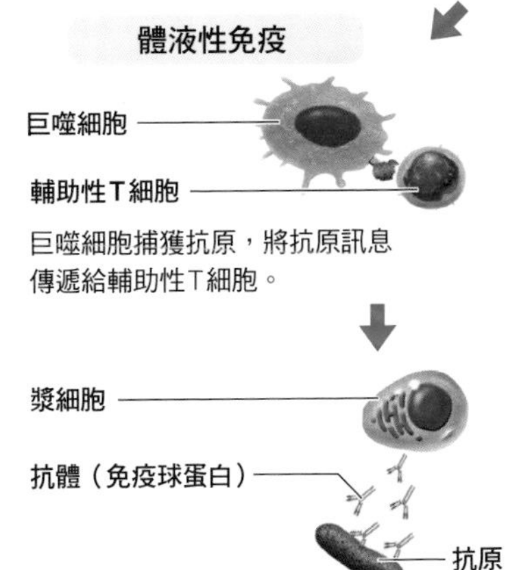
巨噬細胞
輔助性T細胞
漿細胞
抗體（免疫球蛋白）
抗原

巨噬細胞捕獲抗原，將抗原訊息傳遞給輔助性T細胞。

第二型輔助性T細胞協助B細胞分化成可產生抗體的漿細胞，漿細胞產生抗體（免疫球蛋白）對付抗原。

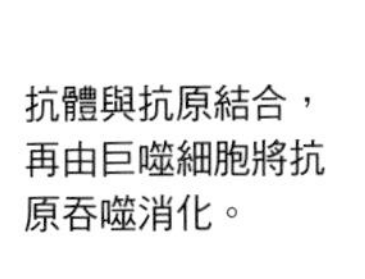

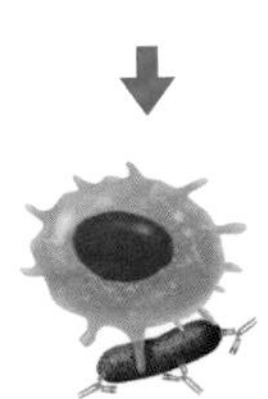

抗體與抗原結合，再由巨噬細胞將抗原吞噬消化。

細胞性免疫

巨噬細胞
輔助性T細胞

巨噬細胞捕獲抗原，並將抗原訊息傳遞給輔助性T細胞。

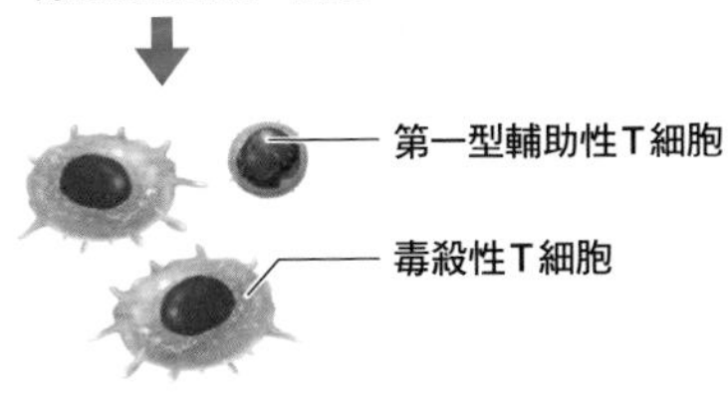
第一型輔助性T細胞
毒殺性T細胞

第一型輔助性T細胞活化毒殺性T細胞。

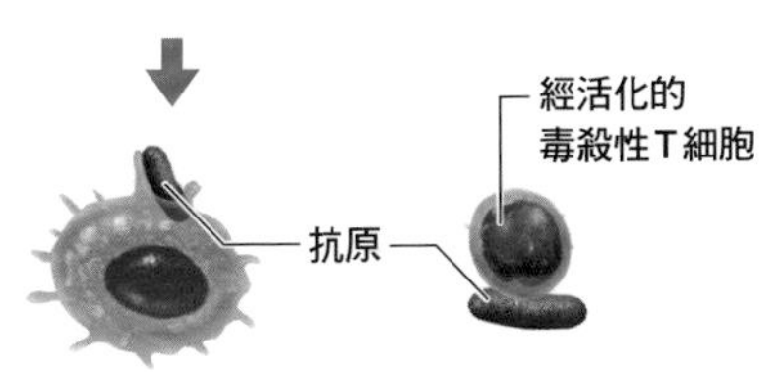
經活化的
毒殺性T細胞
抗原

經活化的巨噬細胞吞噬並消化抗原。

經活化的毒殺性T細胞攻擊並消滅抗原。

免疫細胞的分工方式

人體內常有不正常的微小癌細胞滋生，但幸好我們隨時備有免疫系統，才能立即發現癌細胞並加以壓制。

免疫系統中專門應付癌細胞的成員是淋巴球。淋巴球包含自然殺手（NK）細胞、T細胞和B細胞。其中NK細胞會將癌細胞、遭細菌或病毒感染的細胞視為異物，毫不留情地加以攻擊。而T細胞主要負責分析B細胞和其他白血球所蒐集的癌細胞相關訊息，訂立作戰計畫，展開有系統的攻擊。

高血壓

●原因

根據統計資料顯示，日本罹患高血壓的患者已超過4千萬人。90%以上的高血壓患者由於飲食生活為主的生活習慣紊亂，再加上遺傳、年紀增長等因素引起的本態性高血壓。

●症狀

絕大多數患者沒有明顯的自覺症狀，但若不接受治療，又不改善生活型態，一旦血管壁受損且增厚，恐導致動脈硬化持續進展。

動脈硬化會使血管破裂、阻塞，進而增加腦中風或心肌梗塞發作的風險，這些疾病嚴重時都可能致死。

血液對血管壁形成壓力最大時稱為「收縮壓（心縮壓）」，最小時稱為「舒張壓（心舒壓）」，當收縮壓超過140mmHg，舒張壓超過90mmHg，即為高血壓。

日本高血壓學會將血壓比正常血壓高一些的族群，也就是將收縮壓介於130～139mmHg，舒張壓介於85～89mmHg的人列為高血壓前期族群，這些人日後很可能成為高血壓患者。

身為高血壓前期的族群，又為65歲以上的高齡者，若有吸菸、高脂血症、內臟脂肪型肥胖、代謝症候群、糖尿病等眾多危險因子時，務必接受降血壓治療。

如果醫療院所裡量測的門診血壓測量值落在正常範圍內，但自己量測的居家血壓測量值收縮壓高於135mmHg，或舒張壓高於85mmHg時，即可能患有隱藏性高血壓。

●診斷與檢查

一般醫師會詢問過往病史，尤其是否患有糖尿病、高脂血症，以及是否吸菸和家族病史等。另外也會進行血壓檢測。

●治療

本態性高血壓的基本治療為改善生活習慣，例如飲食過量造成的肥胖、攝取過多鹽分、飲酒過量、吸菸、運動不足、生活不規律等。

日本成人每日的鹽分攝取量約為11～12g，建議高血壓患者控制在6g以下。另外，盡量多吃一些含鉀蔬果，例如菇類、海藻，有助於將鈉（鹽分）排出體外。

肥胖不僅使血壓升高，也容易造成糖尿病等生活習慣病。患者的BMI（體重〈kg〉÷身高〈m^2〉）數值應維持在25以下，避免過量飲食，並養成運動的習慣。

吸菸同樣會使血壓升高，患者務必徹底戒菸。過量飲酒也是一大禁忌。此外，壓力易使血壓升高，規律運動和培養興趣都有助於消除壓力。

如果改變生活型態後，依然無法有效降低血壓，就必須透過藥物治療，徹底執行血壓管理。

不少循環器官的疾病，嚴重時都可能危及性命，因此一旦發現症狀，務必儘早接受診察。

狹心症、心肌梗塞

●原因

心臟病高居日本人死因的第二名，其中絕大多數為缺血性心臟病（狹心症、心肌梗塞）。

心臟構造中，負責提供血液給心肌的動脈為冠狀動脈，一旦冠狀動脈內腔變得狹窄，血流不順時，容易引起狹心症；而當冠狀動脈完全阻塞，血流中斷時，則容易引起心肌梗塞。

由此可知，引起缺血性心臟病的主要原因就是動脈硬化，造成冠狀動脈變狹窄或阻塞。

●症狀

狹心症的典型症狀是劇烈胸痛，其他如臼齒痛、胸肩緊繃、肩部僵硬、疼痛放射至左手臂等，也都是狹心症的症狀。上述症狀通常在數分鐘至10分鐘內消失。

另一方面，心肌梗塞引起的胸痛症狀會較狹心症更劇烈，同時伴隨發冷、流汗等症狀。特徵是症狀通常持續30分鐘以上。

●診斷與檢查

一般醫師問診時，會詢問：「會在什麼時候、什麼情況下發病？」「發作強度與持續的時間？」「覺得冷或流汗嗎？」等問題。

另外也會進行心電圖檢查（觀察心臟跳動的電氣活動）、驗血確認是否有糖尿病或高脂血症等促使動脈硬化進展的疾病，以及超音波檢查（觀察心臟跳動）、運動心電圖檢查（觀察心臟於運動時的變化）、霍特

● 狹心症

動脈　血栓　血管壁

血栓附著在發生動脈硬化的血管內腔，血流嚴重不順時引發狹心症。

● 心肌梗塞

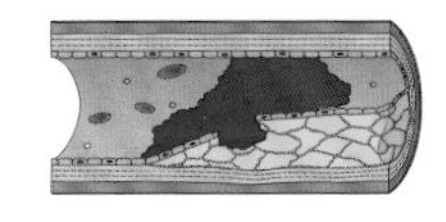

血栓完全堵住血管內腔，前方血管內的血流中斷時，便引發心肌梗塞。

心電圖檢查（記錄日常生活中的心臟突發變化）等。

視情況進一步精密檢查，例如CT電腦斷層掃描，以及從鼠蹊部或手腕血管插入導管至冠狀動脈，以注入顯影劑方式觀察冠狀動脈的心導管檢查。

●治療

透過改善生活習慣，藉以預防動脈硬化的發生。依動脈硬化進展投以藥物治療、進行心導管治療或繞道手術。

藥物治療方面，使用鎮靜發作的藥物、抑制發作的藥物、防止血栓（血凝塊）形成的藥物。

所謂的心導管治療，是先將導管伸入冠狀動脈，並於狹窄處留置網狀結構的金屬管支架，藉由擴大管腔來改善血流。

如果血管嚴重阻塞，則考慮進行繞道手術，取內胸動脈血管接至冠狀動脈，為心臟另創一條新血管通路以增加血流。

動脈硬化

●原因

動脈硬化是指低密度脂蛋白膽固醇（即LDL膽固醇）堆積於血管內壁，導致血管內腔變狹窄，血管失去原有彈性的狀態。

造成動脈硬化持續進展的直接原因正是高脂血症。

當LDL膽固醇進入血管後，氧化變成氧化LDL膽固醇。白血球中的巨噬細胞將LDL膽固醇包起來並加以破壞，而當巨噬細胞的屍體（動脈硬化斑塊）不斷囤積在血管壁上，導致血管內腔逐漸狹窄；若硬化斑塊一直變大，將可能完全堵住血管。

除了高脂血症外，糖尿病、高血壓、內臟脂肪型肥胖等生活習慣病也會加速動脈硬化進展。

糖尿病的高血糖狀態容易損壞血管壁，致使小型LDL膽固醇和中性脂肪增生。小型LDL膽固醇比一般LDL膽固醇更容易進入血管內，加速動脈硬化的進展。

另外，當人體持續處於高血壓狀態，將會損壞血管，LDL膽固醇便會趁機進入血管壁。LDL膽固醇堆積，造成血流不順，需要升高血壓以輸送血液，結果導致一連串的惡性循環，更加促使動脈硬化的速度變快。

內臟脂肪型肥胖的人，脂肪細胞分泌過量的多種生物活性物質，摧毀原有的體內平衡，這些失衡的生物活性物質對血液中的膽固醇、血糖、血壓造成不良影響，進而加快動脈硬化的進展。

● 動脈硬化的狀態

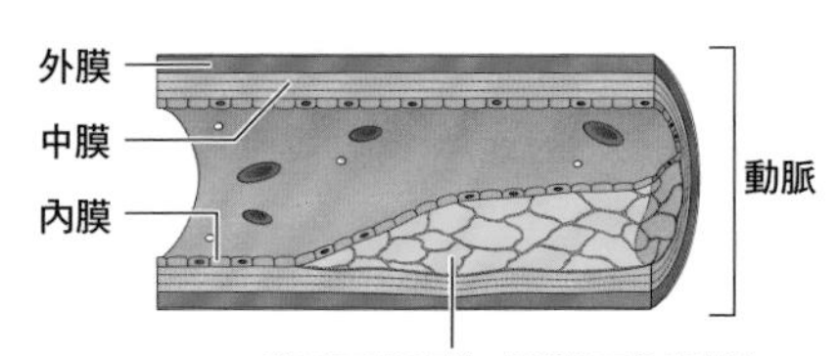
外膜
中膜
內膜
動脈
動脈硬化斑塊（粥狀硬化斑塊）

低密度脂蛋白膽固醇入侵血管壁，形成動脈硬化斑塊，導致血管內腔變狹窄。

●症狀

動脈硬化持續進展會提高罹患腦中風、狹心症、心肌梗塞等重大疾病的風險。

早期幾乎沒有自覺症狀。年紀增長（男性45歲以上、女性55歲以上）、進食過量、不規律且營養失調的飲食習慣、過量飲酒、運動不足、吸菸、壓力過大，都是引起動脈硬化，甚至加速惡化的原因。

●診斷與檢查

針對可能引起動脈硬化的高脂血症、糖尿病、高血壓患者進行檢測。另外，透過血管硬化檢測（CAVI指數），能夠得知動脈硬度、阻塞程度，以及血管年齡。

●治療

為了防止動脈硬化持續進展，必須先從高脂血症等生活習慣病著手，徹底改善生活習慣（不良飲食生活、運動不足、吸菸、壓力等）。若成效不彰，再針對各種疾病進行個別治療。

6章

消化器官

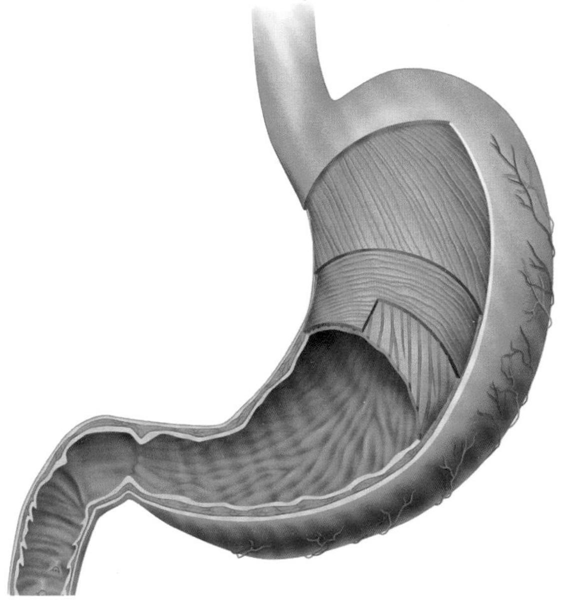

食道的構造

食道是連接口腔與胃的管道，透過蠕動運動，將食物送至胃部。

全長約25公分的細長管道 共有三個狹窄處

位置 **口腔**至**胃**入口（**賁門**）之間。

構造 **食道**是連接口腔與胃的管道，全長約25公分的細長臟器。

食道的橫切面呈橢圓形，左右約2公分，前後約1公分，平時為關閉狀態，當口腔裡的食物來到這裡時才開啟。

食道全長並非粗細一致，共有三個狹窄處，由上到下分別是**食道入口處**、**主動脈弓－氣管分歧部**，以及**食道裂孔**（食道貫穿**橫膈膜**的部分）。

食道的組織結構，由內至外依序為**黏膜層**、**黏膜肌層**、**肌肉層**，且食道沒有漿膜層。食道的肌肉層可分為內側的**環肌**，以及外側的**縱肌**兩層，透過肌肉的**蠕動運動**將食物送至胃。

透過食道的蠕動運動 將進食的食物運送至胃

功能 食道的功用是將口腔裡咀嚼過的食物送至胃部。

口腔裡的食物並非靠重力作用往下落至食道和胃裡，而是透過食道的蠕動運動，將食物搬運至胃。蠕動運動是指管道透過收縮作用，將食物由上往下、由右往左移動。因此就算身體橫躺，食物依舊會進入胃裡，這全都仰賴食道的蠕動運動。

食道內壁的黏膜會分泌**黏液**，促使食物容易通過食道。一般來說，像是水等液體通過食道的時間大約僅需0.5～1.5秒，而固體食物通過食道的時間則約為6～7秒。

胃的入口處有**下食道括約肌**。食物藉由食道的蠕動運動來到食道下端時，下

為什麼有火燒心的感覺？

我想大家應該都有過火燒心的經驗，也就是飯後覺得胸口深處悶痛，有種不舒服的燒灼感。

當食物進入胃裡之後，由胃液負責殺菌、消化食物，但胃液若逆流至食道，引起黏膜發炎，便容易產生火燒心症狀。胃的入口處有賁門括約肌，只有當食物通過時才會開啟。但是暴飲暴食、吃太多甜食或油膩食物，容易造成括約肌無法正常開合。一旦進入胃裡的食物或胃液逆流至食道，就會出現胸痛不適、打嗝伴有酸味等症狀。

除此之外，括約肌也會隨年紀增長而機能衰退，這也是引起火燒心的原因之一。

食道括約肌於反射作用下緩緩張開，食物便能經此進入胃裡。下食道括約肌平時處於關閉狀態，防止胃裡的食物和**胃液**逆流回食道。

● 食道的構造

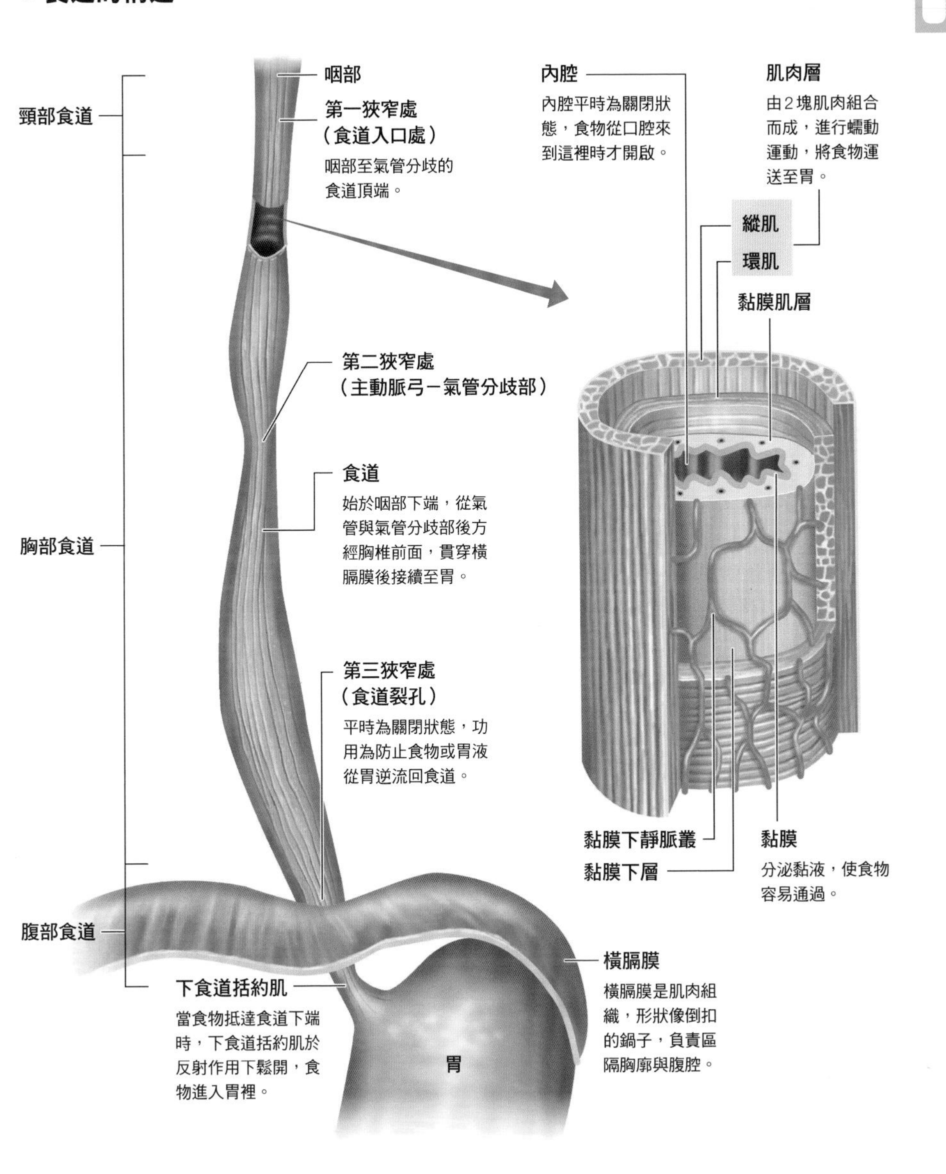
頸部食道
胸部食道
腹部食道
咽部
第一狹窄處
（食道入口處）
咽部至氣管分歧的
食道頂端。
第二狹窄處
（主動脈弓－氣管分歧部）
食道
始於咽部下端，從氣
管與氣管分歧部後方
經胸椎前面，貫穿橫
膈膜後接續至胃。
第三狹窄處
（食道裂孔）
平時為關閉狀態，功
用為防止食物或胃液
從胃逆流回食道。
下食道括約肌
當食物抵達食道下端
時，下食道括約肌於
反射作用下鬆開，食
物進入胃裡。
胃
內腔
內腔平時為關閉狀
態，食物從口腔來
到這裡時才開啟。
肌肉層
由2塊肌肉組合
而成，進行蠕動
運動，將食物運
送至胃。
縱肌
環肌
黏膜肌層
黏膜下靜脈叢
黏膜下層
黏膜
分泌黏液，使食物
容易通過。
橫膈膜
橫膈膜是肌肉組
織，形狀像倒扣
的鍋子，負責區
隔胸廓與腹腔。

胃的構造

胃由賁門、胃底、胃體和幽門構成，由三層肌肉組成，將食物攪拌成粥狀後送至十二指腸。

由三層肌肉構成的攪拌器 容量約1.5公升

位置 位於**上腹部**，上接**食道**，下接**十二指腸**。

構造 **胃**是消化器官之一，呈袋狀。成人的胃容量約1.5公升。

胃由**賁門**（連接食道的胃入口）、**胃底**、**胃體**和**幽門**（連接十二指腸的胃出口）構成。賁門和幽門皆為**括約肌**，接收來自食道的食物，並將攪拌後的食物送至十二指腸。胃裡的食物呈強烈酸性時，**幽門括約肌**會反射性關閉，避免十二指腸內壁遭強酸腐蝕。

胃壁上覆蓋有**黏膜**（**黏膜上皮層**、**黏膜固有層**、**黏膜肌層**），黏膜上皮有無數的**胃腺**小孔（**胃小凹**），每平方公分的面積約分布100個胃腺。胃腺主要負責分泌**胃液**。

位於黏膜上皮的胃腺會分泌黏液，覆蓋整個胃壁，可有效防止胃壁被胃液中的**胃酸**消化分解。

胃底和胃體的胃腺則會分泌**胃蛋白酶原**、**鹽酸**等**消化酶**，以及具有殺菌功用的**黏液**（胃液）。另外，**幽門前庭部**分泌鹼性黏液，可中和因胃液而變成酸性的內容物。

黏膜之下有**黏膜下層**，內有**微血管**和**淋巴管**通過。黏膜下層的外側為**肌肉層**（**斜肌**、**環肌**、**縱肌**），最外層再由**漿膜層**將整個胃包覆起來。

胃銜接小腸 為消化與吸收的前置作業

功能 胃具有部分消化吸收的功能。人體中真正負責消化與吸收的器官是**小腸**，胃只是先行做好各種準備工作。胃將食物與胃液充分攪拌，成為容易吸收的粥狀物。

潛伏胃裡的殺手 —— 幽門螺旋桿菌

幽門螺旋桿菌不僅與胃潰瘍有關，與胃癌也有密不可分的關係。

幽門螺旋桿菌棲息於胃黏膜表面的黏液中，會分泌尿素酶，將胃裡的尿素分解成氨。胃腺分泌的黏液原本能保護胃黏膜不受胃酸腐蝕，但幽門螺旋桿菌產生的氨卻會造成黏液層剝落，促使炎症細胞聚集，同時幽門螺旋桿菌產生的毒素也會導致黏膜壞死。

胃黏膜遭到破壞之下，若再加上壓力過大或胃酸過度作用，就容易引發胃潰瘍或胃癌。

胃另外具有其他功能，例如配合十二指腸的消化速度，可暫時將食物儲存於胃裡。食物通過胃的時間因形狀而異，而食物滯留胃裡的時間也會依種類而不同，例如液體僅數分鐘，固體約1～2小時，脂肪則為3～4小時。

為了避免胃裡儲存的食物受體溫影響而腐壞、發酵，胃液裡含有強酸性的鹽酸成份，可殺死食物裡的細菌。

胃只能消化部分的蛋白質和脂肪。蛋白質通常是由數十種至數百種胺基酸組成，而胃裡的蛋白質消化酶只能將蛋白質從大分子分解成小分子（胜肽等）。脂肪也同樣只是在胃裡進行初步消化，進一步的消化與吸收仍由小腸負責。除此之外，胃黏膜還能吸收一小部分的酒精，並送至肝臟。

● 胃的構造

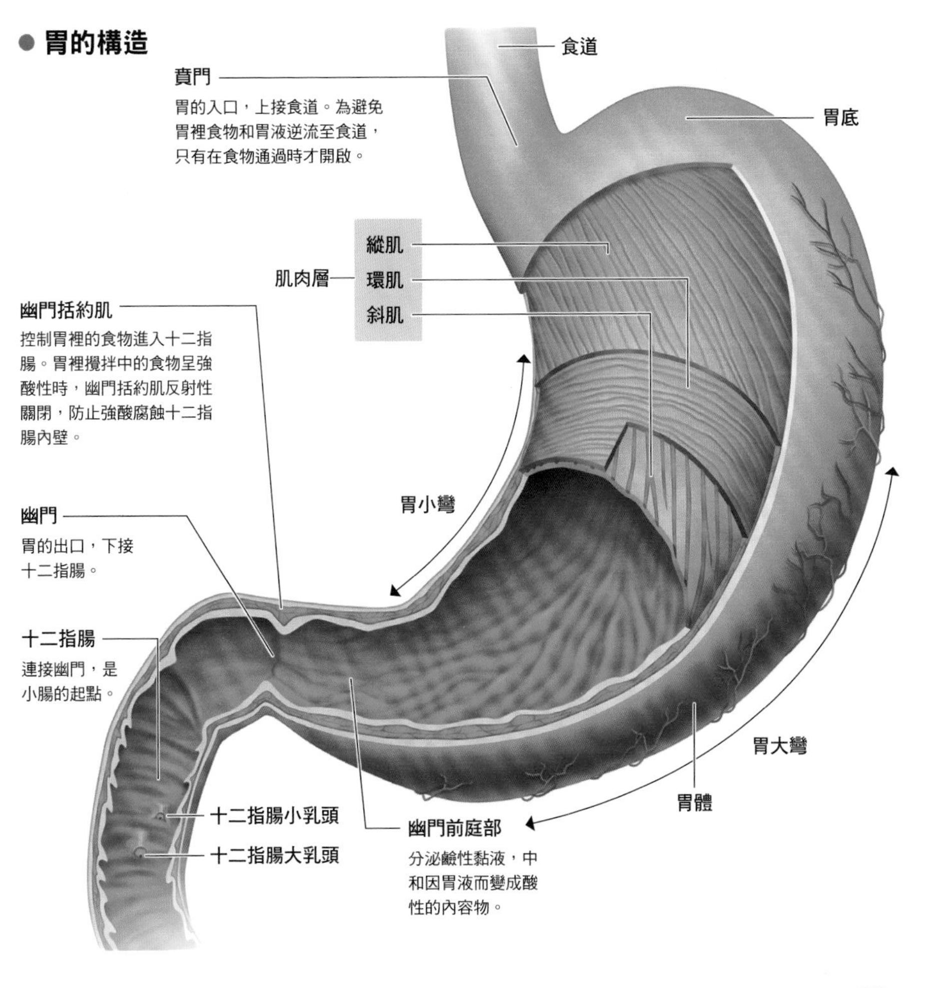
食道
賁門
胃的入口，上接食道。為避免胃裡食物和胃液逆流至食道，只有在食物通過時才開啟。
胃底
縱肌
肌肉層
環肌
斜肌
幽門括約肌
控制胃裡的食物進入十二指腸。胃裡攪拌中的食物呈強酸性時，幽門括約肌反射性關閉，防止強酸腐蝕十二指腸內壁。
胃小彎
幽門
胃的出口，下接十二指腸。
十二指腸
連接幽門，是小腸的起點。
胃大彎
胃體
十二指腸小乳頭
十二指腸大乳頭
幽門前庭部
分泌鹼性黏液，中和因胃液而變成酸性的內容物。

胃液的成分

胃液的主要成分包含了鹽酸、胃蛋白酶原、黏液。胃液的分泌與自律神經密不可分。

胃液內含三種成分

位置 **胃**的**黏膜**

構造 **胃液**是由胃內壁的**胃腺**分泌。

胃液的主要成分為**鹽酸**、**胃蛋白酶原**、**黏液**，一天約分泌1.5～2.5公升。

胃液的分泌與**自律神經**密切相關。當我們看到美味的食物、聞到香味、吃到美食，這些相關訊息傳送至自律神經中的**副交感神經**，於是胃分泌腺開始分泌大量胃液。

另一方面，焦躁不安、感到傷心或憂慮時，自律神經改由**交感神經**處於優勢，導致胃的**蠕動運動**相對變緩慢，胃液的分泌也隨之減少。由此可知，我們的精神狀態會大幅影響胃的運作與胃液分泌。

自律神經一旦失調，胃酸分泌量變旺盛；相反地，保護胃的黏液分泌量則大幅減少。內含鹽酸的胃液若持續增加，容易導致胃黏液防護罩瓦解，進而引發胃潰瘍。

人體的自律神經掌控胃液的分泌

功能 食物在口腔裡**咀嚼**後，經食道進入胃裡。為了方便小腸吸收，食物會先在胃裡與胃液充分攪拌成粥狀物。

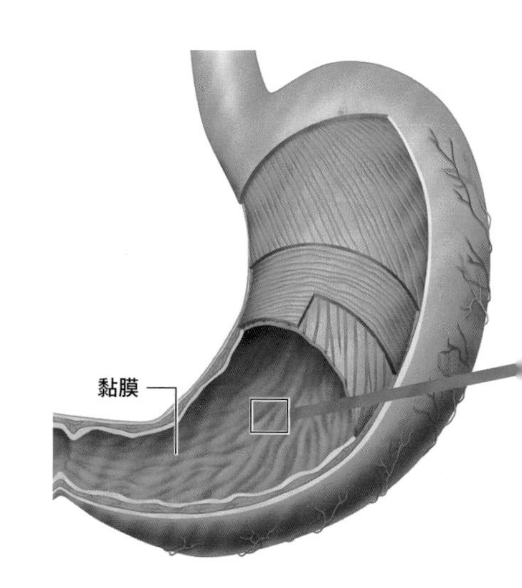
黏膜

胃液裡的主要成分——鹽酸為強酸，pH值介於1.0～2.5之間（中性的pH值為7.0，7.0以上為鹼性，7.0以下則為酸性），足以殺死食物中的細菌，也能夠軟化食物的纖維。胃液中的強酸比辣椒等刺激物更具刺激性，其強而有力的殺菌效果，有助於防止胃裡的內容物腐敗或發酵。

胃腺分泌的胃蛋白酶原，經鹽酸分解後，變成名為**胃蛋白酶**的**蛋白質分解酵素**。整個胃內壁覆蓋有黏液，可保護胃內壁不受強酸腐蝕。胃雖然擁有強大的消化能力，但因為具備黏液，胃本身才不會被胃酸消化分解。

● 胃壁的構造

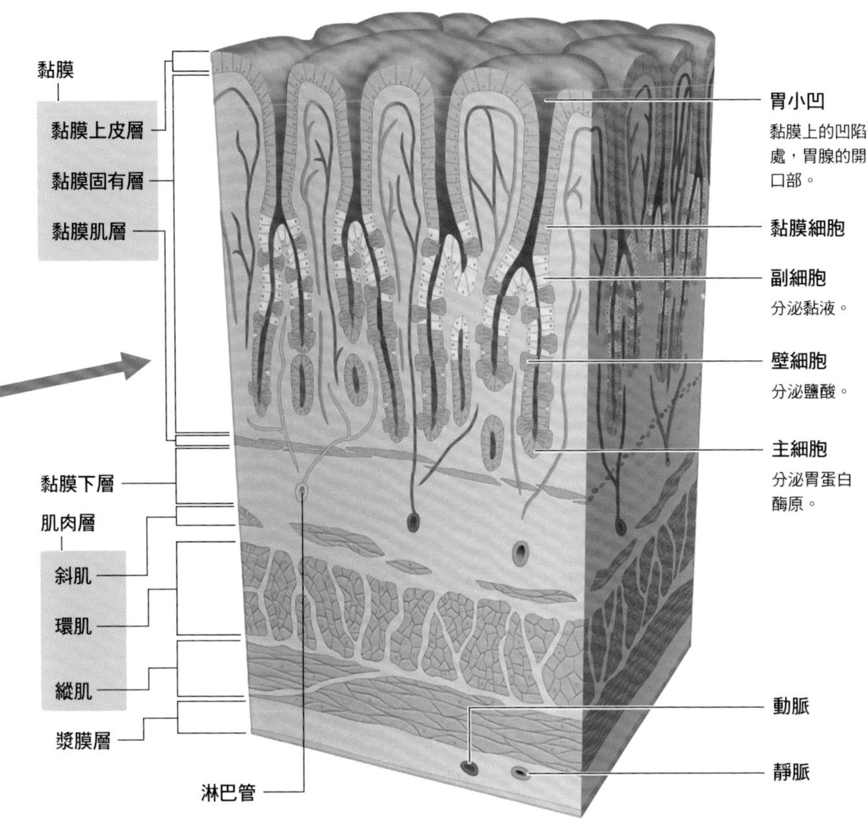
黏膜
黏膜上皮層
黏膜固有層
黏膜肌層
黏膜下層
肌肉層
斜肌
環肌
縱肌
漿膜層
淋巴管
胃小凹
黏膜上的凹陷處，胃腺的開口部。
黏膜細胞
副細胞
分泌黏液。
壁細胞
分泌鹽酸。
主細胞
分泌胃蛋白酶原。
動脈
靜脈

打嗝、嘔吐現象的機制

打嗝是胃底的氣體從口中排出的生理反應。當我們飲下啤酒或是汽水等碳酸飲料時，飲料內含的氣體會和食物裡的氣體一起堆積在胃底，一旦堆積的氣體達到一定的量，便會經由開啟的胃入口（賁門）從口中排出。

另一方面，嘔吐則是身體的防禦反應，當有害物質或毒素進入胃裡時，為避免進一步送進小腸，身體便立即以嘔吐的方式排出有害物質。

有害物質或毒素進入胃裡時，胃將相關訊息經由感覺神經，傳送至大腦下方的延腦嘔吐中樞。為了防止胃裡的食物逆流，賁門平時便在下食道括約肌的作用下處於關閉狀態，一旦收到嘔吐中樞的指令後，隨即關閉通往十二指腸的幽門，同時開啟賁門，接著再藉由食道收縮，便能將食物吐出來。

小腸的構造

小腸由十二指腸、空腸、迴腸構成，透過絨毛吸收營養素和水分，並由肝門靜脈送往肝臟。

小腸內壁的重要構造 大範圍分布的小突起 ——絨毛

位置 位於**腹腔**中央，四周由**大腸**包圍起來。

構造 **小腸**由**十二指腸**、**空腸**、**迴腸**三個部分所構成。成人的小腸總長約7～8公尺，是人體最長的器官，但因為**腸道肌肉**收縮的緣故，小腸可短縮為3公尺左右，管道直徑約4公分。

小腸的起點為十二指腸，呈馬蹄狀，長約25公分。十二指腸的內壁有**十二指腸大乳頭**和**十二指腸小乳頭**兩個開口，**胰臟**所分泌的**胰液**、**肝臟**製造並於**膽囊**濃縮的**膽汁**等消化液，便是從這兩個洞孔流往十二指腸。

其中空腸與迴腸的部分，由**腸繫膜**以如同吊掛的方式固定於**後腹壁**。腸繫膜裡另有**血管**、**淋巴管**和**神經**通過。

小腸壁可分為三層，由內至外依序為**黏膜層**、**肌肉層**、**漿膜層**。內壁黏膜上覆蓋有許多名為**腸絨毛**的小突起，這些腸絨毛使小腸的表面積高達200平方公尺，約為體表面積的一百倍。

腸絨毛的長度約1公釐，有發達的微血管網和一根淋巴管通過。腸絨毛負責吸收消化後的營養素和水分，並通過肝門靜脈送往肝臟。

腸絨毛之間有**腸腺**，腸絨毛與腸腺上覆蓋**小腸上皮細胞**，而上皮細胞間分布許多可分泌**黏液**的**杯狀細胞**。小腸上皮細胞的表面長有細微突起的**微絨毛**，可大大增加小腸內壁的表面積。

小腸的肌肉層為雙層**平滑肌**的結構，內側為**環肌**，外側為**縱肌**。肌肉層裡有

小腸如何運送食物？

小腸的運動形式分為分節運動（規律性收縮）與蠕動運動兩種，兩種運動形式共同作業，將食物送往大腸。

分節運動發生在小腸的上半段，一分鐘約可動作20～30次，次數隨著食物往下移動而減少，同一部位約進行30分鐘。

另一方面，蠕動運動則是藉由管壁肌肉收縮，將食物推送至大腸。蠕動運動可再細分為兩種類型，一種以一分鐘1～2公分的速度前進，另一種則以一分鐘10公分的速度前進。

分節運動和蠕動運動的目的，皆是為了將粥狀的食糜和消化酶充分攪拌。不僅如此，這些運動還能夠使消化過的食物與小腸黏膜充分接觸，有助於腸道進一步吸收營養素。

許多**神經細胞**，傳送大腦指令以進行**蠕動運動**。

小腸的漿膜層為單層的腹膜構造，可分泌**漿液**，潤滑漿膜層表面，使小腸間黏合在一起，避免小腸因彼此摩擦而受損，此外亦可促進小腸運動。

負責消化與吸收食物中的營養素和水分

功能 小腸消化食物，由腸道內壁吸收葡萄糖、胺基酸、脂肪酸、各種維生素與礦物質等。消化道裡約可容納10公升的水，包含食物和飲料等經口進入的水分，以及唾液、胃液、**小腸液**等。

我們入口的飲食當中，其中有80%的水分由小腸負責吸收。來自胃的食物，經小腸消化與吸收營養素和水分後再送至大腸，整個過程大概需要3～4小時。

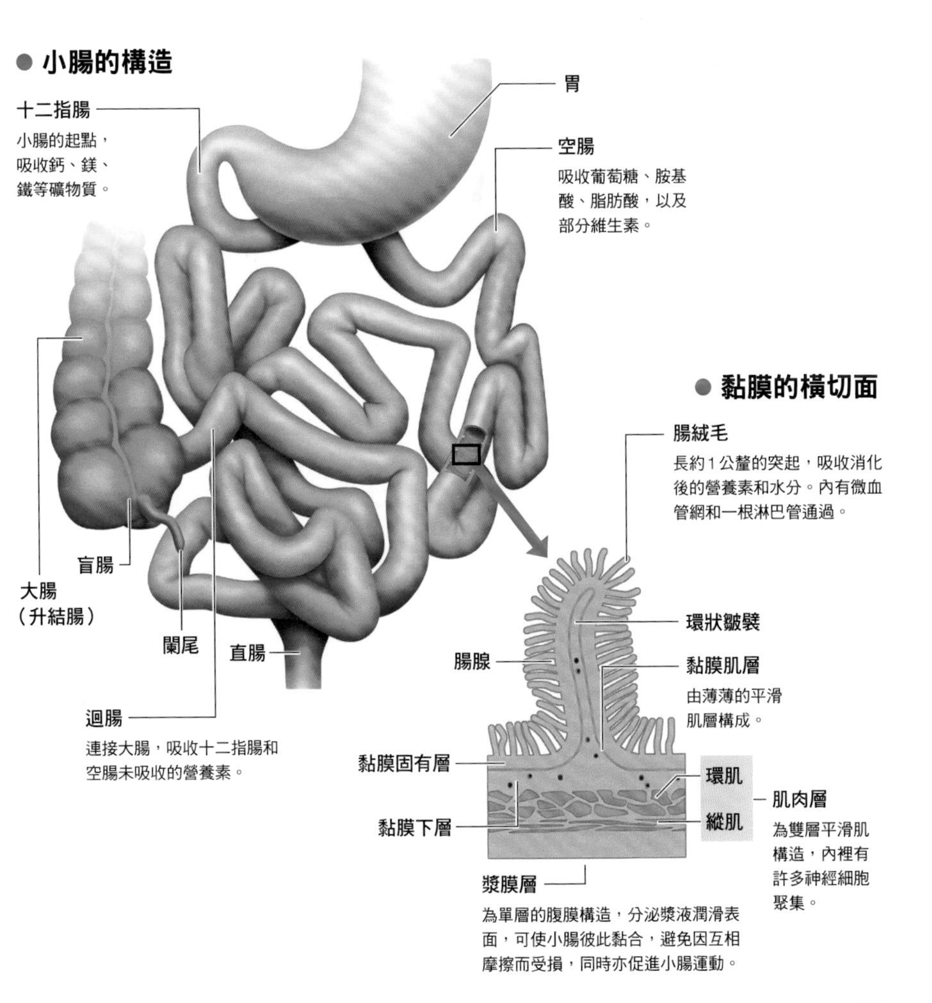

小腸的構造
十二指腸
小腸的起點，吸收鈣、鎂、鐵等礦物質。
胃
空腸
吸收葡萄糖、胺基酸、脂肪酸，以及部分維生素。
大腸（升結腸）
盲腸
闌尾
直腸
迴腸
連接大腸，吸收十二指腸和空腸未吸收的營養素。
黏膜的橫切面
腸絨毛
長約1公釐的突起，吸收消化後的營養素和水分。內有微血管網和一根淋巴管通過。
環狀皺襞
腸腺
黏膜肌層
由薄薄的平滑肌層構成。
黏膜固有層
環肌
縱肌
肌肉層
為雙層平滑肌構造，內裡有許多神經細胞聚集。
黏膜下層
漿膜層
為單層的腹膜構造，分泌漿液潤滑表面，可使小腸彼此黏合，避免因互相摩擦而受損，同時亦促進小腸運動。

消化與吸收機制

小腸內的消化過程，分為管腔內消化和膜消化兩個階段，消化與吸收的胺基酸和葡萄糖送往肝臟。

食物進一步分解 由絨毛組織吸收營養素

位置 **小腸**內

構造&功能 來自**胃**的食物，以及來自**十二指腸**的**十二指腸大乳頭**與**十二指腸小乳頭**流出的**消化液**（**膽汁**、**胰液**），兩者充分攪拌、消化後，以利小腸進一步吸收。

小腸內的消化作用，可區分為兩個階段——**管腔內消化**與**膜消化**。

管腔內消化，可將**蛋白質**消化至2～10個**胺基酸**結合的狀態，亦即分解為**寡胜肽**的小分子形式。

脂質，即由**三酸甘油脂**所構成的**中性脂肪**，則會被分解成**脂肪酸**、**單酸甘油脂**，並形成**微膠粒**。

最後的**醣類**（**碳水化合物**），則分解成**雙醣**的**麥芽糖**。

另一方面，小腸**黏膜**的**環狀皺襞**上長有無數的**腸絨毛**，絨毛表面同時也布滿**微絨毛**。微絨毛即小腸膜消化作用的主要進行部位。

管腔內消化後的營養素，與微絨毛接觸後，**細胞膜**裡的**消化酶**進一步進行消化作用，將寡胜肽消化成**胺基酸**，麥芽糖則被消化成**葡萄糖**等單醣類。最後，腸絨毛裡的**微血管**再迅速且有效率地吸收這些胺基酸和葡萄糖，經由**肝門靜脈**運送至**肝臟**。

至於脂肪酸與單酸甘油脂，則再次合

小腸也是重要的免疫器官

小腸的功用並非只有吸收營養素，同時也肩負免疫的重要功能，可排除和食物一起從口腔進入的細菌和病毒。

多數淋巴球（免疫細胞）密集分布在小腸為主的腸道周圍，尤其迴腸內更是聚集不少淋巴球。除此之外，腸內更有超過100種、數量逾百兆的腸內細菌棲息，而活化腸內細菌即與提升免疫力息息相關。

腸道內的細菌有對身體有益的比菲德氏菌等好菌，卻也包含會危害身體的產氣莢膜桿菌等壞菌，以及伺機變好或變壞的伺機菌。只要保持腸道菌種的平衡與穩定，免疫系統便能正常運作。

尤其是腸道好菌，不僅能分解有害物質使其無毒化、活化免疫反應，更能防止致病菌或壞菌繁殖，保護人體不受感染。除此之外，好菌也具有合成維生素、輔助消化與吸收的功用。

成為三酸甘油脂，並與**脫輔基蛋白質**結合，形成**乳糜微粒**，最後經**淋巴管**運送至肝臟。

絕大多數的營養素於十二指腸、空腸消化與吸收

構造&功能 十二指腸負責吸收**鈣**、**鎂**、**鐵**等**礦物質**。

前述消化分解形成的葡萄糖、胺基酸、脂肪酸、維生素等營養素，由**空腸**負責吸收，而維生素B_{12}等部分營養素則由**迴腸**吸收。

負責吸收營養素的腸絨毛，外觀呈現非常細小的樹枝狀突起，有助於大幅增加與消化物接觸的面積，更能有效率地吸收營養素。絨毛表面約覆蓋了6千個可吸收營養素的細胞，還有非常細小的微絨毛緊密排列於上。

腸絨毛的表面積之所以這麼寬廣，正是為了增加與營養素以及水分的接觸面積，如此一來，才能達到迅速且大量吸收的目的。

小腸的消化、吸收機制

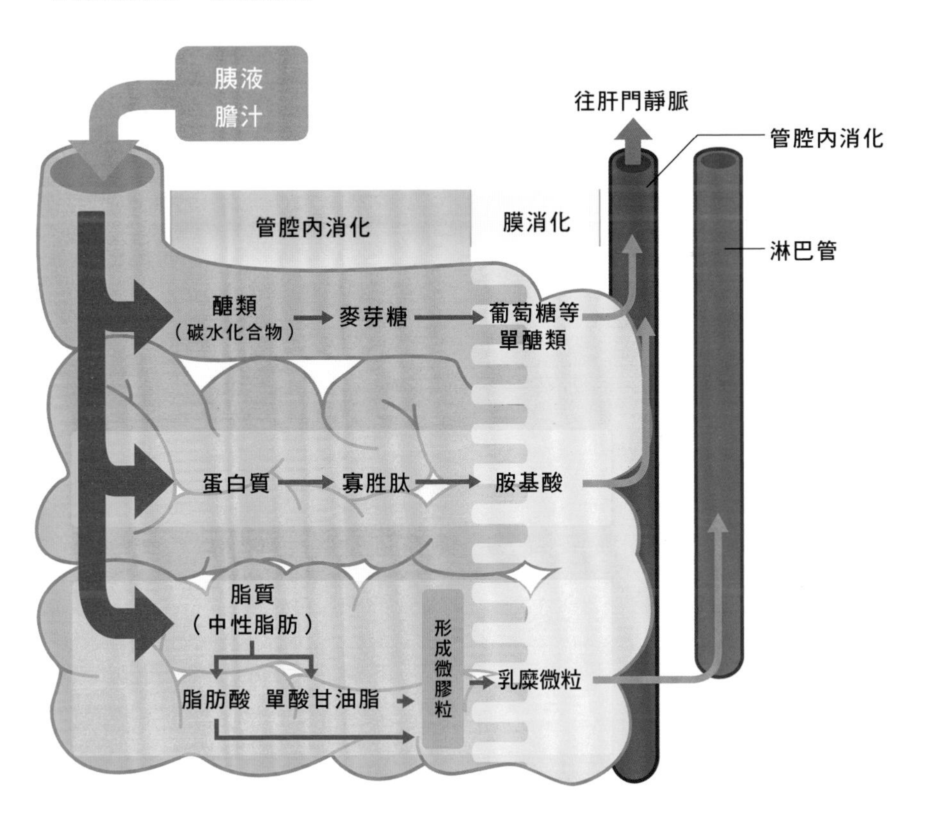
胰液
膽汁
往肝門靜脈
管腔內消化
膜消化
管腔內消化
淋巴管
醣類
（碳水化合物）
麥芽糖
葡萄糖等
單醣類
蛋白質
寡胜肽
胺基酸
脂質
（中性脂肪）
脂肪酸
單酸甘油脂
形成微膠粒
乳糜微粒

大腸與肛門的構造

大腸由盲腸、結腸、直腸所構成，負責吸收剩餘水分，製造糞便，最後由肛門排出體外。

● 大腸與肛門的構造

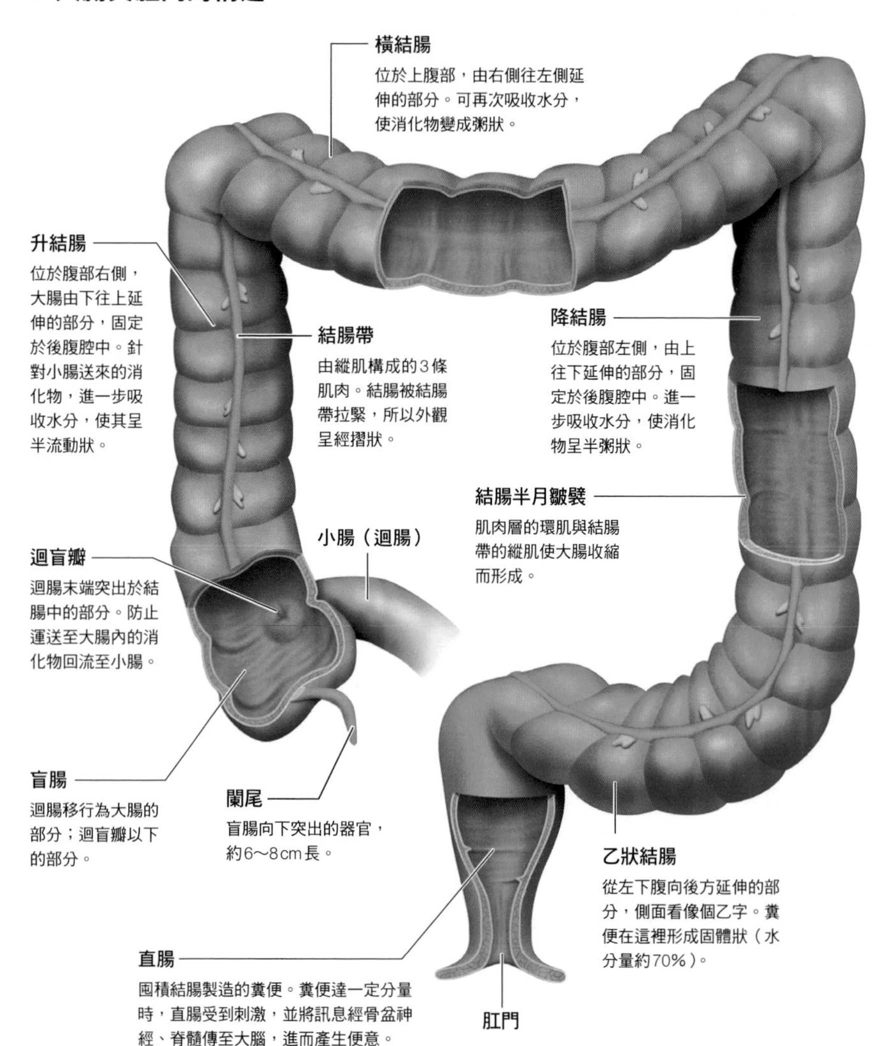

橫結腸
位於上腹部，由右側往左側延伸的部分。可再次吸收水分，使消化物變成粥狀。
升結腸
位於腹部右側，大腸由下往上延伸的部分，固定於後腹腔中。針對小腸送來的消化物，進一步吸收水分，使其呈半流動狀。
結腸帶
由縱肌構成的3條肌肉。結腸被結腸帶拉緊，所以外觀呈經摺狀。
降結腸
位於腹部左側，由上往下延伸的部分，固定於後腹腔中。進一步吸收水分，使消化物呈半粥狀。
結腸半月皺襞
肌肉層的環肌與結腸帶的縱肌使大腸收縮而形成。
小腸（迴腸）
迴盲瓣
迴腸末端突出於結腸中的部分。防止運送至大腸內的消化物回流至小腸。
盲腸
迴腸移行為大腸的部分；迴盲瓣以下的部分。
闌尾
盲腸向下突出的器官，約6～8cm長。
乙狀結腸
從左下腹向後方延伸的部分，側面看像個乙字。糞便在這裡形成固體狀（水分量約70%）。
直腸
囤積結腸製造的糞便。糞便達一定分量時，直腸受到刺激，並將訊息經骨盆神經、脊髓傳至大腦，進而產生便意。
肛門

消化道的最終臟器 進一步吸收水分

位置 占據整個**腹腔**外側，將**小腸**包圍起來。

構造 **大腸**由**盲腸**、**結腸**、**直腸**三個部位構成，成人的大腸約1.5公尺長。

盲腸是小腸移行為大腸的部分。小腸末端的迴腸與盲腸間有**迴盲瓣**，盲腸下端為6～8公分長的**闌尾**。

結腸從盲腸側起，依序為**升結腸**、**橫結腸**、**降結腸**、**乙狀結腸**。直腸自乙狀結腸延續，長度約為20公分，末端連接消化道的出口**肛門**。

大腸和小腸一樣，都是由**腸繫膜**垂吊固定在腹腔內。

最後的肛門口由**內肛門括約肌**和**外肛門括約肌**所控制。內肛門括約肌由環肌構成，不受意志支配；外肛門括約肌受意志支配，能自主調節。

分解食物渣和食物纖維 形成糞便後經肛門排出體外

功能 小腸負責營養素的消化與吸收，剩餘的食物纖維和消化物殘渣則送至大腸。大腸透過**蠕動運動**，將消化物殘渣繼續送至升結腸、橫結腸、降結腸和乙狀結腸，而盲腸在整個過程中並沒有特定的功用。

輸送消化物殘渣的過程中，水分再次被吸收，最後形成固態物（糞便）。

小腸送來的消化物呈液態狀，經大腸**黏膜**吸收水分後，在升結腸處呈半流動狀，在橫結腸處呈粥狀，在降結腸處呈半粥狀，最後於乙狀結腸呈固態形狀，體積分量只剩下原本的四分之一（水分量約為70％）。

最後，由直腸負責儲存結腸所製造的糞便。當直腸內的糞便達到一定分量時，直腸內壓上升，經**骨盆神經**和**脊髓**將訊息傳送至**大腦**，此時就會產生便意。大腦下達排便指令，內肛門括約肌放鬆，但當下是否排便可自主決定，由意志控制外肛門括約肌放鬆。

決定排便時，放鬆外肛門括約肌，憋氣使勁增加腹壓，一旦肛門開啟，便能將糞便排出體外。

掌握身體健康，從糞便形狀開始

人體每天大約製造150～200克的糞便。健康的糞便含水量約占70％，而固體物的含量則約占30％。其中，固體物的內容多為未消化完的消化物殘渣、食物纖維，甚至也包含了自黏膜剝落的細胞、腸道內繁殖的細菌等。

一般而言，糞便的含水量若超過70％為泥狀腹瀉，超過80％則為水狀腹瀉。

健康的糞便呈柔軟塊狀，外觀像香蕉形狀也是健康的糞便型態。可是如果水分不足，便容易引起便祕。個性神經質或有便祕傾向的人，糞便通常會像兔子糞便般呈顆粒狀。另一方面，便祕與腹瀉交互出現的腸躁症，則容易讓人排出泥狀糞便。至於泥狀腹瀉或水狀腹瀉，則可能是某種疾病或腸道運動異常所引起。

肝臟的構造

肝臟由左葉和右葉構成，分解與合成肝門靜脈送來的營養素，也負責解毒。

人體最大的器官 儲存諸多營養素

位置 位於**右胸廓**的**肋弓**（**肋骨**下端）後方。

構造 **肝臟**由**左葉**和**右葉**構成，是皮膚以外人體最大的器官。成人的肝臟重量約有1～1.2公斤。

為了分解、合成各種營養素，大量**血液**流往肝臟，因此肝臟是體內溫度最高的器官；也由於大量**靜脈血**從**肝門靜脈**流入，肝臟整體呈暗紅色。

肝門靜脈和**肝固有動脈**、**總膽管**從肝臟中央的**肝門**進出。

肝門靜脈收集來自**胃**、**腸**、**胰臟**、**脾臟**的靜脈血，並送至肝臟。肝固有動脈則負責供給營養素和氧氣，是肝臟的能量來源。

構成肝臟的基本單位為**肝小葉**，大小約1～2公釐，呈六角柱狀，由50萬個左右的**肝細胞**聚集而成。另外，肝細胞與肝細胞之間則有**巨噬細胞**（**免疫細胞**）的其中一種**庫弗氏細胞**分布其中。

每個肝小葉裡有來自**肝動脈**（肝固有動脈、**總肝動脈**）、肝門靜脈的血液，在這裡進行營養素的分解與合成後，再由**中央靜脈**匯集至**肝靜脈**。

三大營養素的代謝、解毒 具備多項的功用

功能 肝臟具有多項功能，好比化學工廠聚集的工業區。

肝小葉負責代謝（分解與合成）**蛋白質**、**醣類**（**碳水化合物**）、**脂質**三大營養素，也能代謝**維生素**和**礦物質**，以及酒精和有害物質，同時亦能製造幫助消化脂質的**膽汁**，並且合成**球蛋白**和**白蛋白**等**血漿蛋白**。

肝臟的另一項重要功能則是儲存由**葡**

肝細胞的再生能力

與其他臟器和組織相比，肝臟的再生能力非常強。

即使因肝癌等因素切除四分之三大小的肝臟，由於肝細胞增生能力強，大約4個月後，肝臟便能恢復原本大小，而且再生次數不限一次。

雖然目前尚不清楚肝臟的再生機制，但肝細胞內的染色體是其他臟器和組織的2倍，甚至達3倍之多，或許這就是肝臟具有超強再生能力的原因。

葡糖合成的**肝醣**，以及**脂肪酸**合成的**膽固醇**。肝臟可進一步將肝醣分解成葡萄糖，另外也負責分解老舊的**紅血球**。

除了上述機制之外，肝臟還可合成**凝血酶原**和**纖維蛋白原**等具有血液凝固作用的凝血因子。

肝臟的構造

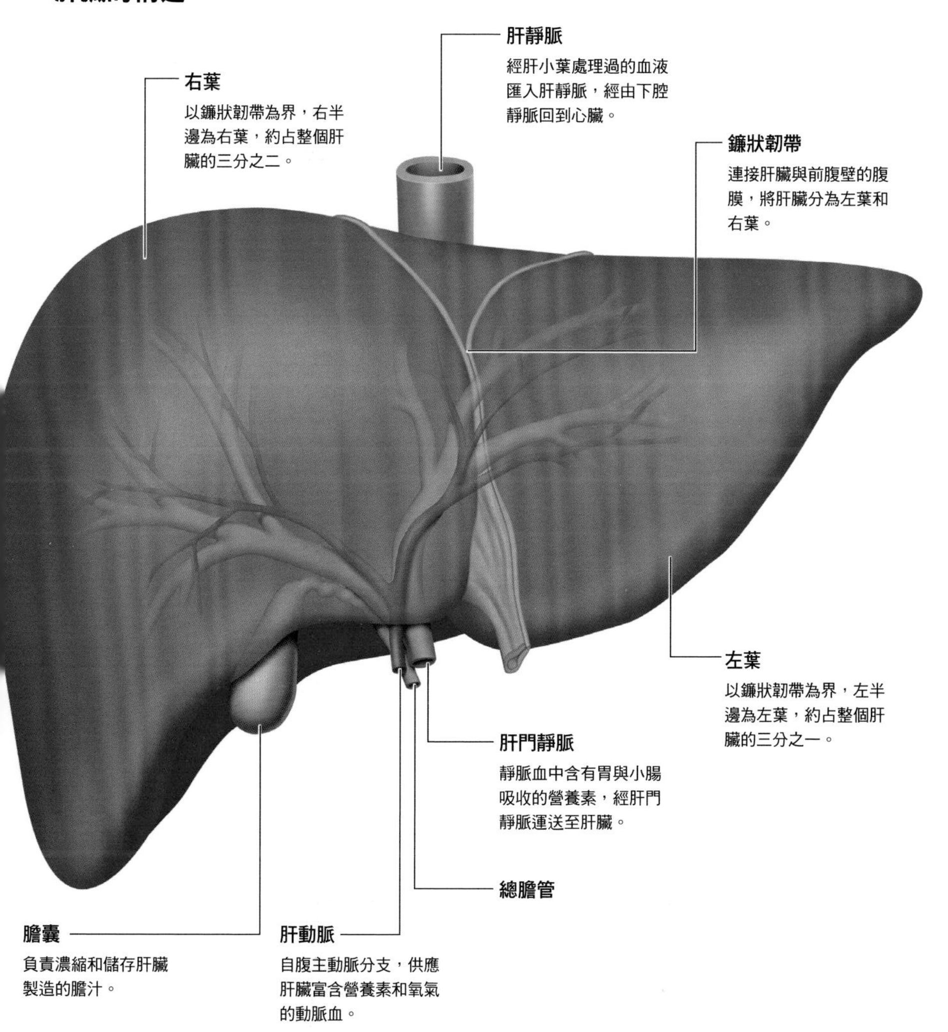
肝靜脈
經肝小葉處理過的血液匯入肝靜脈，經由下腔靜脈回到心臟。
右葉
以鐮狀韌帶為界，右半邊為右葉，約占整個肝臟的三分之二。
鐮狀韌帶
連接肝臟與前腹壁的腹膜，將肝臟分為左葉和右葉。
左葉
以鐮狀韌帶為界，左半邊為左葉，約占整個肝臟的三分之一。
肝門靜脈
靜脈血中含有胃與小腸吸收的營養素，經肝門靜脈運送至肝臟。
總膽管
膽囊
負責濃縮和儲存肝臟製造的膽汁。
肝動脈
自腹主動脈分支，供應肝臟富含營養素和氧氣的動脈血。

分解與合成機制

肝臟分解並儲存三大營養素，必要時合成為所需形態，供應身體吸收活用。

營養素透過化學處理變成容易吸收活用的形態

位置 **肝臟**內

構造&功能 **小腸**吸收的**胺基酸**、**葡萄糖**等營養素，經**肝門靜脈**送至肝臟，進行化學處理。

肝臟將營養素改造成身體容易吸收的形態，再經由血液循環輸送至身體各個角落。肝臟若無法正常運作，就算攝取營養價值再高的食物，身體也無法確實吸收所需的營養素。

肝臟內部不間斷地進行數千種以上的化學反應，並將營養素改造成500種以上身體易於吸收的物質。這裡就像是化學工廠聚集的工業區，不斷進行合成與分解的化學反應。

必要時，進行營養素的合成、分解以及儲存

功能 **醣類**（**碳水化合物**）在小腸被分解成葡萄糖、**果糖**、**半乳糖**等單醣類，送進肝臟後全部轉化為葡萄糖，必要時分解釋放並供應給血液。對全身細胞來說，葡萄糖是非常重要的能量來源。

由於葡萄糖不易保存，因此肝臟會進一步將葡萄糖合成為**肝醣**並加以儲存。當血液中的葡萄糖減少時，肝臟會再次將肝醣分解成葡萄糖。

蛋白質在小腸被分解成胺基酸後，送至肝臟儲存，必要時再將胺基酸合成為打造身體所需的蛋白質、**血清白蛋白**、**酶**等物質。順帶一提，一個大分子蛋白質，大約是由50個以上的小分子胺基酸結合在一起所形成。

膽固醇對人體只有有害而無益嗎？

大家對膽固醇的印象或許不太好，認為膽固醇對身體只有害處，但其實膽固醇是維持生命的重要物質。

膽固醇是一種脂質，不只是打造生物膜和細胞膜的重要成分，同時也是腎上腺皮質素（類固醇）等激素以及膽汁的主要成分——膽酸的原料。

膽固醇可分為好的膽固醇——高密度脂蛋白膽固醇（HDL膽固醇），以及壞的膽固醇——低密度脂蛋白膽固醇（LDL膽固醇）兩大類。HDL膽固醇負責回收體內剩餘的膽固醇，並送回肝臟；LDL膽固醇則負責搬運各組織所需的膽固醇。兩者都非常重要，缺一不可。可是當血液中的LDL膽固醇過剩時，便容易堆積在血管壁，造成動脈硬化。

當肝臟內肝醣不足，或者血液中的葡萄糖急速減少時，也可以將胺基酸轉換成葡萄糖，供應血液使用。

經小腸分解、吸收並送至肝臟的**脂肪酸**、**三酸甘油脂**、**單酸甘油脂**，在肝臟合成為**中性脂肪**、**膽固醇**、**磷脂質**、**膽酸**。**肝細胞**中儲存有3～5％中性脂肪形態的脂肪，如同胺基酸，當血液中缺乏葡萄糖時，肝細胞也會將脂肪轉換成葡萄糖。

除此之外，就連**維生素**這類微量營養素也可儲存於肝臟，必要時轉化成身體容易吸收的形態。

● 肝臟的分解、合成、儲存、解毒機制

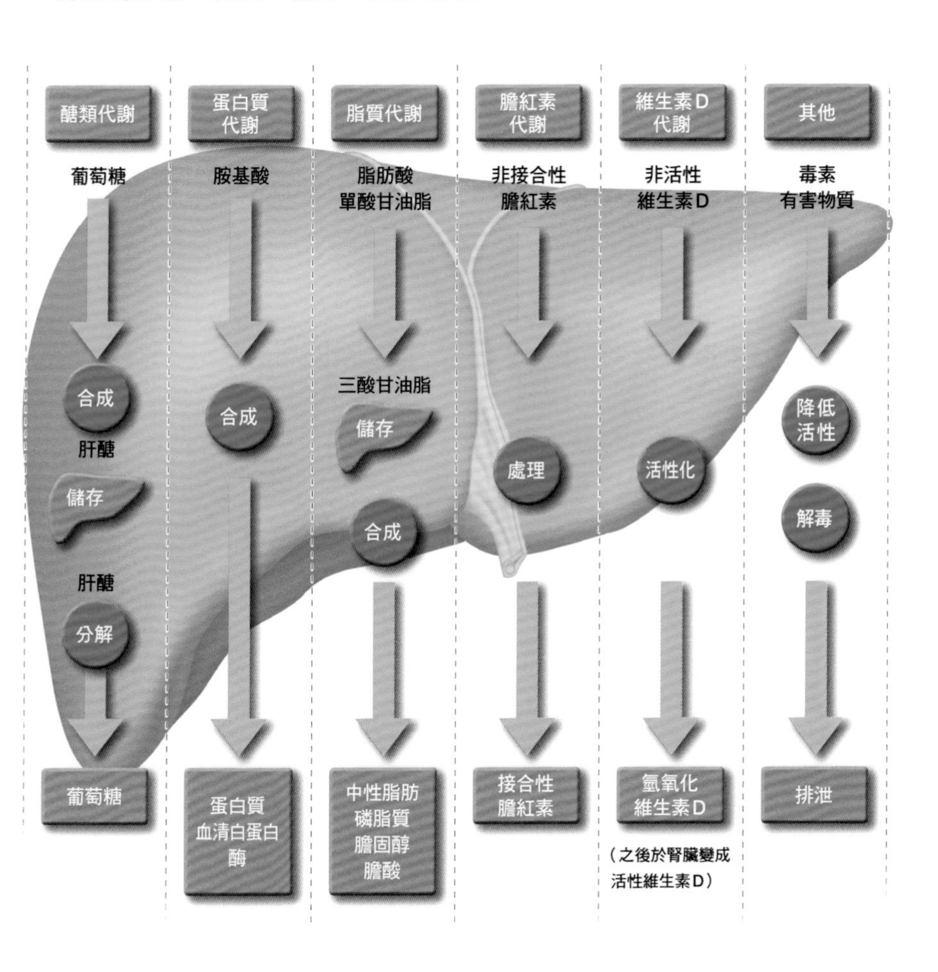
醣類代謝
葡萄糖
合成
肝醣
儲存
肝醣
分解
葡萄糖
蛋白質代謝
胺基酸
合成
蛋白質
血清白蛋白
酶
脂質代謝
脂肪酸
單酸甘油脂
三酸甘油脂
儲存
合成
中性脂肪
磷脂質
膽固醇
膽酸
膽紅素代謝
非接合性膽紅素
處理
接合性膽紅素
維生素D代謝
非活性維生素D
活性化
氫氧化維生素D
（之後於腎臟變成活性維生素D）
其他
毒素
有害物質
降低活性
解毒
排泄

酒精的分解機制

乙醛在肝臟分解成醋酸，再進一步分解成二氧化碳和水，最終排出體外。

最終轉換成二氧化碳和水 藉分解將酒精排出體外

位置 **肝臟**內

構造&功能 酒精先經由**胃**、**腸**吸收後，接著運送至肝臟，並分解成對人體無害的物質。

酒精運送至肝臟後，主要由**醇脫氫酶**（**ADH**）分解為**乙醛**，這是一種強毒物質。除此之外，肝臟的**微粒體乙醇氧化系統**（**MEOS**）也能發揮出將酒精分解成乙醛的功用。

接下來，再由**乙醛脫氫酶**（**ALDH**）進一步將乙醛分解成毒性較小的**醋酸**，然後送往**血液**。

醋酸隨著血液循環，前往全身的臟器和組織，最終在**肌肉**和**脂肪組織**裡被分解成**二氧化碳**和**水**。其中二氧化碳再次進入血液，經過體循環後於**肺**的**肺泡**裡進行氣體交換，藉由呼氣排出體外；分解後的水，則會以尿液、汗水的形態排出體外。

如上所述，酒精的分解工作可分成好幾個階段，因此如果飲酒過量或喝得太快，肝臟來不及將乙醛分解成醋酸，就會導致乙醛直接從肝臟進入血液。由於乙醛為強毒物質，一旦過多的乙醛進入**腦部**，便會刺激**嘔吐中樞**，這就是造成酒醉和宿醉的原因。

另一方面，當體內的酒精攝取量急速超過肝臟的酒精分解能力時，就可能會引起急性酒精中毒。

喝多少才算「適量」？

酒精的代謝能力因人而異，但是「飲酒適度不過量」卻是人人皆適用的準則。

根據日本厚生勞動省推廣的打造國民健康運動「健康日本21」，所謂的「適度飲酒」是指一天以攝取20克純酒精為限，換算成常飲用的酒類大約如下：1合日本清酒（180毫升）、1罐中瓶啤酒（500毫升）、1.5杯的葡萄酒（180毫升）、1杯雙份威士忌（60毫升），以及0.6合的日本燒酒（110毫升）。

除此之外，飲酒時最好不要空腹喝酒。空腹喝酒容易破壞胃腸黏膜，加速酒精吸收，使血中酒精濃度急速上升，進而引起身體不適與各種障礙。

健康飲酒最後一項要點，就是務必慎選下酒菜。由於肝臟是人體最主要的酒精分解器官，若想要保護肝臟並活化肝功能，盡量選擇高蛋白、低熱量的食物。另外，一週也要設定2天休肝日，確實做好保護肝臟的工作。

體內乙醛脫氫酶活性高 分解酒精速度較快

功能 肝臟分解酒精的速度因人而異。以日本人來說，分解一大罐啤酒的酒精大概需要3小時。24小時內能處理的酒精量，大約是6合的日本清酒、半瓶的威士忌左右。

有的人酒量好，有的人酒量差，這與體內負責將乙醛分解成醋酸的乙醛脫氫酶（ALDH）有關。乙醛脫氫酶分成數種類型，酒量好的人，體內有高活性乙醛脫氫酶，代謝乙醛的速度快；酒量差的人，體內多為低活性或非活性乙醛脫氫酶，因此代謝乙醛的速度慢。

● 酒精的分解機制

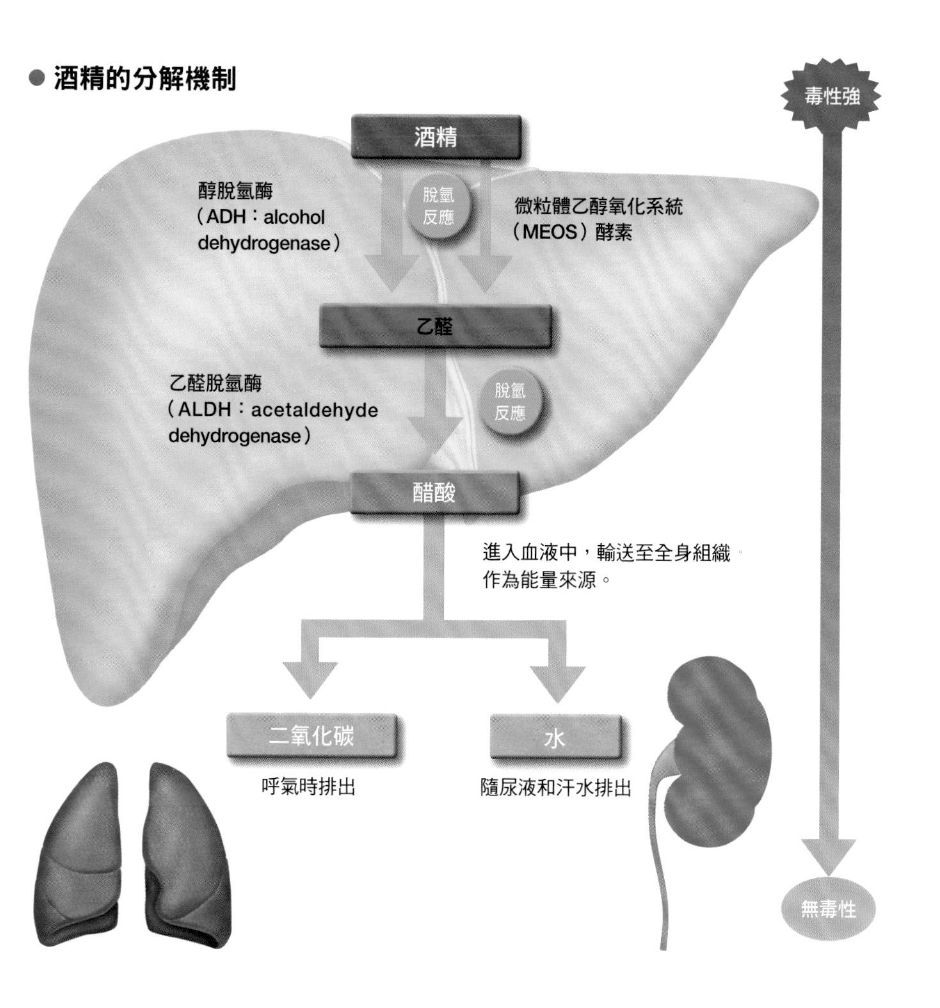
毒性強
酒精
醇脫氫酶
（ADH：alcohol
dehydrogenase）
脫氫
反應
微粒體乙醇氧化系統
（MEOS）酵素
乙醛
乙醛脫氫酶
（ALDH：acetaldehyde
dehydrogenase）
脫氫
反應
醋酸
進入血液中，輸送至全身組織
作為能量來源。
二氧化碳
呼氣時排出
水
隨尿液和汗水排出
無毒性

膽囊與膽道的構造

肝臟製造的膽汁送往膽囊儲存和濃縮，必要時經由總膽管，將膽汁送至十二指腸。

膽道由肝管、總肝管、膽囊管、總膽管所構成

位置 **肝臟**下方

構造 **膽囊**為茄形囊狀構造，長約7～10公分，寬約2.5～3.5公分，容積約有40～70毫升。

膽囊內部由皺褶狀黏膜覆蓋。**肝小葉**製造的膽汁先送至**小葉間膽管**，小葉間膽管匯集成**肝管**，左右肝管再匯流成**總肝管**，最後離開肝臟進入膽囊。

膽囊與總肝管之間，是由**膽囊管**連接起來。總肝管和膽囊管匯流成**總膽管**，總膽管貫穿**胰臟**，和來自胰臟的**主胰管**匯合，共同開口於**十二指腸**內壁的**十二指腸大乳頭**。

其中負責運送膽汁的管道，一般通稱為**膽道**。

肝臟製造膽汁最終注入十二指腸

功能 肝臟製造膽汁後，暫時運送至膽囊儲存。膽囊於儲存期間吸收膽汁中的水分和鹽分，加以濃縮。肝臟所製造的膽汁內含90%以上的水，顏色呈黃色，但在膽囊濃縮5～10倍後，顏色變成深褐色。

胰臟分泌的**胰液**裡，含有一種名為**胰脂解酶**的消化酶，可將食物中的脂肪消化分解成**單酸甘油脂**和**脂肪酸**，而膽汁即具有活化胰液中的胰脂解酶的功用。

除此之外，由於脂肪酸不溶於水，無法由絨毛直接吸收，必須藉由膽汁將其轉化成易溶於水的形態，以促進脂肪的消化與吸收。

當胃送入十二指腸的內容物中含過量的脂肪時，**空腸**會分泌一種名為**胰酶催**

糞便和尿液顏色出現變化，是疾病的徵兆？

膽汁含有在肝臟遭到破壞的紅血球色素——膽紅素。膽紅素通常以膽汁的形態進入十二指腸，並摻雜在糞便裡一起排出體外。糞便之所以呈現褐色，其實就是膽紅素的顏色。

可是當肝功能下降，或是體內出現膽結石，膽紅素便可能直接進入血液中。糞便裡若沒有摻雜膽紅素，顏色會稍微偏白。另一方面，進入血液中的膽紅素經腎臟過濾後，則以尿液的形態排出體外，因此尿液顏色會變得較深。

由此可知，透過糞便和尿液的顏色，我們便能夠隨時掌握肝臟的狀態。

素（膽囊收縮素）的激素。這種激素可促使膽囊肌肉收縮，將膽汁經總膽管注入十二指腸，此時胰臟也會分泌胰液。總膽管和主胰管匯流的開口部——十二指腸大乳頭，負責掌管開關的**歐迪氏括約肌**在這個時候開啟，膽汁和胰液便能同時進入十二指腸。

人體通常會於飯後1小時左右開始分泌膽汁，並且在飯後2小時達到高峰，之後便逐漸減少。

● 膽囊、膽道的構造

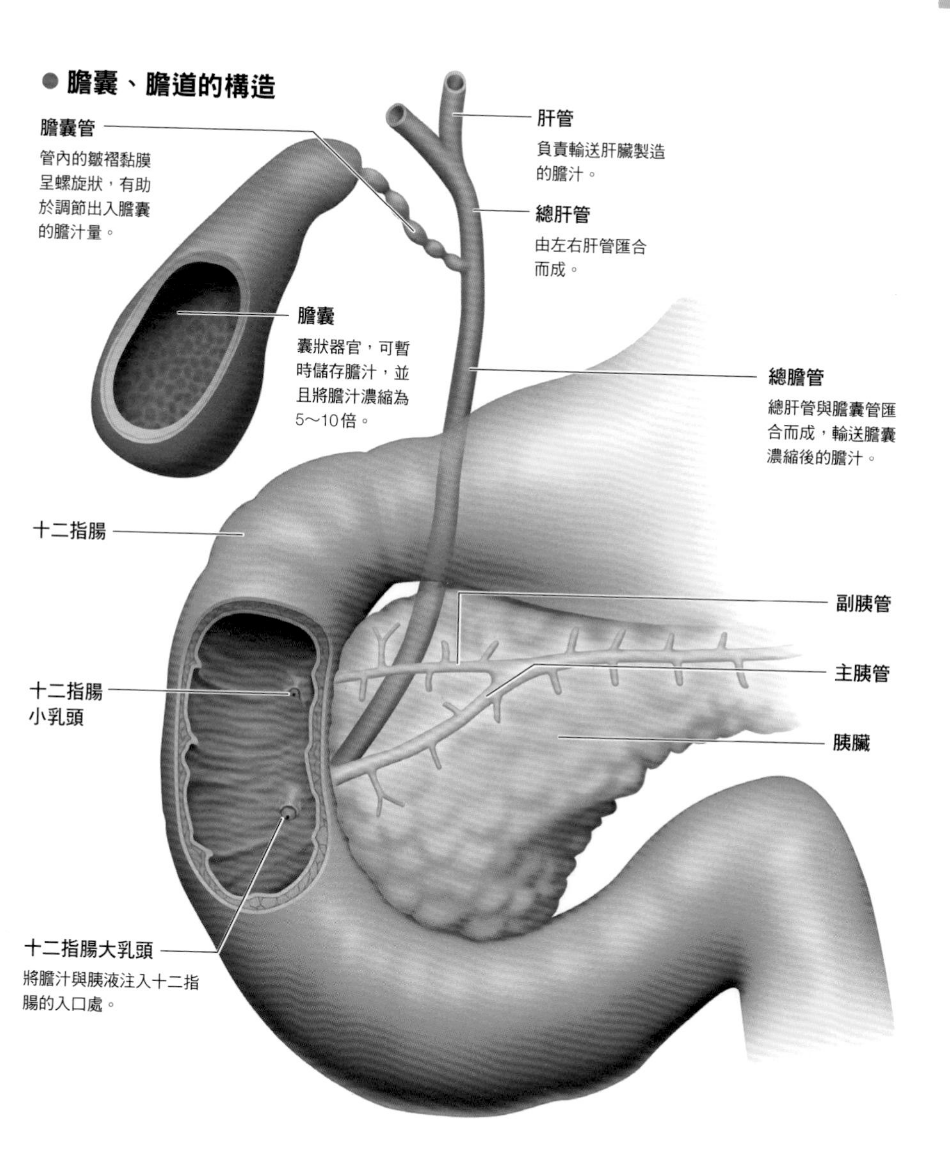
膽囊管
管內的皺褶黏膜呈螺旋狀，有助於調節出入膽囊的膽汁量。
肝管
負責輸送肝臟製造的膽汁。
總肝管
由左右肝管匯合而成。
膽囊
囊狀器官，可暫時儲存膽汁，並且將膽汁濃縮為5～10倍。
總膽管
總肝管與膽囊管匯合而成，輸送膽囊濃縮後的膽汁。
十二指腸
副胰管
主胰管
十二指腸小乳頭
胰臟
十二指腸大乳頭
將膽汁與胰液注入十二指腸的入口處。

胰臟的構造

胰臟同時具有外分泌與內分泌功能。外分泌腺體分泌消化液，內分泌腺體控制血糖值。

兼具內外分泌功能 內分泌腺體與外分泌腺體共存

位置 胰臟位於**胃**後方與**脊椎**之間，**胰臟頭部**連接**十二指腸**，**胰臟尾部**連接**脾臟**。

構造 成人的**胰臟**約15公分長，重量約70～100公克。從外形來看，胰臟的頭部最寬，尾部最細。

胰臟由胰臟頭部、**胰臟體部**和胰臟尾部構成，內有可分泌消化液 —— **胰液**的**外分泌腺體**，以及可分泌激素的**內分泌腺體**。

外分泌腺體由分泌胰液的**腺泡**，以及輸送胰液至**主胰管**和**副胰管**的**導管**所構成。主胰管與**總膽管**匯合，開口處位於十二指腸的**十二指腸大乳頭**；副胰管則開口於**十二指腸小乳頭**。

內分泌腺體由特殊細胞 —— **胰島**（**蘭氏小島**）聚集而成。胰島裡有**α（A）細胞**、**β（B）細胞**和**δ（D）細胞**。胰島直徑約0.1～0.2公釐，整個胰臟裡共有100萬個以上的胰島。

分泌消化液和調節血糖值的激素

功能 胰臟的外分泌腺體可分泌胰液。胰液含有分解**蛋白質**的**胰蛋白酶**、**胰凝乳蛋白酶**和**彈性蛋白酶**，分解**醣類**（**碳水化合物**）的**胰澱粉酶**，以及分解**脂質**的**胰脂解酶**等消化酶。胰臟一天大約可分泌800～1500毫升的胰液。

胰臟的內分泌腺體 —— 胰島，內有3種細胞，各自分泌不同功能的激素。

α細胞分泌**升糖素**，當人體的血糖值（血液中的葡萄糖濃度）太低時，升糖素可促使儲存於**肝臟**的**肝醣**分解成**葡萄糖**，以及脂肪組織儲存的脂肪轉換成葡萄糖，雙雙釋放於血液中，藉此提升血糖值。

β細胞分泌**胰島素**，具有降低血糖值的功用。具體作法為將血液中的葡萄糖送至細胞作為能量使用，或是在肝臟將葡萄糖合成為肝醣儲存，或者將葡萄糖轉換成**中性脂肪**並儲存於**脂肪細胞**。

δ細胞分泌**體抑素**，具有抑制分泌升糖素和胰島素的功用。

腦部下視丘和消化道內的內分泌細胞同樣會分泌體抑素，但功用各有差異。下視丘分泌的體抑素用於抑制腦下垂體的激素分泌，而消化道分泌的體抑素則作用於抑制營養素的吸收，以及抑制胃液和胃酸的分泌。

● 胰臟的構造

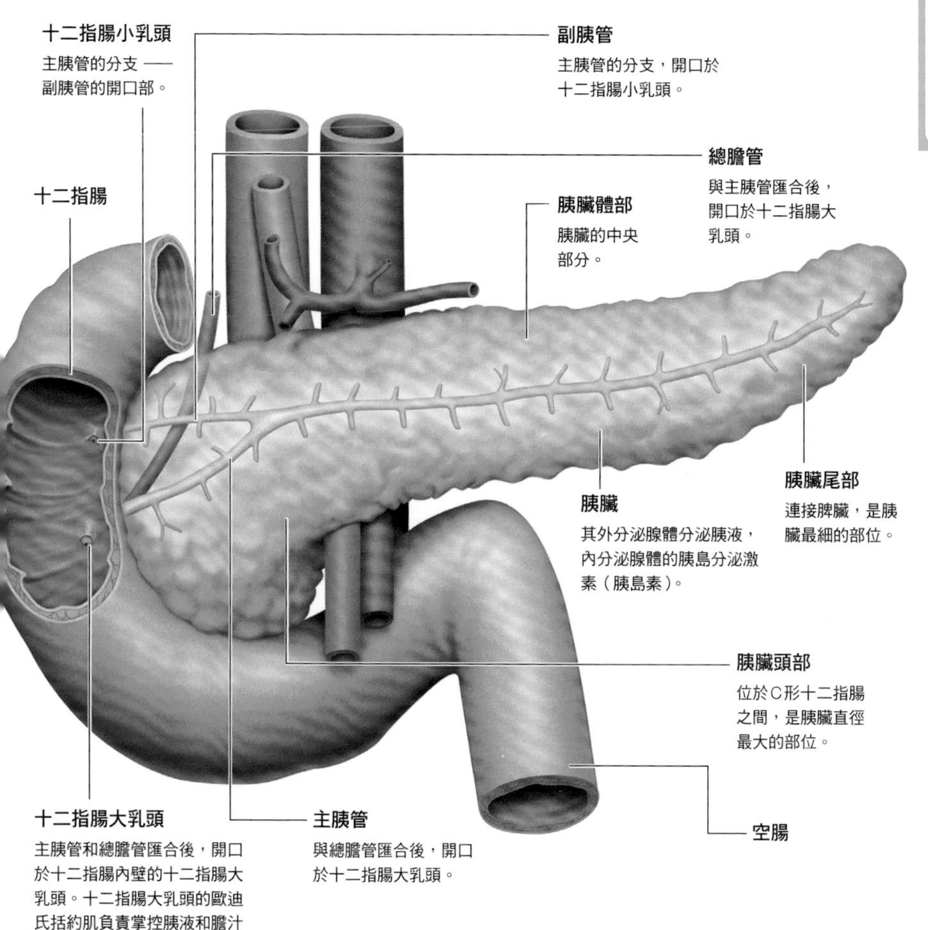
十二指腸小乳頭
主胰管的分支——副胰管的開口部。
副胰管
主胰管的分支，開口於十二指腸小乳頭。
總膽管
與主胰管匯合後，開口於十二指腸大乳頭。
十二指腸
胰臟體部
胰臟的中央部分。
胰臟尾部
連接脾臟，是胰臟最細的部位。
胰臟
其外分泌腺體分泌胰液，內分泌腺體的胰島分泌激素（胰島素）。
胰臟頭部
位於C形十二指腸之間，是胰臟直徑最大的部位。
十二指腸大乳頭
主胰管和總膽管匯合後，開口於十二指腸內壁的十二指腸大乳頭。十二指腸大乳頭的歐迪氏括約肌負責掌控胰液和膽汁的出入。
主胰管
與總膽管匯合後，開口於十二指腸大乳頭。
空腸

排除在重要臟器之外的胰臟

東方傳統的中醫理論，將重要的臟器彙整統稱為「五臟六腑」。五臟即肝臟、心臟、脾臟、肺、腎臟，六腑則是膽、小腸、胃、大腸、膀胱、三焦，胰臟均不包含在內。古希臘人則認為胰臟只是肉塊，作為胃的緩衝之用。在日本的江戶時代，鑽研蘭學的宇田川玄真將「月」和「夷」字組合起來，日本才首次有了「胰」這個字。

胰液的分泌機制

胰臟的腺泡細胞可分泌胰液，於十二指腸負責消化醣類、蛋白質和脂質。

無色的透明液體 卻具有強大的消化能力

位置 **胰臟**

構造 胰臟的**腺泡細胞**負責分泌**胰液**。在**自律神經**作用下，當我們看到食物或只聞到味道，都會促使胰臟分泌胰液。不過胰液的分泌基本上仍受激素控制。

胰液中含有各式各樣的消化酶，像是分解**醣類**（**碳水化合物**）的**胰澱粉酶**，分解**蛋白質**的**胰蛋白酶**、**胰凝乳蛋白酶**、**羧基胜肽酶**、**彈性蛋白酶**，分解**脂質**的**胰脂解酶**，分解**核酸**的**核糖核酸酶**和**去氧核糖核酸酶**等。

胰液為無色透明液體，成人一天的分泌量約800～1,500毫升。當唾液腺和胃內分泌腺出問題，或者因切除胃而無法分泌消化酶時，胰臟分泌的胰液便會適時補上，發揮其強大的消化力。

中和酸性消化物 發揮消化機能

功能 當食物從胃來到十二指腸時，胰臟會分泌**胰酶催素**和**胰泌素**這兩種**胃腸激素**。

在胰酶催素的刺激下，胰臟的腺泡細胞分泌有機成分、電解質和水分。另一

外分泌腺體的構造

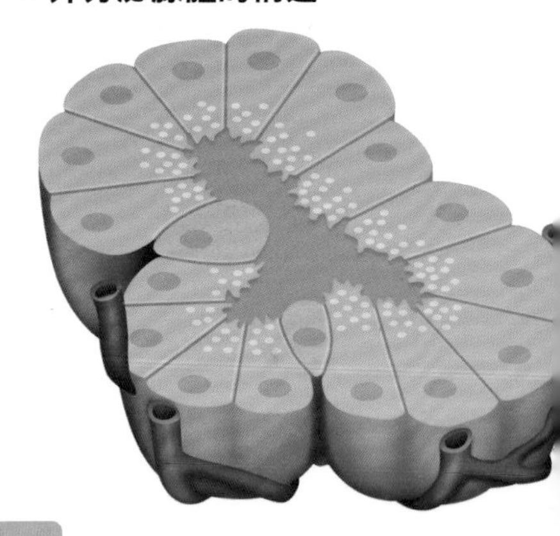

為什麼胰液不會消化胰臟？

如同其他臟器，胰臟也是由蛋白質所構成，既然如此，為什麼胰臟本身不會被分解蛋白質的胰蛋白酶等消化呢？

實際上，不只是胰澱粉酶和胰脂解酶，其他消化酶在進入十二指腸前皆屬於無活性物質，因此胰蛋白酶在胰臟時並不具備消化能力。這就好比一把還收在劍鞘裡的劍，胰臟裡的胰蛋白酶和彈性蛋白酶是以酶原的形式存在，也就是胰蛋白酶原和彈性蛋白酶原。

胰蛋白酶原和彈性蛋白酶原進入十二指腸後，小腸黏膜分泌腸激酶活化酶原，才進一步促使酶原轉化為具有活性的胰蛋白酶和彈性蛋白酶。這時候胰液才真正以最強消化力的消化酶之姿，在腸道裡展現過人的消化本領。

方面，胰泌素也刺激導管分泌電解質和水分。

由於來自胃的消化物多呈酸性，而多數胰液消化酶無法在酸性環境下發揮消化能力，於是胰液自行打造出一個鹼性環境，以利發揮原有的消化力，那就是利用胰液消化酶通過**導管**的過程中，在碳酸氫鈉的作用下變成弱鹼性。如此一來，便能夠中和因胃液變成酸性的消化物了。

● 胰液內的消化酶功能

營養素等	消化酶	功用
醣類（碳水化合物）	胰澱粉酶	將碳水化合物分解為以麥芽糖為主的雙醣類。
蛋白質	胰蛋白酶	將蛋白質轉換成多胜肽和寡胜肽。
	胰凝乳蛋白酶	
	彈性蛋白酶	
	羧基胜肽酶	分離蛋白質中的鹼性胺基酸。
中性脂肪（三酸甘油脂）	胰脂解酶	將中性脂肪分解成單酸甘油脂和脂肪酸。
核酸	核糖核酸酶	催化核糖核酸（RNA）的磷酸二酯鍵的水解反應。
	去氧核糖核酸酶	將去氧核糖核酸（DNA）水解為核苷酸。

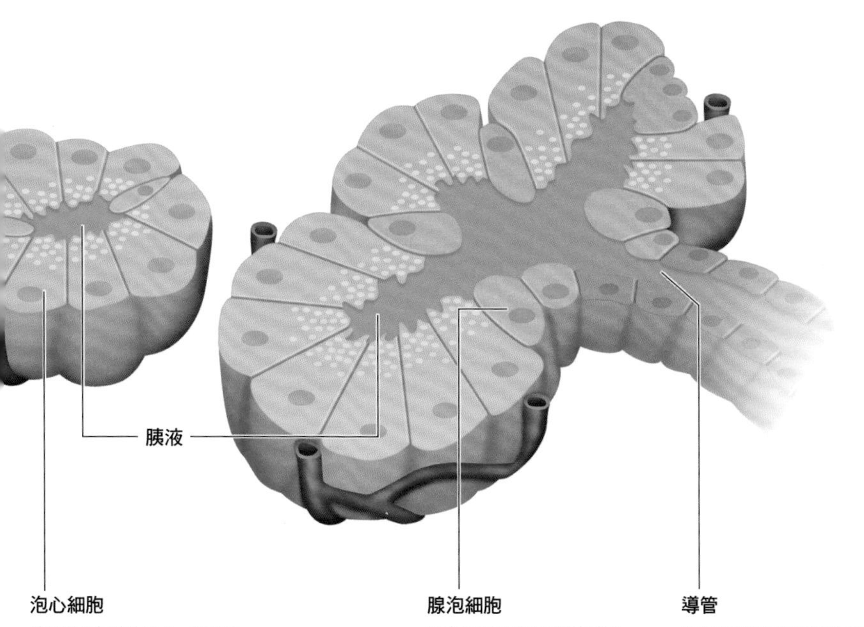
胰液

泡心細胞
位於導管起點的細胞，但目前尚不清楚這種細胞的功用。

腺泡細胞
在小腸分泌的胃腸激素胰酶催素的刺激之下，分泌胰蛋白酶和胰凝乳蛋白酶。

導管
在十二指腸分泌的胰泌素的刺激下，分泌胰液。

血糖調節機制

胰臟的胰島分泌胰島素和升糖素，主要負責控制血液中的葡萄糖濃度。

功能相反的兩種激素互相合作調節體內血糖值

位置 **胰臟、血管**

構造&功能 **血液**中的**葡萄糖**濃度，稱為**血糖值**。我們在飲食中所攝取的糖分，在**小腸**被分解成葡萄糖等單醣類，然後經由**肝門靜脈**送至**肝臟**。

醣類在肝臟全都轉化為葡萄糖，必要時透過血液輸送，供應全身細胞和組織作為能量使用。部分的葡萄糖則合成為**肝醣**，儲存於肝臟中。

健康成人的血糖值，空腹時約為80～100mg/dl，飯後慢慢上升。血糖值無論過高或過低，都會對身體產生不良的影響。而人體內負責維持穩定血糖值的機制，正是胰臟的**胰島**（**蘭氏小島**）所分泌的兩種激素。

這兩種激素分別為**胰島素**和**升糖素**。胰島素的目的是降低血糖值，抑制肝臟將葡萄糖釋放至血液中；升糖素的目的是提高血糖值，促使肝臟將肝醣分解成葡萄糖，並釋放至血液中。

胰島素和升糖素適度分泌維繫體內血糖平衡

功能 當體內的血糖值升高時，**下視丘**接收到訊息，中樞神經透過**副交感神經**促使胰島的**β（B）細胞**分泌胰島素。胰島素可促進組織細胞吸收血液中的葡萄糖，降低血液中的葡萄糖含量，便能

各式各樣的醣類

醣是三大營養素之一 ──碳水化合物的組成成分。所有的醣類在被身體吸收之前，必須先分解成最小單位 ──單醣。

醣類有許多種類型，例如存在於葡萄等果實內的葡萄糖（glucose），還有存在於蜂蜜中的果糖（fructose）、半乳糖等，這些都屬於單醣類。而蔗糖（sucrose）和麥芽糖（maltose）則屬於由兩個單醣所構成的雙醣類。

此外，砂糖的主要成分蔗糖，是由葡萄糖和果糖結合而成。僅存在於哺乳類動物所分泌的乳汁當中的乳糖，則是由葡萄糖和半乳糖結合而成。

另一方面，穀物和芋頭所富含的澱粉，更是由多種單醣構成的多醣類。多醣類與單醣類、雙醣類相比，需要花更多的時間分解成最小單位的單醣，吸收自然也不例外。相反地，單醣類的果糖，無論分解還是吸收的速度都很快，比葡萄糖更容易轉化成體內脂肪。

使血糖值恢復至正常範圍。

相反地，當血糖值下降時，胰島的 **α（A）細胞**分泌升糖素，藉由升糖素的作用提高血液中的葡萄糖濃度。

只要胰島素和升糖素適度分泌，血糖值便能維持在正常範圍內。

如果胰島素分泌減少或功能異常，將會使血糖持續處於升高狀態，導致罹患糖尿病的風險增加。但是另一方面，低血糖則會引起顫抖、心悸等症狀，若人體長時間處於低血糖狀態，恐導致腦功能下降，甚至陷入昏迷。

● 內分泌激素的種類和主要功用

激素／分泌細胞	主要功用
胰島素／B細胞	促使細胞和組織吸收血液中的葡萄糖，降低血糖值。
	將葡萄糖合成為肝醣，減少肝醣分解與抑制醣類生成。
	促使增加脂質，刺激蛋白質的合成。
升糖素／A細胞	促使肝臟分解肝醣，提升血糖值。
	將葡萄糖釋放至血液中。
	將胺基酸和脂肪轉換成葡萄糖（糖化反應）。
體抑素／D細胞	抑制升糖素和胰島素的分泌，放慢消化道內的營養素吸收速度。

● 胰島的構造

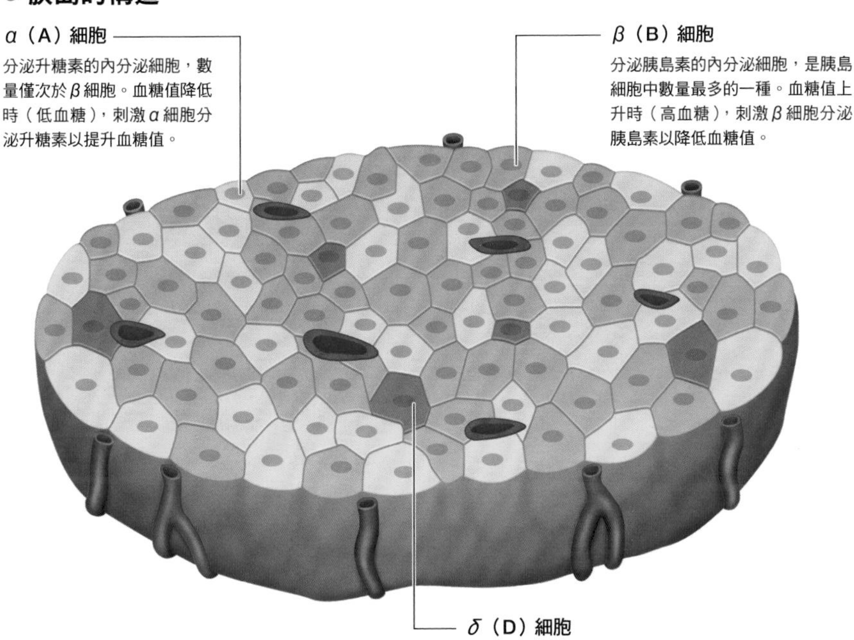

α（A）細胞
分泌升糖素的內分泌細胞，數量僅次於β細胞。血糖值降低時（低血糖），刺激α細胞分泌升糖素以提升血糖值。
β（B）細胞
分泌胰島素的內分泌細胞，是胰島細胞中數量最多的一種。血糖值上升時（高血糖），刺激β細胞分泌胰島素以降低血糖值。
δ（D）細胞
分泌體抑素的內分泌細胞，數量最少。功用是抑制胰島素和升糖素的分泌。

胃食道逆流

●原因

食道貫穿橫膈膜（食道裂孔），連接至胃的入口（賁門）。食道與胃之間有下食道括約肌，功用為防止進入胃裡的食物或胃液逆流至食道。但是某些因素造成下食道括約肌鬆弛，使含有強酸性胃酸的胃內容物逆流至食道，進而引起食道黏膜發炎，這就是胃食道逆流的主要致病機轉。

吃喝過量不僅會使胃液分泌增加，也容易導致食道逆流。即便不是在食物從食道進入胃裡的時間裡，食道與胃之間的下食道括約肌卻仍然逐漸鬆弛，導致胃液頻頻逆流。

此外，晚餐或飲酒後直接入睡等生活習慣，也容易導致胃內容物回流至食道。

不只飲食問題，肥胖導致內臟脂肪增加時，胃液也容易逆流至食道。另一方面，當食道裂孔隨著身體衰老長而變大，致使小部分的胃突出於橫膈膜上，形成裂孔疝氣，結果導致下食道括約肌衰退鬆弛，胃液也容易因此逆流至食道。

除了器官組織的問題之外，藥物也是引起胃食道逆流的原因之一。例如降高血壓藥物的鈣離子通道阻斷劑，透過放鬆血管壁肌肉來降低血壓，但同時也造成下食道括約肌變鬆弛。

●症狀

典型症狀為頻繁的火燒心、打嗝等不適症狀。另外，含胃酸在內的胃內容物湧上喉嚨或口腔，導致口中常散發一股酸味、喉嚨卡卡不舒服、食物不易吞嚥、慢性咳嗽、胸痛等，也都是胃食道逆流常見症狀。

●問診

一般問診時，醫生會詢問胸口灼痛的程度與頻率、什麼時候發作、平時的飲食型態等生活習慣。

診察時，透過內視鏡觀察食道黏膜的情況。由於胃癌、食道癌等都可能引起火燒心症狀，必須進行各項檢查，確認是否有惡性腫瘤。

若為裂孔疝氣，則進行X光檢查，確認胃突出於食道裂孔的程度。

●治療

用餐時，應確實咀嚼30次以上再吞嚥，不僅能防止進食過量、吃太快，也有助於抑制胃液分泌過多。另外，營養要均衡，少吃油膩食物，每餐八分飽就好。

飯後2～3小時內不要平躺，睡覺時會出現火燒心症狀的人，宜多加一個枕頭將頭部墊高，背部底下則墊毛巾，使上半身稍微抬高。

症狀若嚴重到影響日常生活，就必須藉助藥物治療。主要服用可抑制胃酸分泌，並幫助消化的質子幫浦阻斷劑。

患者若出現裂孔疝氣，且藥物治療無法抑制症狀時，可考慮接受賁門緊縮術的手術治療。

消化器官的疾病多半與生活習慣有密切關係，尤以飲食型態為重。重新審視生活習慣，加以改善，便可有效預防。

胃癌

●原因

胃腔內側有黏膜覆蓋，而大部分胃癌好發於黏膜。根據統計資料，日本正是全球胃癌發生率最高的國家。

胃癌的致病原因可能出自飲食生活不健康，尤其是鹽分的攝取量。長期攝取太鹹的食物，容易導致胃黏膜萎縮，進而引發胃癌。幽門螺旋桿菌寄生於胃黏膜上，一旦大肆作亂，將是導致胃癌的主要致癌因子。飲酒過量、飲食過量、吸菸等不良生活習慣則是助長癌細胞蔓延的幫凶。

●症狀

胃癌發生於胃黏膜，之後慢慢向胃壁外側蔓延。

初期幾乎沒有自覺症狀，雖然逐漸出現胃部不適、食慾不振、胃刺痛、上腹部疼痛等症狀，卻因為不是胃癌的特有症狀而容易遭到忽視。

隨著排出黑便、血便、吐血、體重快速減輕等症狀出現時，病情通常已經惡化到一定程度。

●診斷與檢查

由於初期沒有症狀，建議應定期接受檢查。一般醫生問診時，會詢問有無相關症狀，以及平時的飲食習慣等問題。

若疑似為胃癌時，便進一步接受胃部X光檢查和內視鏡檢查。透過內視鏡檢查，可以深入調查疑似病灶的部位，同時採集部分組織進行病理檢查，確認是良性或惡

● 容易發生胃癌的部位

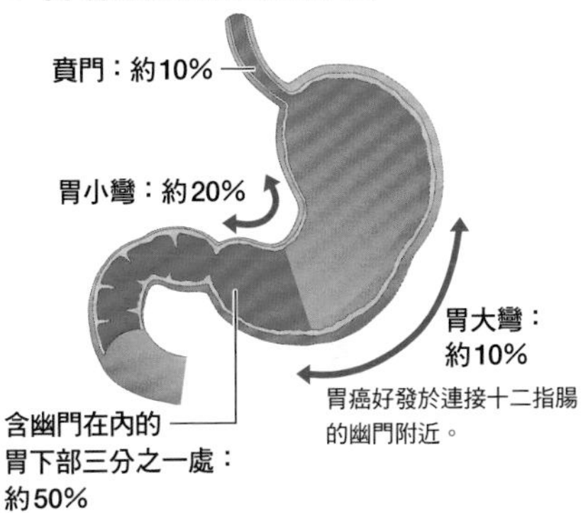
賁門：約10%
胃小彎：約20%
胃大彎：
約10%
胃癌好發於連接十二指腸的幽門附近。
含幽門在內的
胃下部三分之一處：
約50%

性腫瘤。如果要確實掌握癌細胞的深度與大小，必須進行內視鏡超音波的精密檢查。

一旦診斷為癌症，便會透過超音波檢查和CT電腦斷層掃描，確認癌細胞的進展與轉移情況。

●治療

早期的胃癌患者，若符合未經由淋巴管擴散至淋巴結、可完全切除原發病灶等條件，可以考慮接受內視鏡治療（內視鏡黏膜下剝離術）。

手術治療包含遠端胃切除術和全胃切除手術。若病灶位於胃下部，即施行遠端胃切除術，亦即切除三分之二的胃和可能造成癌細胞轉移的淋巴結，並將剩餘的胃和十二指腸縫合在一起。若病灶位於胃上部，則施行全胃切除手術，拿掉整個胃和可能造成癌細胞轉移的淋巴結。

除此之外，仍會依實際情況，同時進行抗癌劑治療。

消化器官的疾病

慢性C型肝炎

●原因

部分肝炎的發病原因為飲酒過量或服藥所引起，但日本人罹患的肝炎主要為肝炎病毒感染而起。

肝炎病毒可分成好幾種，日本地區最常見的是C型肝炎病毒感染所引起的病毒性肝炎。

多數C型肝炎患者都是急性發病，其中30％的病例於排除病毒後自然痊癒，但70％的病例會演變成慢性肝炎。

●症狀

肝炎是指某些因素導致肝臟發炎的狀態。肝炎自發病起6個月後，如果未接受治療，便會發展成慢性肝炎。

慢性肝炎幾乎沒有自覺症狀，若患者一直未能察覺，或者知道患病卻不願接受治療的話，將會隨肝細胞逐漸纖維化而演變成肝硬化，致使肝功能越來越差，最終甚至導致肝衰竭。

一旦進展為肝硬化時，會出現腹水、水腫、眼白和皮膚變黃（黃疸）等症狀。此外，肝硬化容易合併食道靜脈曲張破裂，出現吐血（食道靜脈瘤）、腦功能衰退（肝性腦病變）等嚴重併發症。

根據臨床資料顯示，多數罹患肝硬化的患者，於5～10年內病症會進一步演變成肝癌。

●檢查

抽血檢驗感染C型肝炎後，確認體內是否產生HCV抗體、檢驗是否有HCV核心抗原、檢驗HCV-RNA確認病毒基因體。

●治療

目前治療C型肝炎最有效的藥物是干擾素，目的是排除體內病毒。

傳統干擾素治療需要每週回診3次，不僅對患者的負擔大，治癒成功率較低，疲倦等副作用也較強，部分患者甚至因出現憂鬱症狀而不得不停止治療。

目前改用新型干擾素合併雷巴威林（抗病毒藥物），大約治療1年～1年半左右即可收到不錯的療效。針對容易治癒的病毒基因類型，24週左右就有90％的成功率；至於不易治癒的類型，經過48～72週的療程，也有50～60％的成功率，可成功排除肝炎病毒。

除此之外，新型療法每週只需要回診1次，副作用也比傳統干擾素少很多。

雖然新型干擾素的費用不便宜，但現在透過醫療補助，將有助於大幅減輕醫藥費用的負擔。

大腸癌

●原因

致病原因為增齡，也與便祕、肥胖、飲食過量、吸菸、運動不足等有關。

●症狀

近年來，罹患大腸癌的人數有增加的趨勢，20年來約增加4倍。而在日本國內，根據厚生勞動省「2010年人口動態統計」，男性癌症死亡排名中，大腸癌排名第三；女性癌症死亡排名中，大腸癌竟然是第一名。

當惡性腫瘤發生於盲腸和結腸部位，稱為結腸癌；發生於直腸部位稱為直腸癌。

兩者初期幾乎沒有症狀，進展至一定程度後，會開始出現血便、排血、便祕、腹瀉、糞便變細、持續便意、腹痛、腹部脹氣、貧血等症狀。

●檢查

透過糞便潛血檢查，確認糞便裡是否有血液存在。檢查結果呈陽性時，進一步進行鋇劑灌腸檢查，確認是否有癌病灶。必要時追加超音波檢查、CT電腦斷層掃描、MRI磁振造影檢查等。透過這些檢查，預測癌症病程發展或手術治療方式。

●治療

腫瘤直徑在2公分以內，且位於黏膜或黏膜下層的淺層時，可藉由內視鏡治療。

若是罹患結腸癌，即以腫瘤為中心，朝上下切除20公分左右，並將周圍可能發生淋巴結轉移的部分一併切除。

若是罹患直腸癌，依腫瘤形成位置與進展程度，分別進行肛門保留術、直腸切除術、經肛門微創手術。

● 大腸各部位名稱與自覺症狀

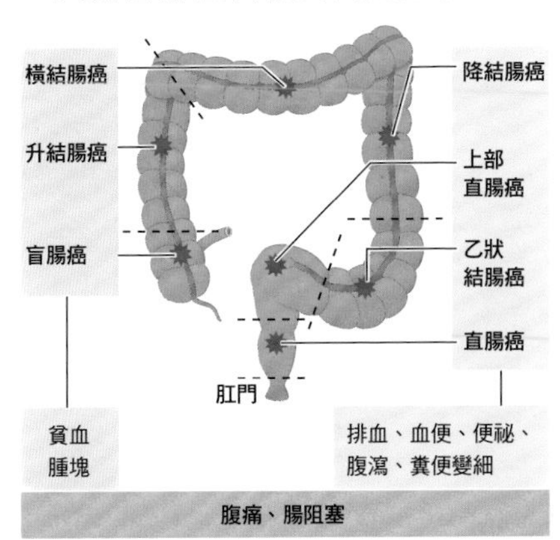
橫結腸癌
升結腸癌
盲腸癌
降結腸癌
上部直腸癌
乙狀結腸癌
直腸癌
肛門
貧血
腫塊
排血、血便、便祕、腹瀉、糞便變細
腹痛、腸阻塞

近年來，日本約有70～80％的直腸癌患者接受保留排便功能的直腸切除肛門保留術。但高齡者若有肛門括約肌衰退的情況，為求維持一定的生活品質（QOL），一併切除肛門和直腸、另裝人工肛門或許是比較好的選擇。

手術之後，依病理檢查報告確認病程，再依病程進展，決定使用多少劑量的抗癌劑，同時進行預後評估。

抗癌劑治療可分成兩種，一種是外科手術後的輔助性化學治療；另一種是術中無法完全切除腫瘤，為避免腫瘤惡化或再復發所進行的全身性化學治療。

手術後的輔助性化學治療以口服抗癌藥物為主。全身性化學治療除抗癌藥物外，合併使用分子標靶藥物，目的是阻礙癌細胞製造新血管，以避免運送更多的氧氣與養分至癌組織。

糖尿病

●原因

糖尿病與飲食過量、運動不足、睡眠不足、睡太多、長期處於高壓狀態等生活習慣有著密不可分的關係。

●症狀

糖尿病是一種持續處於高血糖狀態的疾病，由於胰臟的胰島素分泌減少、分泌時間太晚、功能衰退等因素，造成血糖值居高不下。

糖尿病初期幾乎沒有自覺症狀，隨病情進展，開始出現尿液量增加、排尿次數增加（頻尿）、不正常口渴（多喝）、全身倦怠等症狀。

食慾佳吃得多，體重卻反而減輕、喜歡吃甜食、吃東西時突然有強烈睡意、眼前模糊、視力減退，一旦出現這些症狀，表示病情已經十分嚴重了。

如果病症繼續惡化，恐合併糖尿病神經病變（手腳發麻／疼痛、感覺麻痺、便祕或腹瀉等排便異常、勃起功能障礙）、糖尿病視網膜病變（有失明危險）、糖尿病腎病變（腎功能衰退至需要血液透析）等三大併發症。

●診斷與檢查

一般問診時，醫師會詢問每日的飲食生活、是否有運動習慣、是否感到壓力等與生活習慣相關的問題。

檢查方面，首先是血液檢查。檢查項目包含檢測空腹10小時以上的血糖值（空腹血糖值）、口服75克葡萄糖，2小時後的血糖值（2小時葡萄糖耐量試驗血糖值），以及無關用餐的血糖值（隨機血糖值）。另外也會測量HbA1c（糖化血紅素），瞭解過去1～2個月的血糖狀態。

這三種血糖值測驗結果，只要其中一種超過標準（空腹血糖值＞126mg/dl，2小時葡萄糖耐量試驗血糖值＞200mg/dl，隨機血糖值＞200mg/dl），且HbA1c達6.1以上者，即診斷為糖尿病。

●治療

糖尿病可分為第一型和第二型，95％以上的糖尿病患者屬於生活習慣誘發的第二型糖尿病。

第二型糖尿病的基本治療方式為飲食療法和運動療法，亦即適度攝取均衡的營養素，並且定期進行走路或游泳等有氧運動。

如果改善生活習慣還是不見明顯的成效時，可考慮接受藥物治療，亦即服用提升胰島素功能、減緩葡萄糖吸收，以及促進胰島素分泌的藥物。

若藥物治療依舊無法有效控制血糖值，可在醫師的指導下，自行注射胰島素。

7章 泌尿器官

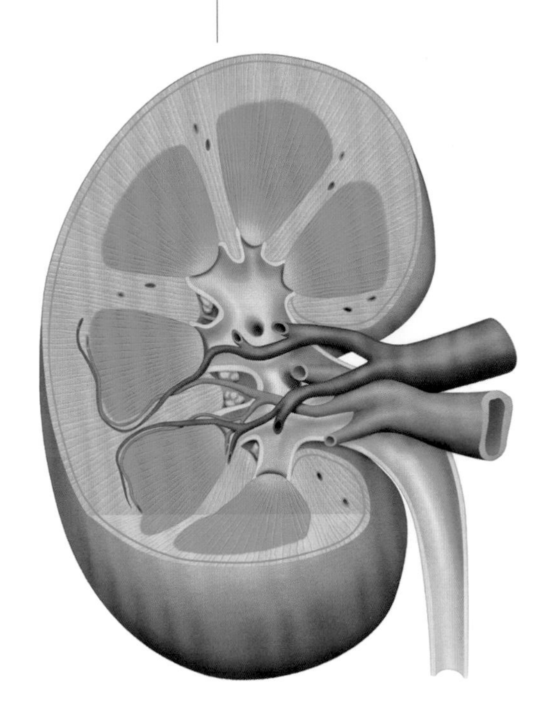

腎臟的構造

腎臟位在腹腔上方，掛於後腹壁的脊椎兩側，負責過濾血液，形成尿液。

腎臟位於人體背面 外形如蠶豆，左右各一

位置 腎臟位於肋骨最下方附近的脊椎骨兩側，左右各一個。右腎位於肝臟下方，比左腎稍微低一些。

構造 **腎臟**比人的拳頭大一些，外形像蠶豆，呈暗紅色。每天由**腎動脈**輸入1.5噸左右的血液進入腎臟，相當於全身血液循環量的五分之一。

腎臟包覆在**腎被膜**下，內側有1.5公分厚的**腎皮質**和無數個過濾血液的**腎小體**。腎小體是由**腎絲球**（微血管網）和**鮑氏囊**（微血管聚集的杯狀囊）構成，外形非常小，左右腎臟大約各有100萬個腎小體。

腎皮質過濾後的成分，經**腎髓質**再吸收，生成的尿液經由**腎盞**集中至**腎盂**，再透過輸尿管運送至**膀胱**。過濾後的血液則流進**腎靜脈**。

專職過濾血液中的多餘成分和老舊廢物

功能 人體內的體液，如血液、淋巴液等水分，約占身體總重量的60%。體液裡除了葡萄糖、膽固醇、電解質等營養素之外，也包含能量代謝等新陳代謝後產生的乳酸、尿酸等老舊廢物。

腎臟的功能不僅在於調節水分和鹽分比例，維持體內環境穩定，還可以過濾腎動脈運送來的血液，再以尿液的形態將老舊廢物排出體外。過濾後的血液，再由腎靜脈經**下腔靜脈**送回**心臟**。

腎臟負責控制體液的酸鹼值（pH值）維持在7.4左右的弱鹼性狀態，當血液中的酸性物質（或鹼性物質）變多時，腎臟便啟動過濾機制，將多餘的物質排出體外。

另外，腎臟也會分泌造血激素（紅血球生成素）。這種激素可作用於脊髓，協助製造紅血球。

健康成人的尿液量和成分

健康成人每天的尿液量約1.5公升，顏色呈黃色或黃褐色。尿液成分中有90～95%為水分，其餘為蛋白質新陳代謝後產生的尿素。

尿液中的成分還包含鹽分、肌酸酐（肌肉活動後所產生的代謝物）、尿酸（經消化分解而產生的普林，再經由肝臟代謝後所形成的老舊廢物）等物質。

除此之外，當來自腎動脈的血液量減少時，腎臟也會分泌腎素，促使血壓上升，藉以穩定進入腎臟的血液量。

另一方面，腎臟也可活化自腸道吸收的維生素E，促使體內更有效率的吸收營養素。

● 腎臟的構造

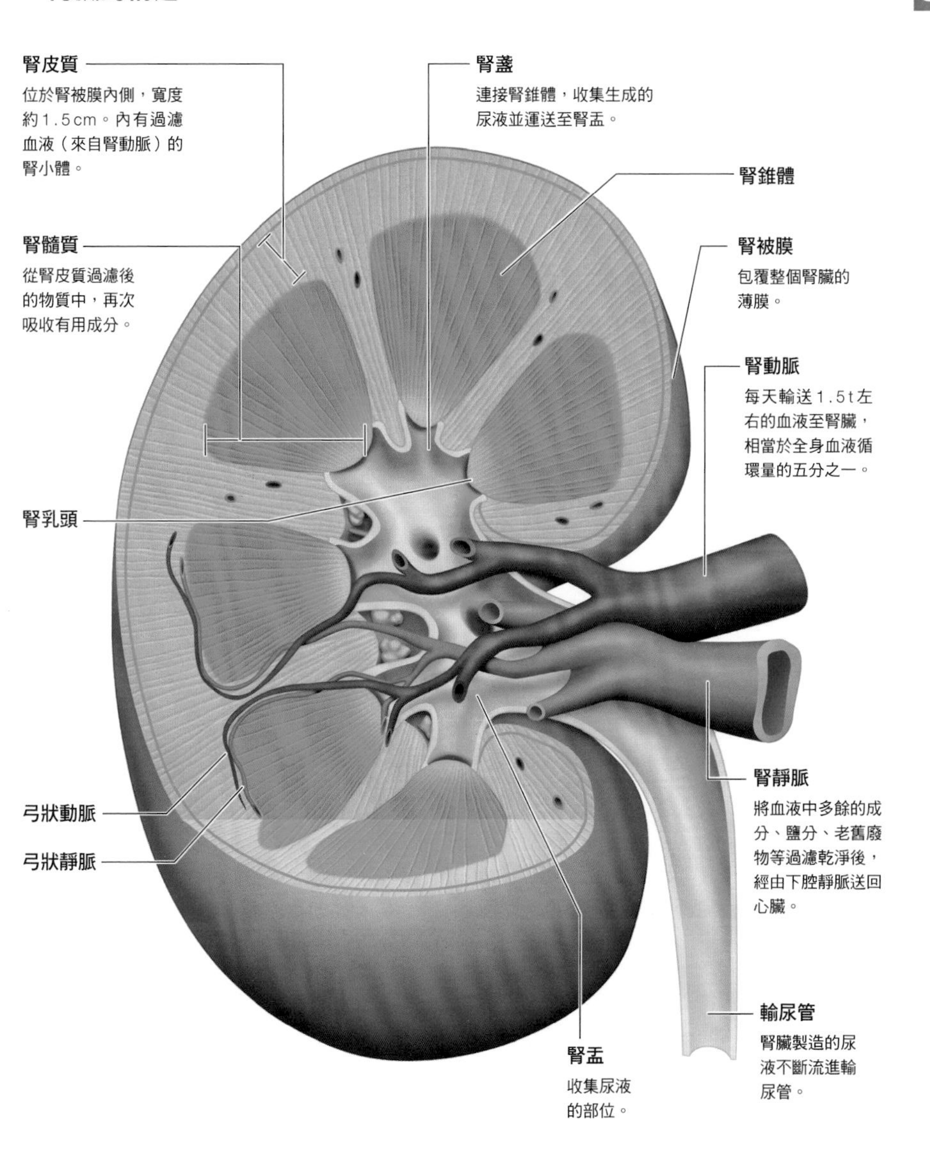
腎皮質
位於腎被膜內側，寬度約1.5cm。內有過濾血液（來自腎動脈）的腎小體。
腎盞
連接腎錐體，收集生成的尿液並運送至腎盂。
腎錐體
腎被膜
包覆整個腎臟的薄膜。
腎髓質
從腎皮質過濾後的物質中，再次吸收有用成分。
腎動脈
每天輸送1.5t左右的血液至腎臟，相當於全身血液循環量的五分之一。
腎乳頭
腎靜脈
將血液中多餘的成分、鹽分、老舊廢物等過濾乾淨後，經由下腔靜脈送回心臟。
弓狀動脈
弓狀靜脈
輸尿管
腎臟製造的尿液不斷流進輸尿管。
腎盂
收集尿液的部位。

尿液的形成

血液經腎絲球體過濾製造原尿，再經腎元吸收必要成分，最終形成尿液。

血液輸送至腎臟 經腎元過濾形成尿液

位置 **腎臟**

構造 尿液的形成分為兩個階段。

首先是**腎絲球體**的過濾作用。負責生成尿液的腎臟裡，有個名為腎絲球體的微血管網，腎絲球體外有**鮑氏囊**包圍。腎絲球體與鮑氏囊共同構成**腎小體**，而腎小體再和腎小管組成一個**腎元**。

每個腎臟約含有100萬個腎元，但平時只有6～10％的腎元進行過濾工作。部分腎元因腎炎等疾病喪失功能時，其他腎元取而代之接續過濾工作。也因為這個緣故，即使體內只剩單側腎臟，也能正常運作不受影響。人體的血液循環每分鐘約有800～1,000毫升的血液進入腎臟，負責過濾血液並製造尿液的正是腎臟的基本單位 ── 腎元。

過濾血液，製造原尿

功能 腎動脈於腎門分支成**入球小動脈**，入球小動脈再分支成許多微血管，許許多多微血管構成腎絲球體。腎絲球體的微血管為三層構造，依序是**血管內皮細胞**、**腎絲球體基底膜**、**足細胞**，這三層構造就好比是層層濾網。

當血液進入腎臟後，便會穿過濾網，過濾至鮑氏囊腔內形成原尿，但濾網無法過濾血球成分（紅血球、白血球、血小板）和大分子蛋白質。

人體每天產生的原尿約有150公升，相當於最終尿液量的100倍。不過原尿中還包含許多可再利用的成分，這些成分經由體內再吸收過程，最終重新回到血液裡。

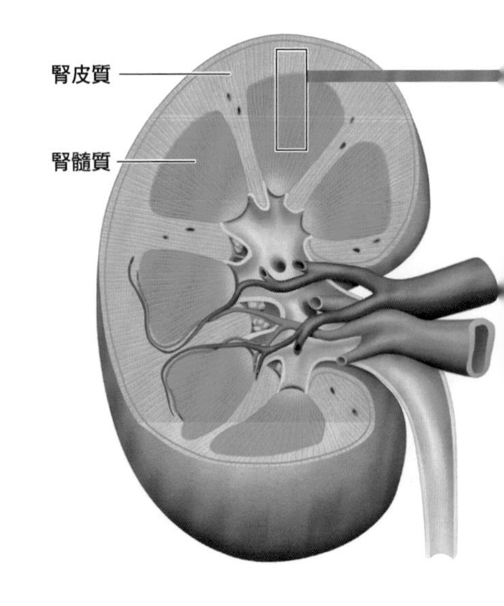
腎皮質
腎髓質

● 腎元的構造

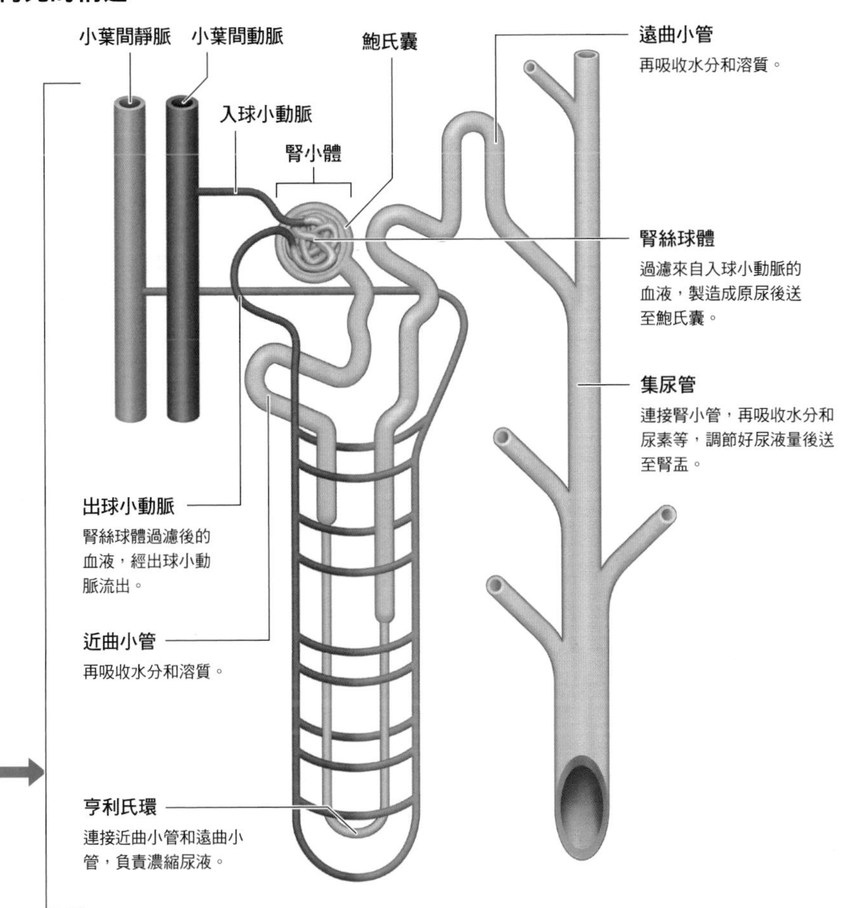
小葉間靜脈
小葉間動脈
鮑氏囊
遠曲小管
再吸收水分和溶質。
入球小動脈
腎小體
腎絲球體
過濾來自入球小動脈的血液，製造成原尿後送至鮑氏囊。
集尿管
連接腎小管，再吸收水分和尿素等，調節好尿液量後送至腎盂。
出球小動脈
腎絲球體過濾後的血液，經出球小動脈流出。
近曲小管
再吸收水分和溶質。
亨利氏環
連接近曲小管和遠曲小管，負責濃縮尿液。

尿液顏色代表身體的健康狀態？

尿液的顏色和身體健康與否有著密不可分的關係。身體健康的人，尿液裡有尿色素，因此顏色呈透明的淡黃色。但是早晨的第一泡尿，或是運動過後大量流汗等，尿液都會因為水分不足而顏色變深。

另一方面，糖尿病患者則因為口渴而大量喝水，導致尿液變稀薄而呈無色透明。而肝功能異常的人，尿液容易變成濃郁的黃褐色。

尿液若呈現混濁的乳白色，可能為泌尿道疾病、腎盂炎、膀胱炎、尿道炎、攝護腺炎所造成。若尿液呈紅色，則是因為摻雜血液，很可能是腎臟疾病、尿路結石，或者膀胱、攝護腺疾病所致。

膀胱與泌尿道的構造

腎臟生成的尿液通過輸尿管，儲存於膀胱。膀胱的尿液達到一定量，便經由尿道排出體外。

膀胱負責囤積來自輸尿管的尿液

位置 **膀胱**呈袋狀，位於下腹部的恥骨後方。

構造 **輸尿管**連接**腎臟**的**腎盞**和**膀胱**。腎盞至輸尿管這一段為**上泌尿道**，膀胱至尿道這一段為**下泌尿道**，尿道即膀胱的出口通道（**尿道外口**）。

輸尿管是將腎臟製造的尿液輸送至膀胱的通道，從膀胱的後側進入。成人的輸尿管長度約28～30公分，直徑則約4～7公釐。

膀胱由內側的黏膜和**平滑肌**構成，沒有尿液蓄積時，**膀胱壁**厚度約1公分；但當尿液進入後，由於平滑肌被拉長，膀胱壁變薄，僅剩3公釐左右。一般而言，未憋尿的情形下，膀胱的容量大約為500～600毫升。

膀胱出口有不受意志控制的**內尿道括約肌**和受意志控制的**外尿道括約肌**。以女性來說，內尿道括約肌和外尿道括約肌會一直延續至尿道中。

男性和女性的尿度長度以及形狀都不一樣。男性的尿道由於通過陰莖，所以外形呈S形，長度約為16～20公分。另一方面，女性的尿道比較直，但僅有短短的4公分，長度約為男性的五分之一到四分之一。

男女尿道還有另一個不同之處，那就是男性有**攝護腺**，攝護腺就位在膀胱出口與尿道的交界處。

蓄積尿液達250～300毫升開始產生尿意

功能 腎臟製造的尿液接連不斷地流進輸尿管，然後以每5秒一次的速度從輸尿管流進膀胱。

膀胱的容量為500～600毫升，但累

一個人憋尿的極限是多少？

當膀胱內的尿液累積到一定程度後，我們隨即便產生尿意，但是若遇到開會或與他人洽談事情而無法前去廁所時，都可以靠意志忍住尿意，這是因為最終控制排尿的機制仍是大腦。

排尿反射使內尿道括約肌舒張，但排尿還需要大腦皮質下指令，使外尿道括約肌舒張才行。

當大腦皮質判斷當下無法前往廁所時，會命令外尿道括約肌繼續緊閉，忍住排尿衝動。但是當膀胱裡的尿液超過400毫升時，就會因為無法再忍耐而急迫排尿。

積至250～300毫升時，膀胱壁裡的**感覺神經**便會因為受到刺激，而將訊息傳送至**脊髓**中**薦髓**和**腰髓**的排尿中樞。接著**骨盆神經**反射性地放鬆內尿道括約肌，並且下指令收縮膀胱壁（**排尿反射**），因而產生尿意。

● 男性的輸尿管、膀胱、尿道的構造

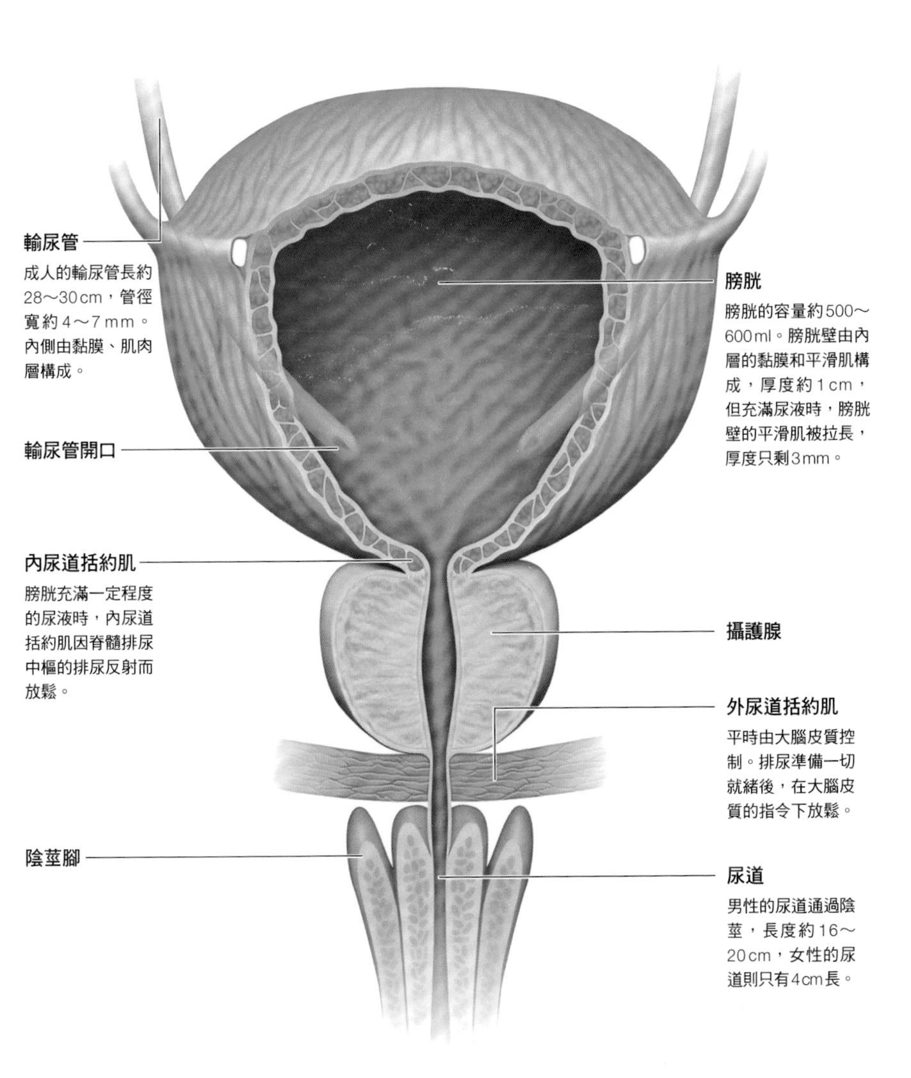

輸尿管
成人的輸尿管長約28～30cm，管徑寬約4～7mm。內側由黏膜、肌肉層構成。
輸尿管開口
內尿道括約肌
膀胱充滿一定程度的尿液時，內尿道括約肌因脊髓排尿中樞的排尿反射而放鬆。
陰莖腳
膀胱
膀胱的容量約500～600ml。膀胱壁由內層的黏膜和平滑肌構成，厚度約1cm，但充滿尿液時，膀胱壁的平滑肌被拉長，厚度只剩3mm。
攝護腺
外尿道括約肌
平時由大腦皮質控制。排尿準備一切就緒後，在大腦皮質的指令下放鬆。
尿道
男性的尿道通過陰莖，長度約16～20cm，女性的尿道則只有4cm長。

慢性腎臟病

●原因

腎臟因慢性受損，導致腎功能逐漸衰退的狀態，通稱為慢性腎臟病。

通常慢性腎臟疾病的起因多為慢性腎炎等腎臟疾病，但近年來，因糖尿病、高血壓、高脂血症等生活習慣病和肥胖引起的病例也增加不少。

一旦患有糖尿病或高血壓，不僅微血管聚集的腎絲球體，就連腎臟裡許多細小血管同樣也會受損，兩者都容易造成腎功能衰退。另外，腎臟具有調節血壓的功能，高血壓容易導致腎功能變差，腎功能變差又會使血壓升高，血壓升高再次損害腎功能，就這樣陷入永無止境的惡性循環。

除此之外，吸菸習慣也是慢性腎臟疾病的導火線。

腎功能會隨年紀增長而逐漸衰退，因此高齡者罹患慢性腎臟病的風險相對較高。曾有腎臟疾病病史、家人患有腎臟疾病等，這些都是造成慢性腎臟疾病發病機率提高的可能因素。

●症狀

初期慢性腎臟疾病幾乎沒有自覺症狀，但病情若在沒有發覺的狀態下持續進展，慢慢會開始出現各種全身性症狀。代表性症狀如下所述。

腎功能明顯衰退時，由於老舊廢物排不出去而滯留體內，容易引起全身倦怠的尿毒症。

由於無法製造生成紅血球所需的激素，導致貧血而出現頭暈症狀。另外，調節體內水分的功能異常，多餘水分滯留體內造成水腫。

食慾變差、喘不過氣、噁心、嘔吐等，也都是慢性腎臟疾病引起的全身性症狀。

●檢查

慢性腎臟疾病最重要的檢查就是尿液檢驗（尿蛋白檢驗）和血清肌酸酐檢驗。

●治療

患有糖尿病和高血壓的人，必須先針對這些疾病進行治療。必須重新審視生活習慣，尤其是飲食方面，不攝取過量鹽分，不暴飲暴食。

患者應嚴格控制每天只攝取6克以下的鹽分，針對蛋白質和鉀的攝取量也要有所限制。

一旦演變成腎功能衰竭，便需要進行透析治療。透析治療分為血液透析和腹膜透析兩種。

血液透析治療是透過俗稱「人工腎臟」的機器，將血液導流至機器中，除去老舊廢物和多餘水分後再流回血管內。一次血液透析的時間約4～5小時，一星期需要進行3次。

另一方面，腹膜透析則是利用患者本身的腹膜作為過濾器，以此進行血液過濾的方法。

8章 運動器官

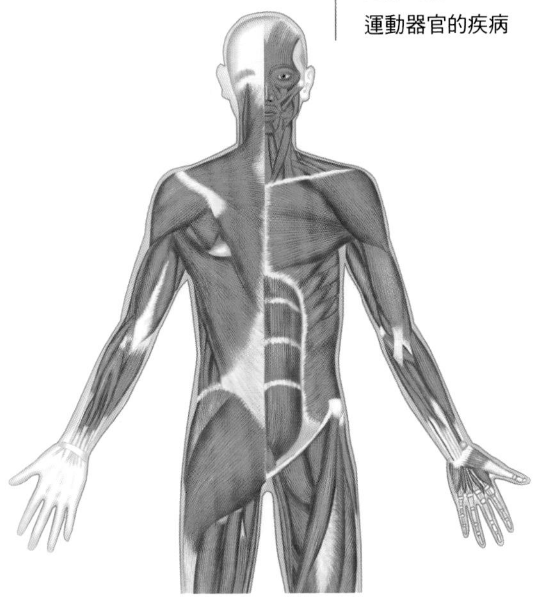

骨骼的構造

骨骼由骨膜、緻密骨、海綿骨構成。緻密骨內側的空腔稱為骨髓腔，裡面充滿骨髓。

骨骼為三層結構 由骨膜、緻密骨和海綿骨構成

位置 全身

構造 骨骼依型態，可分為**長骨**（四肢等長條骨）、**短骨**（手背和足背上的短骨）、**扁平骨**（顱骨等）、**含氣骨**（有空洞的上頜骨等）、**不規則骨**（既為扁平骨又有空洞的額骨等）五種類型。結構上則是由**骨膜**、**緻密骨**和**海綿骨**構成。

骨膜分成覆蓋於骨表面的**骨外膜**，以及覆蓋於內側（骨內壁）的**骨內膜**。骨外膜的內側為緻密骨，由**骨細胞**密集且規則排列的**骨板**構成。緻密骨內有縱走的血管通過，血管彼此之間由**弗克曼氏管**相連。

緻密骨的內側為海綿骨，有如海綿般的多孔構造。大型骨內部的空洞稱為**骨髓腔**，腔內充滿**骨髓**。

骨骼的組成成分中，大部分是**鈣**和**磷**等無機質，人體內99%左右的鈣和85%左右的磷都儲存在骨骼中。

骨骼成分除了無機質，還有**膠原蛋白**等有機物質。骨骼中的有機物質成分，可藉由貫穿骨膜且走行於緻密骨內的血管，從中獲取養分和氧氣。

一般的長骨是由兩端的**骨骺**和中間的**骨幹**組成。骨骺周圍是薄薄一層的緻密骨，內部充滿海綿骨；骨幹的周圍是緻密骨，內部是充滿骨髓的骨髓腔。

鈣質的儲備倉庫 體內不足時隨時供應補充

功能 當血液或細胞內的鈣質不足時，蓄積在骨骼外層的磷酸鈣透過血管釋放

骨骼為什麼能夠支撐起人體？

骨骼架構成支撐人體的骨架。依外力和姿勢等外在條件不同，骨骼有時必須承載數倍體重的重量。

為了承受這些負荷，每一塊骨骼都具有相當強度，部分骨骼的強度甚至比同質量的鋼鐵還堅硬。

骨骼的強度來自於中空構造。這裡不妨以鐵管和鐵條為例來理解，兩者的長度和重量皆相同，但是中空鐵管的強度卻是鐵條強度的兩倍。骨骼和鐵管一樣，皆為中空構造，因此才有足夠的強度。

骨骼的強度還有另外一個祕密，那就是網狀構造的海綿骨的骨小梁。骨小梁看似不規則排列，但受力大的部位，骨小梁會密集且沿著受力方向規則排列，因此得以確保足夠的強度。

至血液中，供應鈣質。另外，骨骼形成骨架的同時，**胸骨、肋骨、脊椎、骨盆**內的骨髓腔中有**造血組織**，其**骨髓**可生成**紅血球、白血球**等血液的定形成分（血球）。

長骨的構造

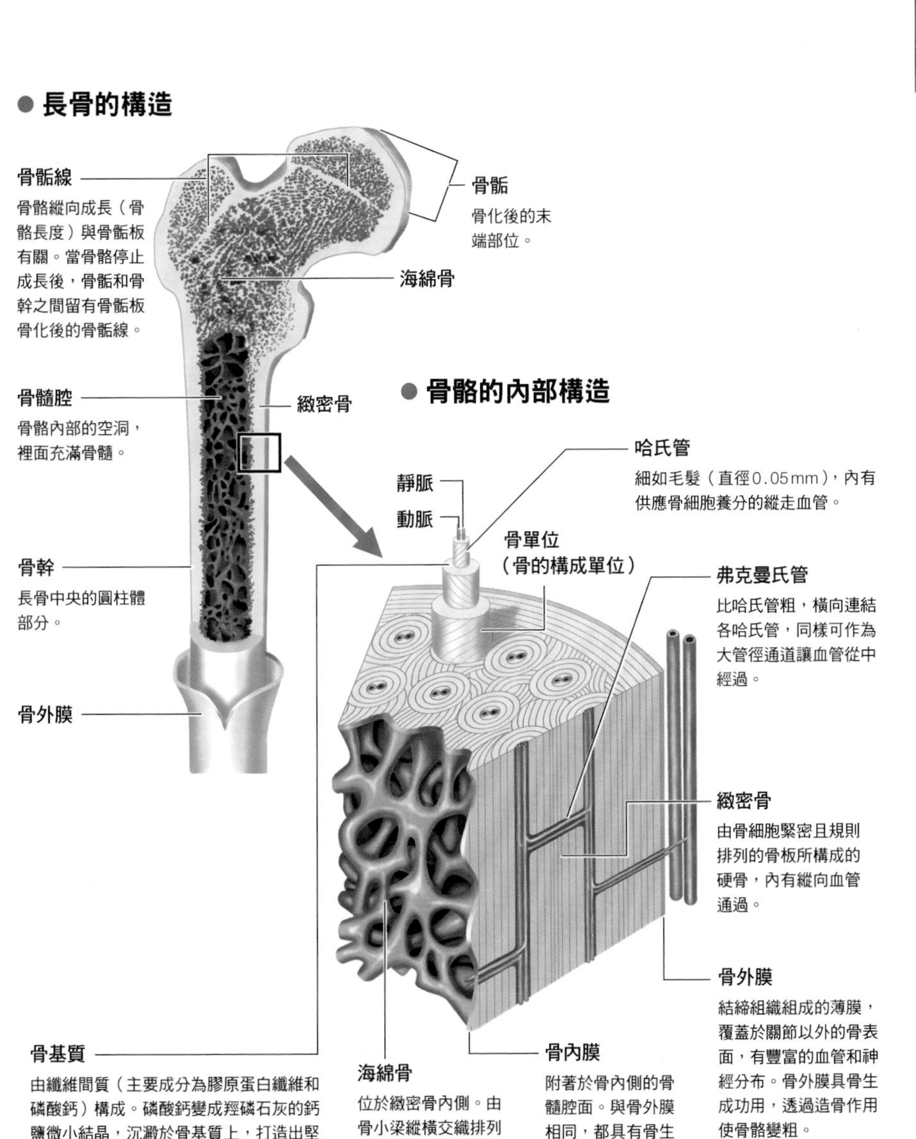
骨骺線
骨骼縱向成長（骨骼長度）與骨骺板有關。當骨骼停止成長後，骨骺和骨幹之間留有骨骺板骨化後的骨骺線。
骨骺
骨化後的末端部位。
海綿骨
骨髓腔
骨骼內部的空洞，裡面充滿骨髓。
緻密骨
骨幹
長骨中央的圓柱體部分。
骨外膜
骨骼的內部構造
哈氏管
細如毛髮（直徑0.05mm），內有供應骨細胞養分的縱走血管。
靜脈
動脈
骨單位
（骨的構成單位）
弗克曼氏管
比哈氏管粗，橫向連結各哈氏管，同樣可作為大管徑通道讓血管從中經過。
緻密骨
由骨細胞緊密且規則排列的骨板所構成的硬骨，內有縱向血管通過。
骨外膜
結締組織組成的薄膜，覆蓋於關節以外的骨表面，有豐富的血管和神經分布。骨外膜具骨生成功用，透過造骨作用使骨骼變粗。
骨基質
由纖維間質（主要成分為膠原蛋白纖維和磷酸鈣）構成。磷酸鈣變成羥磷石灰的鈣鹽微小結晶，沉澱於骨基質上，打造出堅硬的骨骼。
海綿骨
位於緻密骨內側。由骨小梁縱橫交織排列而成，形成無數個小孔，裡面充滿骨髓。
骨內膜
附著於骨內側的骨髓腔面。與骨外膜相同，都具有骨生成功用。

人體骨架

人體骨架由206塊骨骼組成，包含顱骨、脊椎骨、肋骨、胸骨、肩、臂、手部、骨盆、腿、足部等。

● 人體骨架

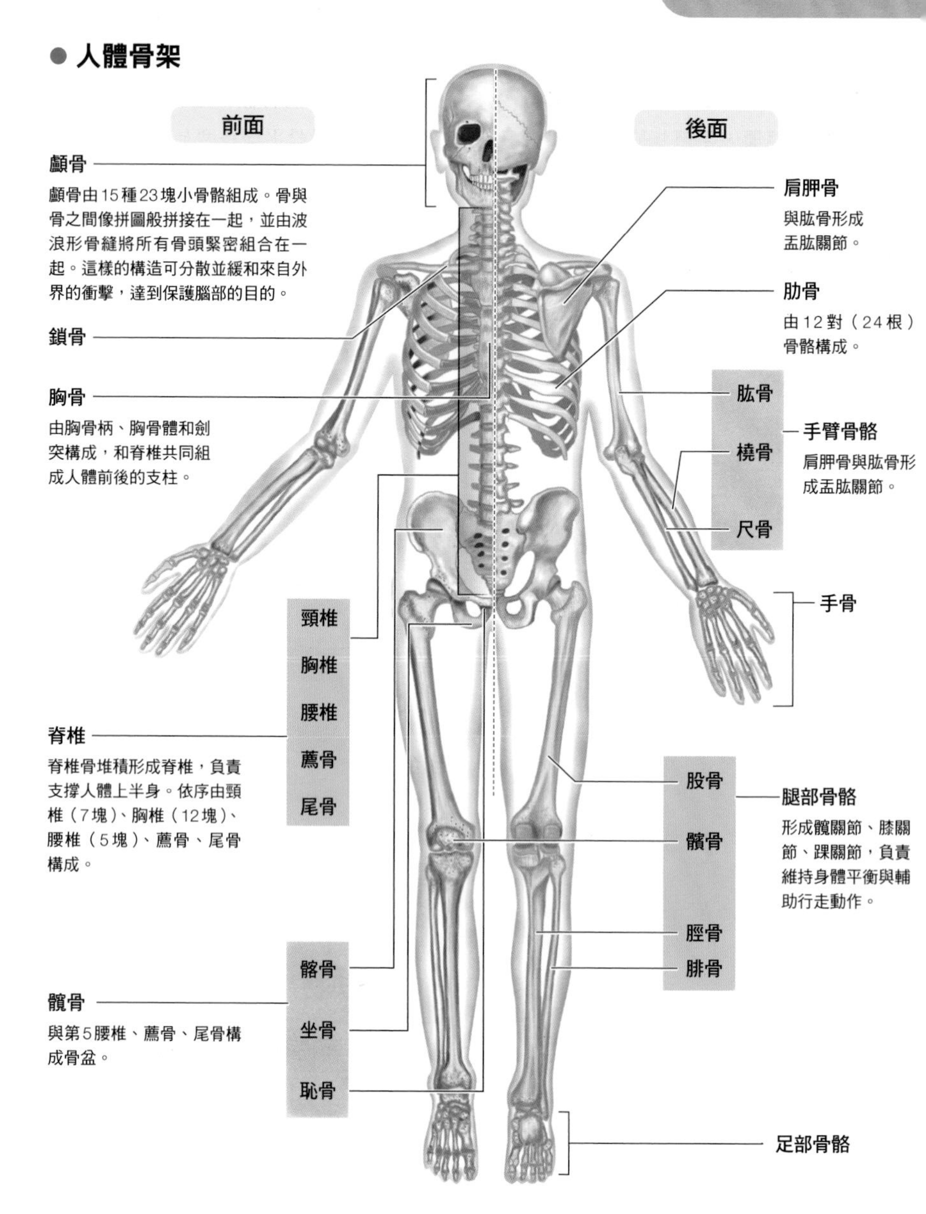
前面
後面
顱骨
顱骨由15種23塊小骨骼組成。骨與骨之間像拼圖般拼接在一起，並由波浪形骨縫將所有骨頭緊密組合在一起。這樣的構造可分散並緩和來自外界的衝擊，達到保護腦部的目的。
鎖骨
胸骨
由胸骨柄、胸骨體和劍突構成，和脊椎共同組成人體前後的支柱。
脊椎
脊椎骨堆積形成脊椎，負責支撐人體上半身。依序由頸椎（7塊）、胸椎（12塊）、腰椎（5塊）、薦骨、尾骨構成。
頸椎
胸椎
腰椎
薦骨
尾骨
髖骨
與第5腰椎、薦骨、尾骨構成骨盆。
髂骨
坐骨
恥骨
肩胛骨
與肱骨形成
盂肱關節。
肋骨
由12對（24根）骨骼構成。
肱骨
橈骨
尺骨
手臂骨骼
肩胛骨與肱骨形成盂肱關節。
手骨
股骨
髕骨
脛骨
腓骨
腿部骨骼
形成髖關節、膝關節、踝關節，負責維持身體平衡與輔助行走動作。
足部骨骼

人體的基礎架構 由206塊骨骼支撐與保護

位置 全身

構造 **骨架**，依字面的意思，就是骨骼組合起來的架構，負責支撐整個人體。

人體共有206塊骨骼，分為**顱骨**29塊、**脊椎**（**脊椎骨**）26塊、**肋骨**加**胸骨**25塊、**肩**、**手臂**、**手部骨骼**64塊、**骨盆**、**腿**、**足部骨骼**62塊。

大家以為只有一塊的顱骨，其實是由29塊小骨骼組合而成。

12對肋骨藉**關節**與脊椎連接在一起，並藉**軟骨**與胸骨連接在一起。當人體進行呼吸運動時，軟骨可輔助胸廓的收縮與擴張。

另一方面，脊椎從頸部經由胸部至腰部，由24塊**脊椎骨**呈輕度S狀彎曲排列，各脊椎骨間夾著具緩衝功用的**椎間盤**，下接**薦骨**和**尾骨**。

構成脊椎的脊椎骨，包含7塊頸部的**頸椎**、12塊胸部的**胸椎**、5塊腰部的**腰椎**、1塊由5小塊骨頭結合起來的**薦骨**，以及1塊由4～5小塊骨骼結合起來的**尾骨**。骨盆則是由薦骨、尾骨、第5腰椎和左右**髖骨**（**髂骨**、**坐骨**、**恥骨**）組成，形狀猶如洗臉盆。

嬰幼兒期的髂骨、坐骨、恥骨各自分開，但成人後會合成一整塊。而在所有骨骼中，最大的骨骼正是雙腿的**股骨**。日本男性的股骨平均長度為41公分，女性則為38公分，約占全身骨骼總重量的四分之一。

賦予人體外形 同時保護腦部與內臟

功能 顱骨形成頭部的外形，並且保護腦、眼球和耳朵。

胸骨和肋骨的結合宛如一個中空鳥籠構造，保護裡面的心臟、肺臟、肝臟等胸廓內的臟器。

骨盆負責保護腸、泌尿器官、生殖器官等腹腔內的臟器。對女性來說，骨盆更是支撐子宮（與妊娠、生產有關）的重要骨骼。

脊椎動物的骨架變遷

人類骨架的特徵之一，就是脊椎帶有彎曲。關於脊椎動物的骨架變遷，從魚類→兩棲類→爬蟲類→哺乳類→南方古猿→人類的進化過程中，可以發現脊椎逐漸彎曲的趨勢。

魚類的脊椎是筆直一條線，兩棲類的胸椎往後方彎曲，爬蟲類的頸椎則是往前方彎曲。進化至哺乳類時，腰椎和薦骨間呈「く」形彎曲，腰椎大幅向前方彎曲，脊椎也就這樣慢慢變成S形的弧度。

人類的脊椎並非一出生就呈S形彎曲。剛出生的小嬰兒，脊椎整體向後彎曲（後彎），成長至會爬之後，頸部的脊椎才逐漸向前彎曲（前彎）。當嬰兒學會坐的時候，腰部向前彎曲（前彎）；而學會站的時候，才終於定型為S形的脊椎。

脊椎的構造

脊椎是由頸椎、胸椎、腰椎、薦骨、尾骨組成，從顱骨下端至骨盆，縱向貫穿人體背部。

26塊椎體和椎間盤共同構成S形弧度

位置 從**顱骨**下端至**骨盆**，縱向貫穿身體背側。

構造 **脊柱**（**脊椎骨**），在解剖學上稱為**脊椎**，由**頸椎**、**胸椎**、**腰椎**、**薦骨**、**尾骨**構成。

構成脊椎的骨骼稱為**脊椎骨**，由位於腹側且呈板狀的**椎體**，以及形成**椎孔**（內有脊髓通過）的**椎弓**所構成。椎弓左右側各有**橫突**斜向突出，中央正後方則有**棘突**，各個椎體之間由**韌帶**和**肌肉**互相連結。

頸椎骨有7塊，負責支撐頭部，各頸椎的形狀不盡相同。

胸椎骨有12塊，各與左右成對的肋骨相連。

腰椎有5塊，特徵是比頸椎和胸椎大且粗。**脊髓**即終止於第一和第二腰椎之間，**主動脈**則於第三和第四腰椎間分支為左右**總髂動脈**。

薦骨於出生時分為5小塊，青春期過後因骨性聯合而變成一塊。尾骨在出生時也分為4～5小塊，同樣隨著成長逐漸合而為一。據說尾骨就是隨進化而消失的尾巴，屬退化器官。另一方面，第五腰椎、薦骨、左右**髖骨**、尾骨共同組成**骨盆**。

椎骨與椎骨之間由**椎間盤**互相連接。椎間盤是由堅韌的纖維**環狀軟骨**所構成，內部中央充滿**髓核**。髓核是一種富彈性的膠狀軟骨，其周圍有纖維軟骨**纖維環**圍繞。

脊椎骨的椎弓部分形成椎孔，所有椎孔上下相連，形成脊椎管，內有中樞神經的脊髓通過。**脊神經**自脊髓分支，從椎體與椎體間的**椎間孔**伸出，並延伸至身體各個角落。

如果脊椎的S形弧度消失……

S形彎曲的脊椎可有效吸收走路時來自地面的衝擊力。以汽車為例，脊椎就相當於懸吊系統。

S形弧度過大或過小，都會對身體造成不良影響。舉例來說，若胸椎過度後彎，容易變成駝背姿勢，腹部突出的姿勢也會造成腰痛。另外，S形弧度若太小，容易因背部肌肉異常緊繃，進而引起肩頸僵硬或頭痛等症狀。

支撐頭部重量 吸收、緩和來自腳底的衝擊力

功能 脊椎呈S形彎曲，頸部向前，胸部向後，腰部向前，臀部向後彎曲。

S形彎曲的脊椎不僅能夠支撐頭部重量，也能於站立和坐著時支撐上半身的重量。除此之外，上半身能夠左右前後彎曲、伸展，並以腰部為中心點扭轉上半身，也都是基於脊椎的S形曲線。

當我們以雙腳站立時，內有心臟、肺臟等器官的胸廓會稍微前傾，身體重心稍微向前，但由於胸椎向後彎曲，有助於重心向後移動，達到平衡，身體自然能夠站直，而不向前或向後傾倒。

脊椎與脊椎骨的構造

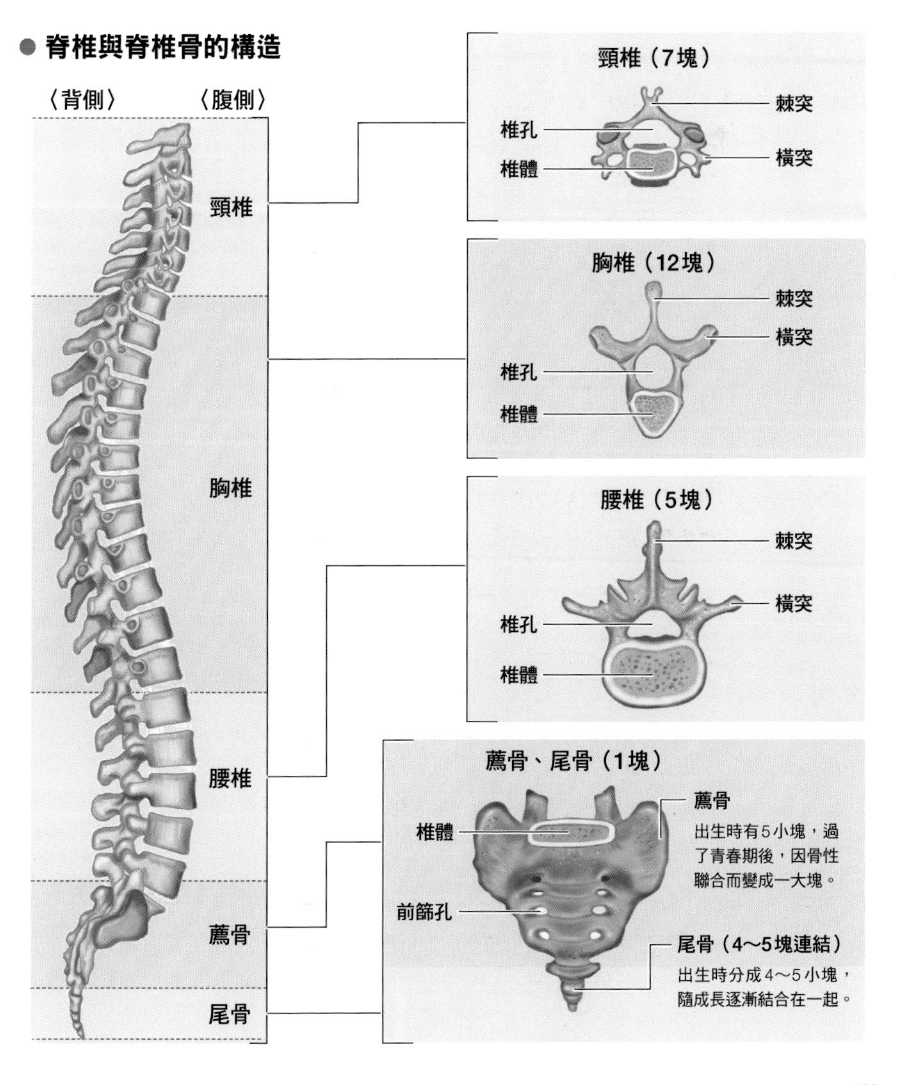
〈背側〉
〈腹側〉
頸椎
胸椎
腰椎
薦骨
尾骨
頸椎（7塊）
棘突
椎孔
椎體
橫突
胸椎（12塊）
棘突
橫突
椎孔
椎體
腰椎（5塊）
棘突
橫突
椎孔
椎體
薦骨、尾骨（1塊）
薦骨
出生時有5小塊，過了青春期後，因骨性聯合而變成一大塊。
椎體
前篩孔
尾骨（4～5塊連結）
出生時分成4～5小塊，隨成長逐漸結合在一起。

關節的構造

兩塊以上的鄰近骨骼連結在一起，形成關節。關節能自由活動，也能吸收與緩和外來衝擊。

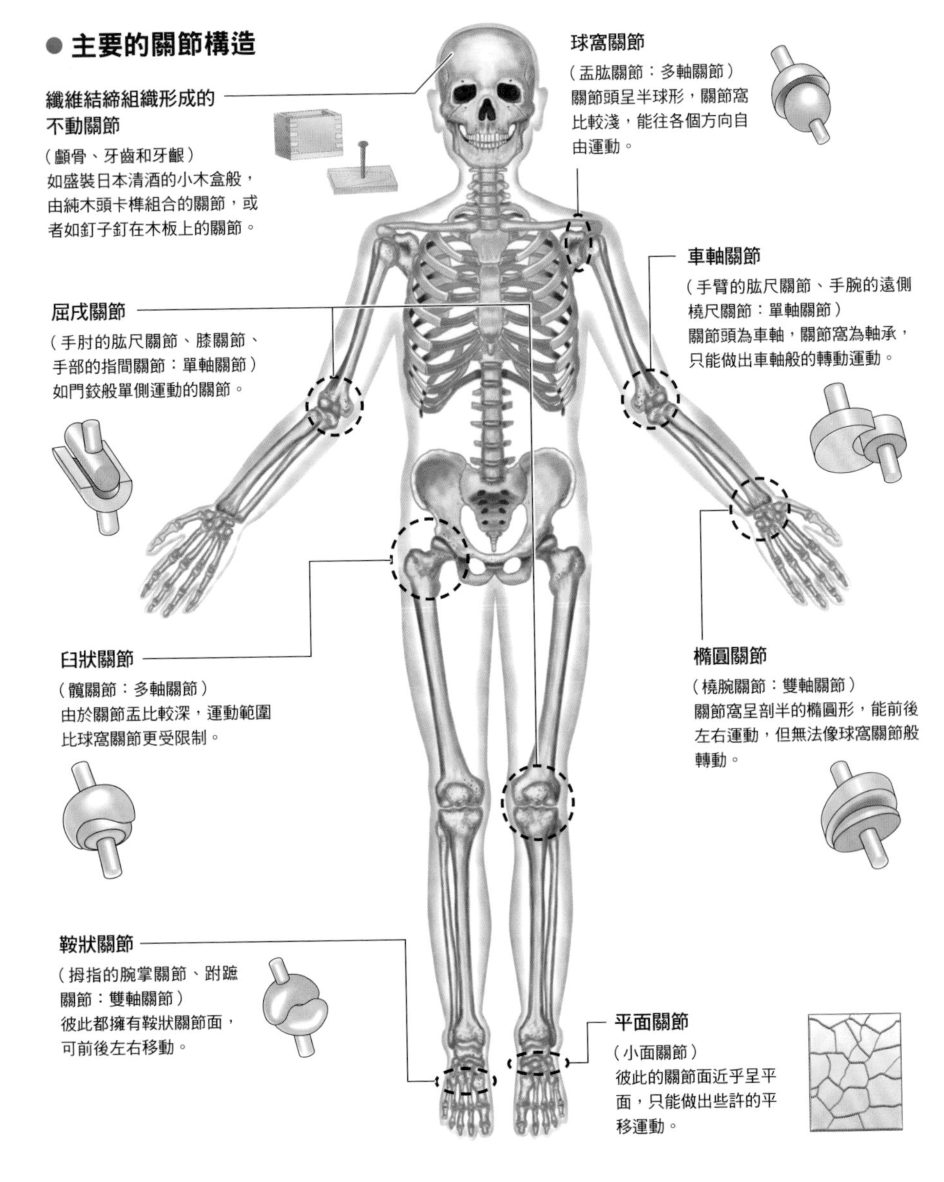

● 主要的關節構造
纖維結締組織形成的不動關節
（顱骨、牙齒和牙齦）
如盛裝日本清酒的小木盒般，由純木頭卡榫組合的關節，或者如釘子釘在木板上的關節。
球窩關節
（盂肱關節：多軸關節）
關節頭呈半球形，關節窩比較淺，能往各個方向自由運動。
車軸關節
（手臂的肱尺關節、手腕的遠側橈尺關節：單軸關節）
關節頭為車軸，關節窩為軸承，只能做出車軸般的轉動運動。
屈戌關節
（手肘的肱尺關節、膝關節、手部的指間關節：單軸關節）
如門鉸般單側運動的關節。
臼狀關節
（髖關節：多軸關節）
由於關節盂比較深，運動範圍比球窩關節更受限制。
橢圓關節
（橈腕關節：雙軸關節）
關節窩呈剖半的橢圓形，能前後左右運動，但無法像球窩關節般轉動。
鞍狀關節
（拇指的腕掌關節、跗蹠關節：雙軸關節）
彼此都擁有鞍狀關節面，可前後左右移動。
平面關節
（小面關節）
彼此的關節面近乎呈平面，只能做出些許的平移運動。

可動範圍和可做動作取決於關節形狀和軸數量

位置 **骨骼**與骨骼間的連結部分。

構造 **關節**指的是兩塊以上的骨骼相互連結的部分。形成關節的骨骼前端，表面覆蓋**關節軟骨**，防止骨骼間因摩擦而受損。軟骨與軟骨之間的縫隙有**滑液膜**，負責分泌具潤滑油效果的**關節液**。關節軟骨裡沒有血管，主要由關節液供應營養。

關節可分為**不動關節**和**可動關節**兩大類。不動關節像是**顱骨**等，透過纖維結締組織固定，幾乎不具可動性。可動關節具備大小不一的可動性，像是盂肱關節、膝關節、肘關節、脊椎等，部分能全方位運動，部分只能小範圍運動。

關節可依關節的形狀進一步分類，也可依運動軸數量來分類。

依關節形狀分類的典型代表為**屈戌關節**和**球窩關節**。

屈戌關節如門鉸般，只能單側橫向運動，例如**肘關節**、**手部的指間關節**等。球窩關節由半球狀的關節頭和淺淺的**關節盂**組成，能夠往各個方向自由轉動，例如**盂肱關節**。

髖關節屬於**臼狀關節**，關節盂較深，與球窩關節相比動作稍受限制。**肱尺關節**屬於**車軸關節**，能往前臂內側和外側轉動。**橈腕關節**屬於**橢圓關節**，手腕能做出屈伸、內收／外展、畫圓動作。**腕掌關節**和**跗蹠關節**屬於**鞍狀關節**，彼此關節面呈鞍狀，能前後左右移動。

小面關節是**平面關節**，由於骨骼的關節面近乎平面，只能做出些許平移運動。

另一方面，纖維結締組織形成的不動關節不具可動性，例如顱骨，有如盛裝日本清酒的小木盒，骨與骨之間以卡榫方式結合在一起。又例如**牙齒**和**牙齦**，則是以打釘方式結合。

依運動軸數量分類，關節可分成**單軸關節**、**雙軸關節**和**多軸關節**三種。

單軸關節僅具備一個運動軸，只能做出屈伸運動。雙軸關節有兩個互相垂直的運動軸，可向兩個方向自由運動，像是屈伸和內收／外展運動。盂肱關節和髖關節屬於多軸運動，能夠向各個方向自由運動。

骨與骨相連形成關節進而施展各種動作

功能 骨骼與骨骼形成關節，再加上**韌帶**和**肌肉**共同合作，身體才能夠自由做出走路、屈曲與伸展等動作。另外，關節還可以吸收並緩和來自外界的衝擊。

軟骨的重要功用

軟骨由軟骨細胞和軟骨基質構成。

軟骨的重要功能之一，是避免關節處的骨骼與骨骼直接接觸，從而保護骨骼。另一方面，連接肋骨與胸骨的軟骨，可配合呼吸運動時肺部的收縮與擴張，從而協助肋骨的擴張與回縮。

肌肉的構造

肌肉可分為帶動骨骼運動的骨骼肌、打造心臟的心肌，以及形成內臟壁和血管壁的平滑肌。

肌肉的兩大類型可分為橫紋肌和平滑肌

位置 全身

構造 **肌肉**可分為**橫紋肌**和**平滑肌**。

橫紋肌附著於手臂、腳、軀幹等骨架上，並進一步區分為控制身體運動的**骨骼肌**，以及構成心臟，使其規律收縮、舒張以形成心跳的**心肌**。另外，平滑肌則分布於內臟壁與血管壁。

骨骼肌是由數以千計的**肌纖維**（**肌細胞**）組成，肌纖維的長軸呈規則的平行排列，交織成橫紋模樣，數條肌纖維組合在一起構成**肌束**。肌纖維由**肌原纖維**集合而成，而肌原纖維由**肌動蛋白肌絲**（細肌絲）和**肌凝蛋白肌絲**（粗肌絲）兩種**肌絲**交互排列而成。

心肌如同骨骼肌，肌纖維長軸呈平行排列，但是心肌的肌纖維比較細，也比較短，且肌纖維束彼此連結在一起。

平滑肌主要構成血管、腸道、氣管、輸尿管、胃、膀胱、子宮等內臟的管壁，其肌纖維比骨骼肌細且短。

骨骼肌又稱為**隨意肌**，可自由受意志支配。另一方面，心肌和平滑肌受**自律神經**和**激素**控制，不受意志支配，因此也稱為**不隨意肌**。

肌肉的種類和特徵

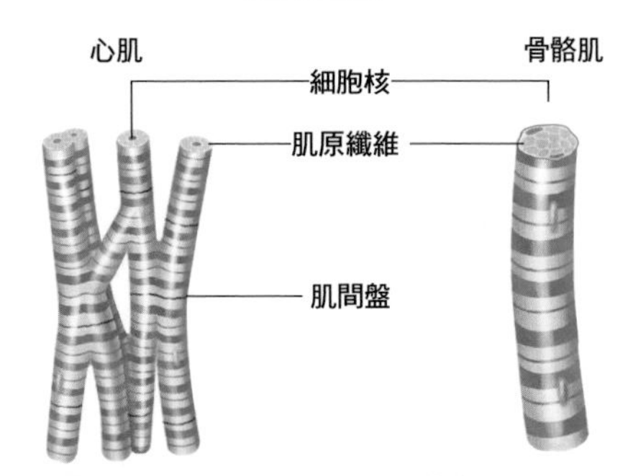
橫紋肌
心肌
骨骼肌
細胞核
肌原纖維
肌間盤

不隨意肌

形成心臟心肌層的肌肉。肌纖維（肌細胞）的長軸呈平行排列，但比骨骼肌的肌纖維細且短，且肌纖維束彼此連結在一起。

隨意肌

附著於骨骼上，共同協作使身體自由運動。肌纖維（肌細胞）的長軸呈規則的平行排列，交織成橫紋模樣。

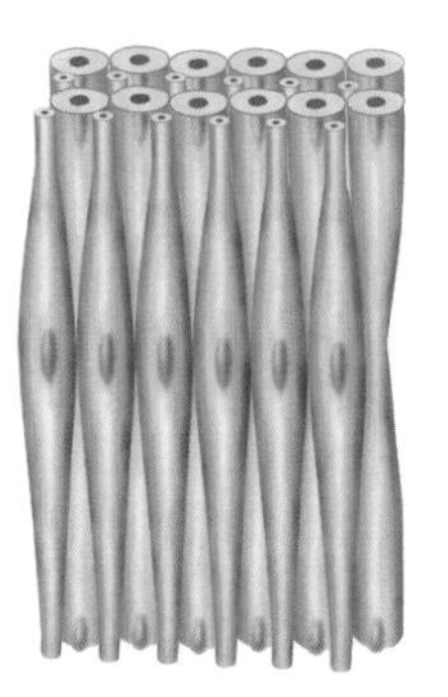
平滑肌

形成內臟和血管的管壁，其肌纖維比骨骼肌的肌纖維細且短。

肌肉的功用因構造而異

功能 當人們遇到危險時，為了迅速採取行動保護身體，骨骼肌會瞬間收縮。相較之下，平滑肌的收縮速度則較為緩慢，因此胃腸的蠕動運動通常都是緩慢進行。

至於構成心臟的心肌，受到來自竇房結（電氣訊號）的刺激時，會反覆進行收縮與舒張，不間歇地產生規律跳動。

基於這個緣故，心肌構造是所有肌肉當中最強韌的類型，尤其是將血液推送至全身的左心室心肌，因為需要強烈收縮，所以厚度是右心房心肌的3倍左右。

肌肉（骨骼肌）的構造

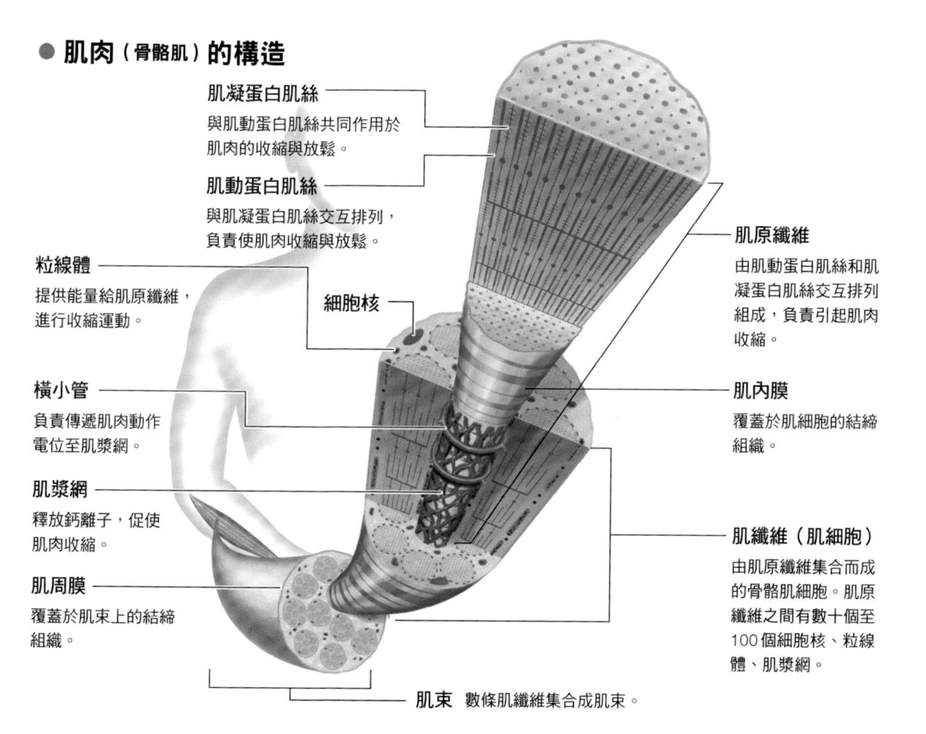
肌凝蛋白肌絲
與肌動蛋白肌絲共同作用於肌肉的收縮與放鬆。
肌動蛋白肌絲
與肌凝蛋白肌絲交互排列，負責使肌肉收縮與放鬆。
粒線體
提供能量給肌原纖維，進行收縮運動。
細胞核
橫小管
負責傳遞肌肉動作電位至肌漿網。
肌漿網
釋放鈣離子，促使肌肉收縮。
肌周膜
覆蓋於肌束上的結締組織。
肌原纖維
由肌動蛋白肌絲和肌凝蛋白肌絲交互排列組成，負責引起肌肉收縮。
肌內膜
覆蓋於肌細胞的結締組織。
肌纖維（肌細胞）
由肌原纖維集合而成的骨骼肌細胞。肌原纖維之間有數十個至100個細胞核、粒線體、肌漿網。
肌束 數條肌纖維集合成肌束。

肌肉活動的能量來源

人體從飲食中攝取能量，其中最主要的能量來源正是糖分。體內的消化酶將醣類分解成葡萄糖，經小腸吸收後，經由肝臟送至血液裡。

分解後的葡萄糖，順著血液循環運送至全身的肌細胞，燃燒後成為能量來源。至於沒有用於能量代謝的葡萄糖，則在肝臟轉變成肝醣，儲存於肝臟和肌肉。當血液中的葡萄糖不足時，肝醣再次被分解成葡萄糖，作為能量使用。

骨骼肌的構造

骨骼肌附著於骨骼上，受意志支配。骨骼肌與骨骼互相合作，使身體能夠自由運動。

● 主要的骨骼肌

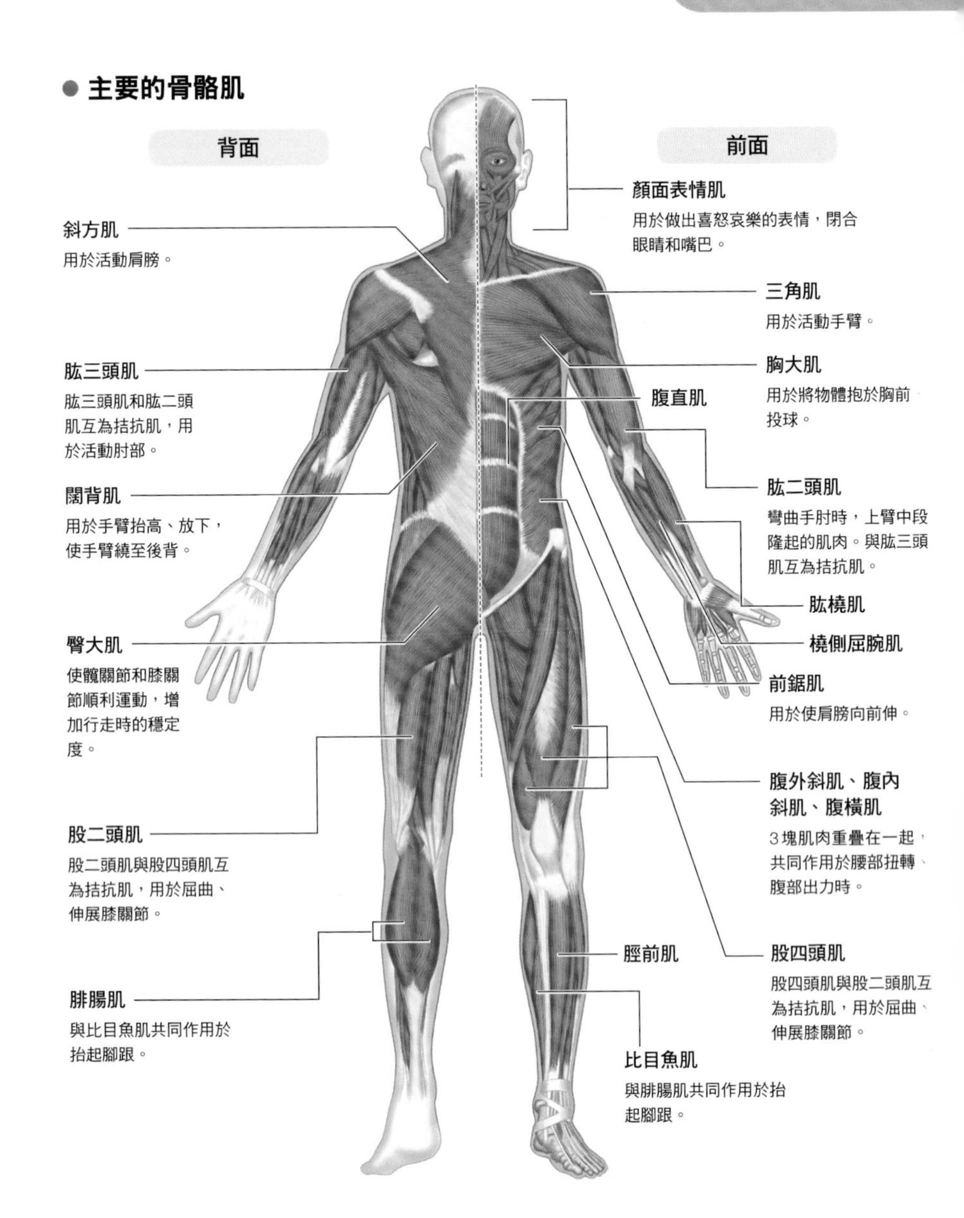
背面
前面
顏面表情肌
用於做出喜怒哀樂的表情，閉合眼睛和嘴巴。
斜方肌
用於活動肩膀。
三角肌
用於活動手臂。
胸大肌
用於將物體抱於胸前投球。
肱三頭肌
肱三頭肌和肱二頭肌互為拮抗肌，用於活動肘部。
腹直肌
肱二頭肌
彎曲手肘時，上臂中段隆起的肌肉。與肱三頭肌互為拮抗肌。
闊背肌
用於手臂抬高、放下，使手臂繞至後背。
肱橈肌
橈側屈腕肌
臀大肌
使髖關節和膝關節順利運動，增加行走時的穩定度。
前鋸肌
用於使肩膀向前伸。
腹外斜肌、腹內斜肌、腹橫肌
3塊肌肉重疊在一起，共同作用於腰部扭轉、腹部出力時。
股二頭肌
股二頭肌與股四頭肌互為拮抗肌，用於屈曲、伸展膝關節。
脛前肌
股四頭肌
股四頭肌與股二頭肌互為拮抗肌，用於屈曲、伸展膝關節。
腓腸肌
與比目魚肌共同作用於抬起腳跟。
比目魚肌
與腓腸肌共同作用於抬起腳跟。

人體約有四百多塊骨骼肌可控制骨骼活動

位置 全身

構造 一般而言，人體約有600塊以上大大小小的**肌肉**，其中**骨骼肌**約400塊以上。以成年男性來說，骨骼肌占了體重的40～50%。

骨骼肌兩端附著於骨骼上，靠近軀幹的附著點為**起點**，中間為**肌腹**，遠離軀幹的附著點為**終點**。

骨骼肌中體積最大的是**股四頭肌**，由**股中間肌**、**股直肌**、**股外側肌**、**股內側肌**所組成。股四頭肌連接**骨盆**、**股骨**、**脛骨**，負責穩定下半身並支撐上半身。另一方面，股四頭肌位於**大腿**前側，後面有**股二頭肌**，一方收縮時，另一方就伸展，協助膝關節屈曲和伸展。

上半身肌肉中，最具代表性的骨骼肌是**胸大肌**。胸大肌連接**胸壁**與**上肢**，幾乎覆蓋整個前胸壁的上半部，與覆蓋盂肱關節的**三角肌**共同活動手臂。頸部後方有**枕下肌群**，由**頭後小直肌**、**頭後大直肌**、**頭上斜肌**、**頭下斜肌**四塊肌肉組成，這個部位分布許多支配頭、眼睛、耳朵的神經。

頭部有負責做出喜怒哀樂表情的**顏面表情肌**，這塊肌肉是分布於額部、枕部、顳部、顏面的骨骼肌的總稱。由於顏面表情肌的一端連接至皮膚，因此也稱為**皮肌**。

骨骼肌透過肌腱與骨骼相連接

功能 收縮的骨骼肌搭配放鬆的骨骼肌，兩者合作共同帶動骨骼運動，從而使身體做出各式各樣的動作。骨骼肌並非直接與骨骼相連，而是透過骨骼肌兩端的**肌腱**連接至骨骼。人體最大的肌腱是通過足踝後方的**阿基里斯腱**，這條肌腱使**小腿三頭肌**附著於**跟骨**上。肌腱由**膠原纖維**構成，透過肌肉收縮以拉動骨骼，輔助身體做出各種動作。

骨骼肌的拮抗關係

多數骨骼肌緊密附著於骨骼的內側面與表面，透過兩兩成對的組合以帶動身體。例如大腿的股四頭肌與股二頭肌、手臂的肱二頭肌與肱三頭肌。

當我們挪動腿或手往某個方向移動時，成對的肌肉組合中，位於移動方向的那塊肌肉會收縮，而另一塊肌肉則放鬆。透過兩塊肌肉不斷收縮與放鬆的拮抗關係，身體各部位才能自由運動。如果肌肉無法協調運動，同時收縮或同時放鬆的話，身體便無法移動至想前往的地方。

順帶一提，肌肉中收縮肌纖維的所占比例，也與出力大小、時間長短密切相關。當我們需要長時間活動身體，或是從事耐力性運動時，慢縮肌纖維（肌纖維較細）所占比例較高；而當我們需要瞬間爆發力時，肌肉中的快縮肌纖維（肌纖維較粗）所占比例較高。

肌肉的收縮與放鬆

肌原纖維由兩種肌絲所構成，肌原纖維集合成肌纖維（肌細胞），肌纖維再形成骨骼肌。

肌原纖維由兩種肌絲構成 肌絲的主要組成即蛋白質

位置 全身

構造 **骨骼肌**由不同數量的**肌束**組成，肌束由**肌纖維**（**肌細胞**）集合而成，而肌纖維則由細長且成束的**肌原纖維**所構成。

肌原纖維由**肌凝蛋白肌絲**和**肌動蛋白肌絲**兩種**肌絲**交互並排而形成，這兩種肌絲的主要成分都是蛋白質。肌原纖維的基本構造為6條細的肌動蛋白肌絲圍繞一條較粗的肌凝蛋白肌絲。

在大腦的支配下 兩種肌絲進行滑行運動

功能 肌肉的收縮與放鬆，仰賴兩種肌絲（肌肉層狀構造的最小單位）滑動，才得以完成動作。

舉例來說，當大腦下達指令「做出卜派手臂」後，運動神經傳遞指令到手臂周圍的肌纖維（肌細胞）。交互並排的肌凝蛋白肌絲和肌動蛋白肌絲在這個刺激之下，互相結合，肌動蛋白肌絲如同被拉動般滑向肌凝蛋白肌絲（此即**肌絲滑行理論**）。

肌凝蛋白肌絲和肌動蛋白肌絲重疊的部分增加，肌原纖維變短且變粗；亦即由肌原纖維集合而成的肌纖維也變短變粗，就這樣形成卜派手臂。

這時候，與收縮肌肉互為拮抗關係的肌肉，則因為肌凝蛋白肌絲和肌動蛋白肌絲重疊的部分減少，肌原纖維變細且變長。

骨骼肌的收縮與放鬆於收到大腦指令的同時立即發生，但相對於此，受自律

小腿抽筋的原因？

小腿抽筋通常是指小腿肚的肌肉強烈疼痛與痙攣的狀態，亦即肌肉持續收縮，無法放鬆。

一般引起小腿抽筋的原因不外是肌肉疲勞或受涼而起。當肌肉無法得到足夠的氧氣，或是肌肉內囤積太多的疲勞物質（乳酸）且無法及時排出體外時，肌肉就會出現異常收縮的現象。

此外，電解質失衡也會引起抽筋。鎂和鈣等電解質可控制神經和肌肉功能，這些電解質的含量比例若失衡，就容易產生抽筋現象。

人的身體會出現異常收縮的肌肉並非只有小腿，足底和脛骨前外側的脛前肌，以及手指、肩膀、頸部等部位的肌肉，都可能出現抽筋的現象。

神經支配的**平滑肌**（構成內臟壁與血管壁），從收到自律神經的指令到做出反應則需要花上一些時間。

由於收縮速度緩慢，平滑肌相對具有耐力，能持續較長的運動時間。另一方面，**心肌**則在自律神經支配下，永不停歇地反覆跳動。

● 肌肉的收縮與放鬆機制

肌肉收縮狀態

肌動蛋白肌絲滑向肌凝蛋白肌絲之間，兩種肌絲重疊部分增加，肌節變粗且變短，肌纖維（肌細胞）因此產生收縮效果。

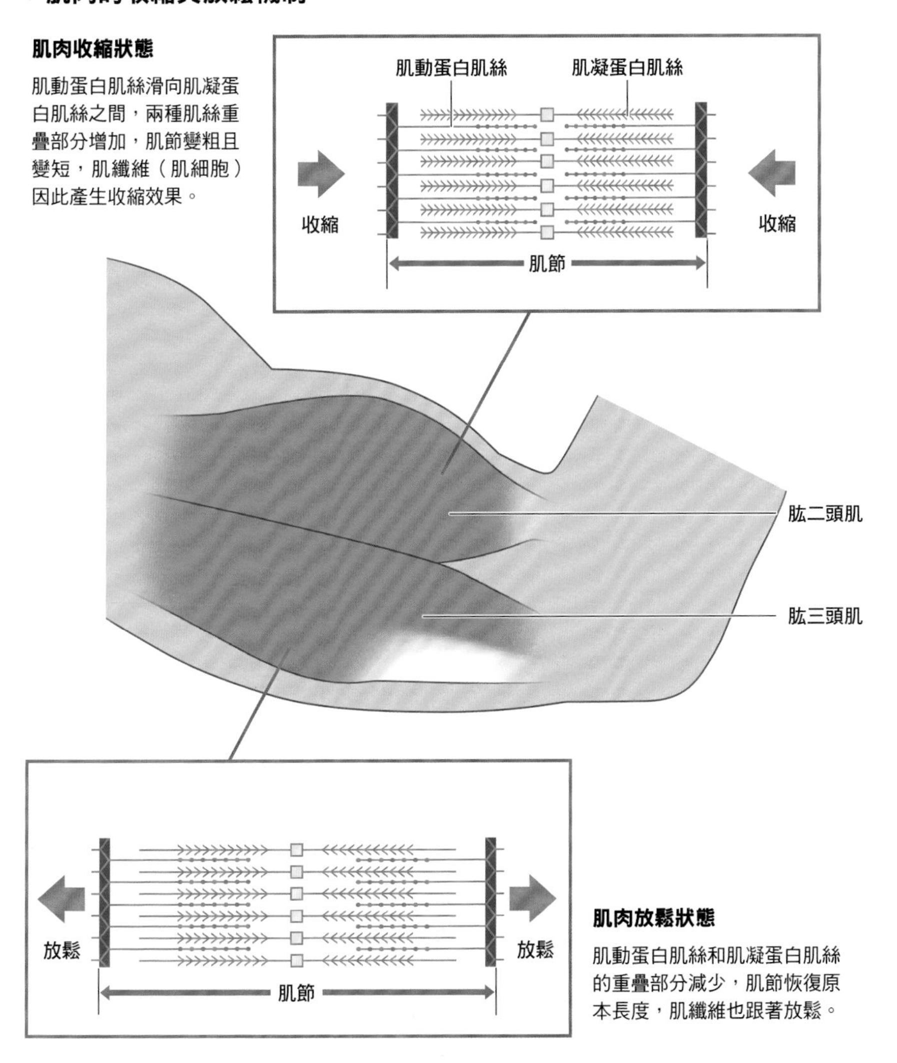
肌動蛋白肌絲
肌凝蛋白肌絲
收縮
收縮
肌節
肱二頭肌
肱三頭肌
放鬆
放鬆
肌節

肌肉放鬆狀態

肌動蛋白肌絲和肌凝蛋白肌絲的重疊部分減少，肌節恢復原本長度，肌纖維也跟著放鬆。

頭部的構造

頭部由15種緊密結合的骨骼，以及受顏面神經支配並做出喜怒哀樂表情的顏面表情肌所構成。

顱骨保護人體重要的腦部不受外力衝擊

位置 **頭部**

構造&功能 頭部的骨架稱為**顱骨**，由15種23塊骨骼組成，分為**腦顱**和**面顱**。

腦顱由1塊**額骨**、**枕骨**、**蝶骨**、**篩骨**，以及左右一對的**顳骨**、**頂骨**構成。

面顱則由1塊**犁骨**、**下頜骨**、**舌骨**，以及左右一對的**鼻骨**、**淚骨**、**上頜骨**、**下鼻甲骨**、**顴骨**、**腭骨**構成。

額骨、上頜骨、蝶骨等骨頭，雖然部分較厚，但內部中空，可大幅減輕頭顱的重量。

顳骨在所有顱骨當中是最薄的骨頭，這個部位若受到撞擊，骨折的危險性較其他骨骼高。

頭顱的骨與骨之間，如同拼圖般拼接在一起，並由波浪形**骨縫**將各骨頭組合連結。顱骨的結合之所以如此複雜，目的便在於分散並緩和外來的衝擊，藉以保護腦部。

顏面神經支配顏面表情肌使臉部肌肉做出表情

構造&功能 臉部之所以能夠表現出喜怒哀樂等情緒，正是透過臉部的**顏面表情肌**運動，才得以做出各式各樣的表情。

顏面表情肌是**隨意肌**，受**顏面神經**所支配。

顏面表情肌之一的**額肌**分布於額頭，能在額頭上形成皺紋，並且拉提眉毛；**皺眉肌**則能使雙眉間形成皺紋。

為什麼下顎會發出奇怪的聲音？

就人體部位的使用頻率而言，下顎的使用率非常高，無論吃飯還是說話，都必須頻繁使用這個部位，因此下顎出問題其實並非罕見之事。例如想張大嘴，卻因為僵硬而打不開；或是開合嘴巴時，骨頭發出「喀喀」的奇怪聲音，以及下顎關節和肌肉疼痛，這些都是常見的下顎異常現象。引起這些症狀的原因可能是咬合不正、磨牙、不自覺緊咬牙齒、習慣托腮等等。

不過，各位也不能因此而輕忽，這些下顎異常現象也可能是顳顎關節症候群所造成。顳顎關節症候群是指顳顎關節或咀嚼肌功能異常的症狀，依病變部位可分為幾種類型。如果是重度顳顎關節症候群，顳顎關節內的關節盤可能自下頜骨髁頭移位（顳顎關節內部紊亂）。若長期處於高壓環境中，不僅容易引起顳顎關節症候群，也容易造成症狀惡化。

眼輪匝肌的功用是開合眼睛；**顴肌**能拉提嘴角，做出愉快的表情；**降口角肌**則是將嘴角向下垂，做出悲傷的表情。

另一方面，噘嘴、抿嘴等動作，仰賴圍繞在嘴巴四周的**口輪匝肌**；**笑肌**則能將兩側嘴角向外拉開，做出微笑表情。

● 主要的顱骨與顏面表情肌

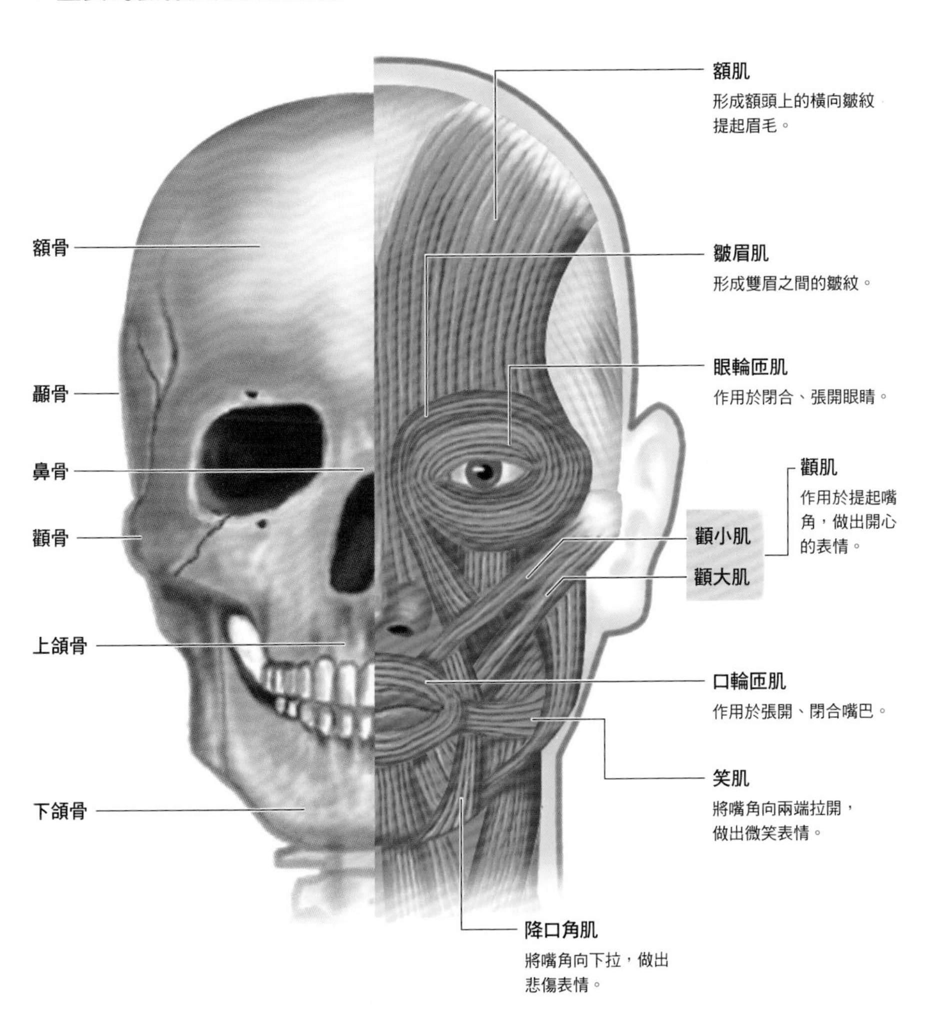
額肌
形成額頭上的橫向皺紋
提起眉毛。
額骨
皺眉肌
形成雙眉之間的皺紋。
顳骨
眼輪匝肌
作用於閉合、張開眼睛。
鼻骨
顴肌
作用於提起嘴角，做出開心的表情。
顴骨
顴小肌
顴大肌
上頜骨
口輪匝肌
作用於張開、閉合嘴巴。
笑肌
將嘴角向兩端拉開，
做出微笑表情。
下頜骨
降口角肌
將嘴角向下拉，做出
悲傷表情。

胸部與腹部的構造

胸部是由胸椎、胸骨、肋骨、胸大肌、胸小肌所構成；腹部則是由腰椎、骨盆、腹直肌、腹外斜肌等構成。

● 胸部、腹部的骨骼與肌肉

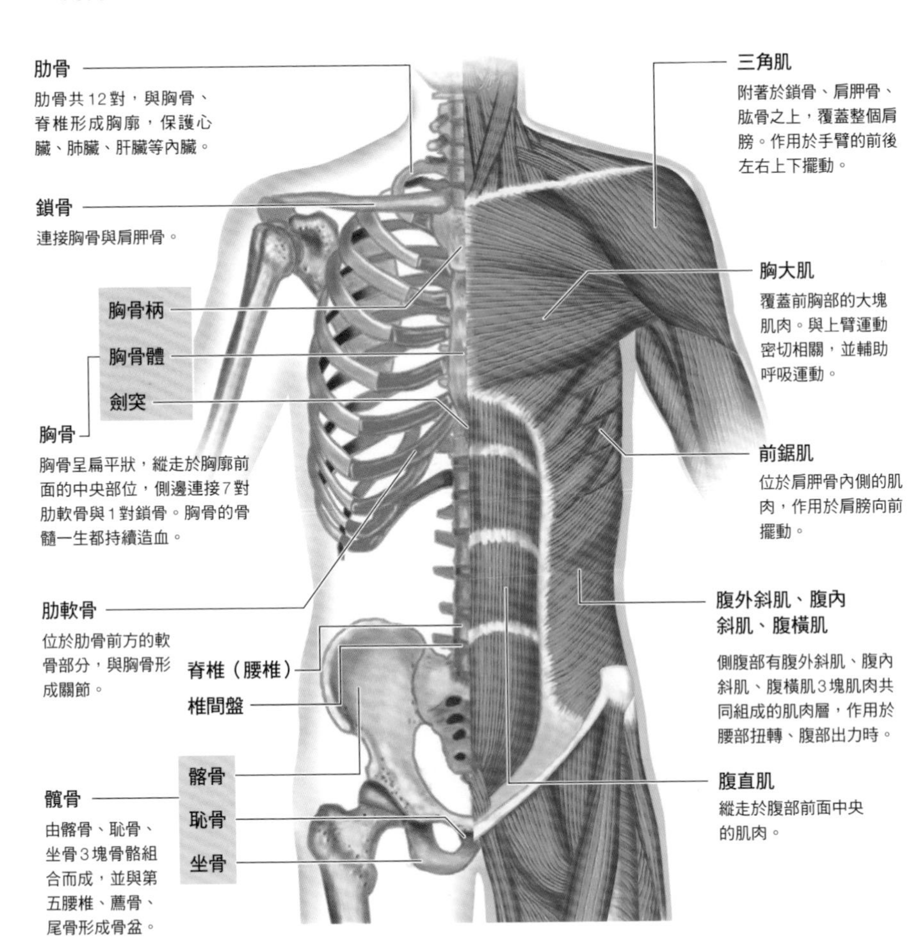
肋骨
肋骨共12對，與胸骨、脊椎形成胸廓，保護心臟、肺臟、肝臟等內臟。
鎖骨
連接胸骨與肩胛骨。
胸骨柄
胸骨體
劍突
胸骨
胸骨呈扁平狀，縱走於胸廓前面的中央部位，側邊連接7對肋軟骨與1對鎖骨。胸骨的骨髓一生都持續造血。
肋軟骨
位於肋骨前方的軟骨部分，與胸骨形成關節。
脊椎（腰椎）
椎間盤
髂骨
恥骨
坐骨
髖骨
由髂骨、恥骨、坐骨3塊骨骼組合而成，並與第五腰椎、薦骨、尾骨形成骨盆。
三角肌
附著於鎖骨、肩胛骨、肱骨之上，覆蓋整個肩膀。作用於手臂的前後左右上下擺動。
胸大肌
覆蓋前胸部的大塊肌肉。與上臂運動密切相關，並輔助呼吸運動。
前鋸肌
位於肩胛骨內側的肌肉，作用於肩膀向前擺動。
腹外斜肌、腹內斜肌、腹橫肌
側腹部有腹外斜肌、腹內斜肌、腹橫肌3塊肌肉共同組成的肌肉層，作用於腰部扭轉、腹部出力時。
腹直肌
縱走於腹部前面中央的肌肉。

胸椎、胸骨、肋骨共同保護心臟、肺臟和肝臟

位置 **胸部、腹部**

構造&功能 **橫膈膜**隔開胸部與腹部。

橫膈膜上方為胸部（**胸廓**），外形像個鳥籠，保護裡面的心臟、肺臟、肝臟等維持生命的重要器官，而橫膈膜下方為腹部（**腹腔**）。

胸部與腹部背側有縱向貫穿的**脊椎**。胸廓由12塊**胸椎**、1塊**胸骨**、12對（24塊）**肋骨**構成。胸骨是由**胸骨柄**、**胸骨體**、**劍突**所組成，與脊椎分別於前後支撐起身體。脊椎與胸骨即是藉由肋骨、**肋軟骨**連接在一起。

腹部的下方為**骨盆**，骨盆是由**第五腰椎**、**薦骨**、**尾骨**、左右**髖骨**（**髂骨**、**恥骨**、**坐骨**）所構成。男女骨架最大的不同之處就在於骨盆，為了方便胎兒通過，女性的**骨盆開口**大於男性；男性的骨盆開口呈倒三角形，女性則趨近於圓形。另外，連結左右恥骨的**恥骨聯合**角度（**恥骨角**），也是女性大於男性。

脊椎當中的腰椎，負責支撐頭部、手臂，以及軀幹的重量，並且維持上半身直立。

骨盆不僅保護大小腸、泌尿器官、子宮、卵巢等生殖器官，也負責支撐妊娠中的子宮。

胸肌以胸大肌為代表 腹肌呈上下、左右、斜向走向

構造&功能 人體最具代表的胸部肌肉正是**胸大肌**與**胸小肌**。

胸大肌從**鎖骨**和**胸骨**延伸至上臂前面，作用於將物體抱於胸前、投球時。胸小肌位於胸大肌的深處，**前鋸肌**位於肩胛骨內側，作用於肩膀向前伸運動。

至於腹部方面，有一對細長的**腹直肌**縱走於腹部中央，而腹部兩側為三層結構的**腹外斜肌**、**腹內斜肌**和**腹橫肌**。這三塊肌肉的**肌纖維**走向各有不同，主要作用於腰部扭轉運動和腹部出力時。腹部肌肉呈上下、左右、斜向分布，受**肋間神經**支配。

腹部的囤積脂肪可以保護內臟？

腹部缺乏保護臟器的骨骼，取而代之的便是皮下脂肪和內臟脂肪，因此腹部特別容易囤積脂肪。當然，腹部肌肉也具有保護內臟的功用，因此當肌肉減少時，脂肪便會相對增加。

腹部的肌肉 ── 腹直肌，從肋骨下方延伸至恥骨，縱向位於腹部中央，可將內臟收納在正確的位置上。隨著腹直肌逐漸衰退，腹部便容易形成俗稱的啤酒肚。但是只要我們勤加鍛鍊這塊肌肉，就能夠練出壁壘分明的六塊肌。

再就健身的角度而言，鍛鍊腹斜肌還能夠雕塑出美麗的腰線。因此如果想要避免腹部囤積過多的皮下脂肪和內臟脂肪，最重要的就是勤加鍛鍊腹直肌和腹斜肌這兩大關鍵部位。

背肌的構造

腹肌和背肌（淺層與深層背肌）共同支撐上半身和手臂，作用於身體前後左右的擺動。

活動肩胛骨的斜方肌以及與斜方肌相連的闊背肌

位置 **背部**

構造&功能 **腹肌**與數塊**背肌**共同支撐上半身。最具代表的背肌正是**淺層背肌**的**斜方肌**和**闊背肌**，左右對稱覆蓋於身體表面。

斜方肌外觀呈三角形，從頸部延伸至背部，覆蓋於左右兩側的肩背面，作用於**肩胛骨**等整個肩膀的運動。斜方肌同時也有保持頭部直立角度，並於抬起上半身時支撐雙臂重量的功用。

闊背肌是一塊大肌肉，從**脊椎**和**骨盆後方**延伸至**肱骨**，並與斜方肌連接在一起。闊背肌作用於手臂放下、手臂向後拉、手臂繞至背後等運動。

三角肌呈三角形，覆蓋在肩膀至手臂根部的部位，作用於手臂抬起運動。另外，背側脊椎的頸部有**豎脊肌**，負責抬起頭部、保持上半身直立，並且於頭部改變方向時，透過收縮與放鬆運動，維持頭部的姿勢。

豎脊肌外側的肌群為**髂肋肌**，中間的內側肌群為**最長肌**，而最內側的肌群則是**棘肌**。

深層也有許多肌肉各有各的功能

構造&功能 背肌除了斜方肌和闊背肌等淺層肌肉外，另外也有許多**深層肌肉**。

位於斜方肌深層的是**提肩胛肌**，如同字面意思，負責提起肩胛骨等運動。另

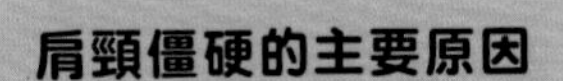
肩頸僵硬的主要原因

絕大多數的人都有肩頸僵硬的問題，但其實這並不是醫學上的疾病名稱，只是一種症狀。造成肩頸僵硬的主要原因便是出在頸後方延伸至肩、背的斜方肌。

由於斜方肌作用於肩胛骨運動，連接至脊椎和上肢，當四周血液循環不良，導致乳酸等疲勞物質囤積時，便容易引起肌肉疲勞、肩頸部位僵硬的現象。僵硬的肌肉壓迫血管，進一步造成血液循環變差，疲勞物質更加無法排出體外，一連串的惡性循環使肩頸僵硬症狀更加嚴重。

如果想要改善這個問題，切記不可長時間維持同一姿勢，更不要做出高難度的硬撐動作。另外，駝背姿勢也容易引起肩頸僵硬問題，因為頭部位置向前突出，頭部重心落在前方，導致肩頸肌肉必須跟著拉長才能支撐頭部重量，久而久之便容易累積疲勞。

除此之外，手腳冰冷等血液循環不良現象，也是引起肩頸僵硬的原因之一。

外還有**後上鋸肌**，負責提起第二～第五肋骨，並輔助呼吸運動。**小菱形肌**和**大菱形肌**作用於肩胛骨的上提、內收、旋轉等運動。

棘下肌作用於手臂的伸展、水平伸展、外轉等運動。**小圓肌**的功用幾乎與棘下肌相同。**大圓肌**位於小圓肌下方，功用同小圓肌，但是相對於小圓肌可使手臂向外轉，大圓肌的主要功用是使手臂向內轉動。**後下鋸肌**負責將下段的肋骨拉往下背方向，使身體向背側轉動與伸展，並且輔助呼吸運動。

● 背部的肌肉

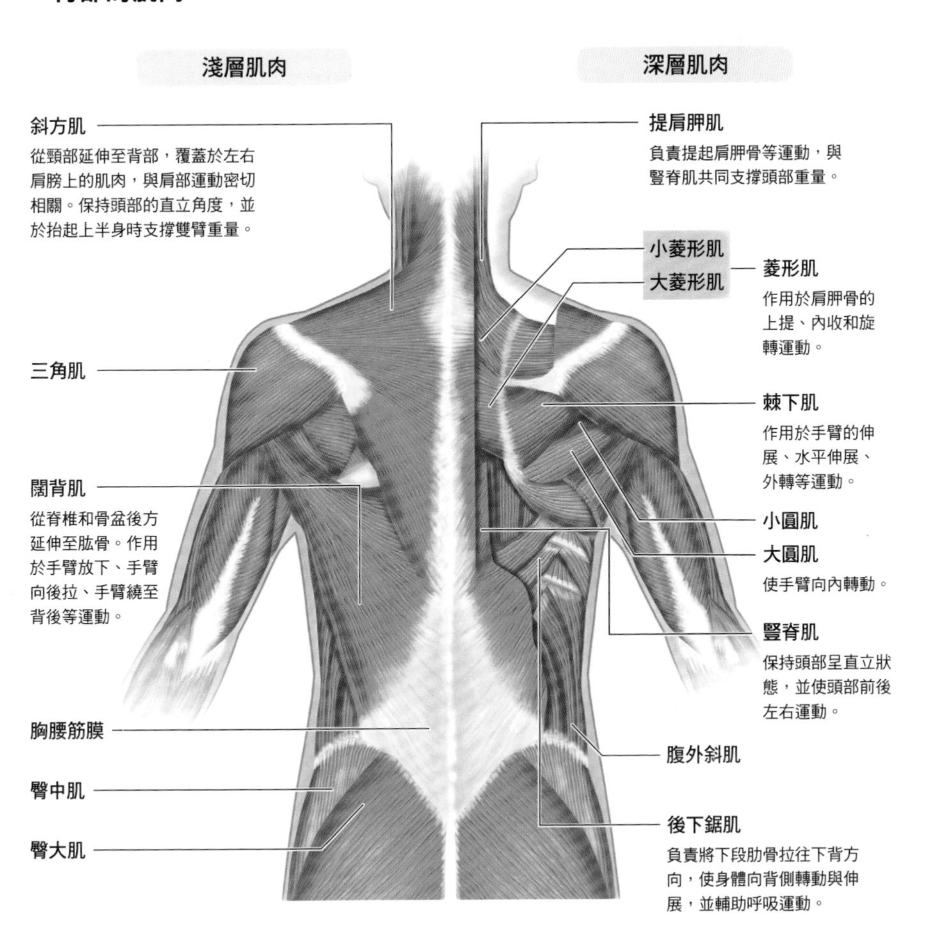
淺層肌肉
深層肌肉
斜方肌
從頸部延伸至背部，覆蓋於左右肩膀上的肌肉，與肩部運動密切相關。保持頭部的直立角度，並於抬起上半身時支撐雙臂重量。
三角肌
闊背肌
從脊椎和骨盆後方延伸至肱骨。作用於手臂放下、手臂向後拉、手臂繞至背後等運動。
胸腰筋膜
臀中肌
臀大肌
提肩胛肌
負責提起肩胛骨等運動，與豎脊肌共同支撐頭部重量。
小菱形肌
大菱形肌
菱形肌
作用於肩胛骨的上提、內收和旋轉運動。
棘下肌
作用於手臂的伸展、水平伸展、外轉等運動。
小圓肌
大圓肌
使手臂向內轉動。
豎脊肌
保持頭部呈直立狀態，並使頭部前後左右運動。
腹外斜肌
後下鋸肌
負責將下段肋骨拉往下背方向，使身體向背側轉動與伸展，並輔助呼吸運動。

手臂的構造

手臂是由肱骨、尺骨、橈骨、盂肱關節、肘關節、三角肌、肱二頭肌、肱三頭肌、肱橈肌等組成。

手臂的兩大關節 盂肱關節和肘關節

位置 **上肢**（**上臂**和**前臂**）

構造&功能 手臂以**手肘**為分界線，靠近肩膀的部分為上臂，靠近手腕的部分為前臂。

上臂有**肱骨**，前臂內側有**尺骨**，前臂外側為**橈骨**。肱骨的上端部位稱為**肱骨頭**，呈球狀，並且與**肩胛骨**外側的淺窩（**肩胛骨關節盂**）形成**盂肱關節**。

盂肱關節由許多**肌肉**與**韌帶**固定，進而使肱骨頭可在肩胛骨關節盂的盤狀淺窩裡自由活動。盂肱關節的可動範圍相當大，能夠做出屈曲、伸展、外展等各種動作。

肘關節是由肱骨與橈骨、尺骨、**副韌帶**、**橈骨環狀韌帶**共同構成，手肘的關節實際上包括**肱尺關節**、**肱橈關節**、**近端橈尺關節**三個關節，並共同包覆於**關節囊**中。此外，前臂的橈骨與尺骨之間則藉由**前臂骨間膜**相連。

肱二頭肌與肱三頭肌 互為拮抗肌組合

構造&功能 手臂的肌肉包含上臂的**三角肌**、**肱二頭肌**、**肱三頭肌**，前臂的**肱橈肌**、**橈側屈腕肌**、**尺側屈腕肌**、**掌長肌**、**屈指淺肌**等。

另外，在手臂運動中，包覆盂肱關節的三角肌可將手臂向前方、後方、外側擺動，也是不可或缺的重要肌肉。

我們一般所熟知的健美姿勢 —— 卜派手臂，正是肱二頭肌作用於屈曲手臂，舉起重物時也會使用到這處肌肉。肱三

肩膀總共有幾個關節？

說到肩膀關節，通常是指肱骨與肩胛骨形成的盂肱關節，但其實肩部還有肋椎關節、胸鎖關節、肩鎖關節、肩峰下關節、胸肋關節、肩胛胸廓關節等6個關節。

盂肱關節是肩膀關節中可動範圍最大的關節，可以向左右、前後、上下轉動，做出複雜的動作，然而這麼大的可動範圍並非單靠盂肱關節就能完成。舉例來說，我們能將手臂從前方抬舉至正上方，單靠盂肱關節其實只能到水平位置。

那麼，為什麼我們能夠將手臂舉到正上方呢？

這是因為肩鎖關節、胸鎖關節和盂肱關節一起連動，各自貢獻一部分的活動度。由此可知，肩部的7個關節彼此合作，共同使肩膀至上肢順暢做出更多動作。

頭肌則相反，主要作用於伸展手臂。肱二頭肌和肱三頭肌互為**拮抗肌**，當一方收縮時，另一方則放鬆，藉由這樣的**拮抗作用**屈曲與伸展手臂。

另外還有前臂的肱橈肌，從上臂的肱骨起始橫跨整個前臂，連接至**手腕**的關節部分。

● 手臂的骨骼與關節（後面觀）

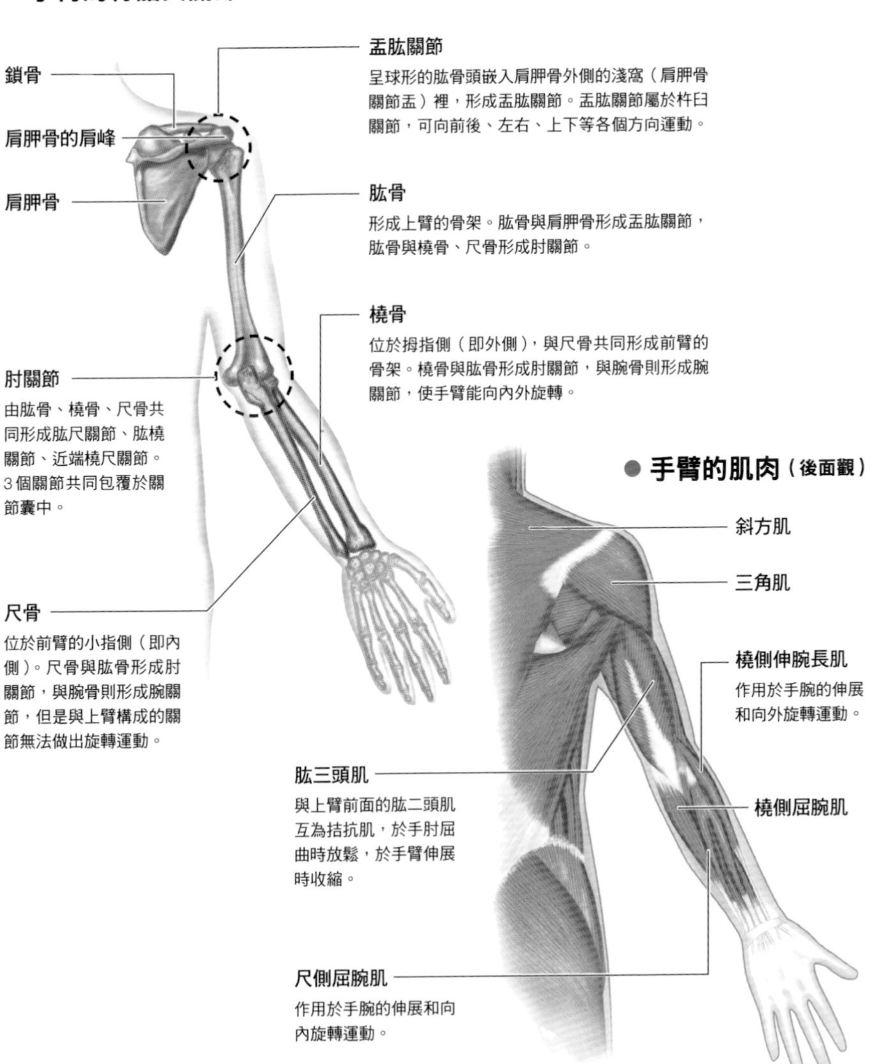
盂肱關節
呈球形的肱骨頭嵌入肩胛骨外側的淺窩（肩胛骨關節盂）裡，形成盂肱關節。盂肱關節屬於杵臼關節，可向前後、左右、上下等各個方向運動。
鎖骨
肩胛骨的肩峰
肩胛骨
肱骨
形成上臂的骨架。肱骨與肩胛骨形成盂肱關節，肱骨與橈骨、尺骨形成肘關節。
橈骨
位於拇指側（即外側），與尺骨共同形成前臂的骨架。橈骨與肱骨形成肘關節，與腕骨則形成腕關節，使手臂能向內外旋轉。
肘關節
由肱骨、橈骨、尺骨共同形成肱尺關節、肱橈關節、近端橈尺關節。3個關節共同包覆於關節囊中。
尺骨
位於前臂的小指側（即內側）。尺骨與肱骨形成肘關節，與腕骨則形成腕關節，但是與上臂構成的關節無法做出旋轉運動。
● 手臂的肌肉（後面觀）
斜方肌
三角肌
橈側伸腕長肌
作用於手腕的伸展和向外旋轉運動。
肱三頭肌
與上臂前面的肱二頭肌互為拮抗肌，於手肘屈曲時放鬆，於手臂伸展時收縮。
橈側屈腕肌
尺側屈腕肌
作用於手腕的伸展和向內旋轉運動。

手部的構造

手部是由骨骼（腕骨、掌骨、指骨）以及關節、肌肉、肌腱、韌帶等組織，巧妙組合而成。

手部可做出精細動作 由27塊小骨骼組合而成

位置 手部

構造&功能 手部是由許多小骨骼組合而成，能夠做出握取、投擲物體、彈奏樂器、寫字等各種複雜且精細的動作。

手部的骨骼包含前臂側8塊**腕骨**（**舟狀骨**、**月狀骨**、**三角骨**、**豆狀骨**、**大多角骨**、**小多角骨**、**頭狀骨**、**鉤狀骨**），手掌與手背側5塊**掌骨**（**第一～第五掌骨**），以及手指部位的14塊**指骨**（**拇指的近端指骨**、**遠端指骨**，**食指**、**中指**、**無名指**，**小指**的**近端指骨**、**中間指骨**、**遠端指骨**），總共由27塊骨骼所組成。

手腕藉骨骼巧妙組合成**腕關節**，由**前臂**的**橈骨**、**尺骨**與腕骨的舟狀骨、月狀骨、三角骨連結形成關節。在這些腕關節和**上臂**、前臂的合作之下，使手部做出彎曲、伸展、扭轉等多樣化動作。

另一方面，手指關節也能夠做出抓、捏、握等各種複雜且精細的動作。

為了避免這些小骨骼四分五裂，骨骼之間形成的各關節都有**韌帶**加以固定與連結。

肌腱負責固定手指的骨骼與肌肉

構造&功能 從前臂延伸至指尖的血管和神經密集分布於手上，而韌帶的工作就是負責保護這些血管和神經。

手背側的韌帶稱為**伸肌支持帶**，手掌側的韌帶稱為**屈肌支持帶**。構成手指的遠端指骨、中間指骨、近端指骨、掌骨之間，以及掌骨和腕骨之間，也都有小

「手指吃蘿蔔乾」可以拉直指頭嗎？

當指尖受到強力衝擊時，關節周圍出現腫脹，這就是我們常說的手指吃蘿蔔乾。手指吃蘿蔔乾通常是外力造成附著於遠端指骨的伸肌腱斷裂而引起，主要症狀為疼痛、腫脹，手指不能動。

若外力進一步導致遠端指骨發生撕裂性骨折，且指尖無法伸展時，這種情況便稱為槌狀指，因骨折伴隨肌腱斷裂而引起。

常聽人說手指吃蘿蔔乾時，只要將手指拉直就好，其實這樣做是不對的。一旦處理不當，容易造成肌腱受損、手指關節扭傷、脫臼、骨折，反而使情況更加惡化。手指吃蘿蔔乾或槌狀指所造成的嚴重疼痛與腫脹現象，即使日後手指消腫，也難以恢復原本筆直的模樣，或多或少會呈現彎曲狀態，建議還是前往骨科接受治療。

關節存在。

另一方面，從前臂肌肉延伸而來的**伸肌肌腱**和**屈肌肌腱**附著於手指肌肉上，牢牢固定骨骼與肌肉。這些肌腱全包覆在纖維性結締組織的**腱鞘**內。5根手指各自的腱鞘內都充滿**滑液**，使肌肉和肌腱活動更加靈活。

● **手部的骨骼**（右手手背側）

● **手部的肌肉與肌腱**（右手手掌側）

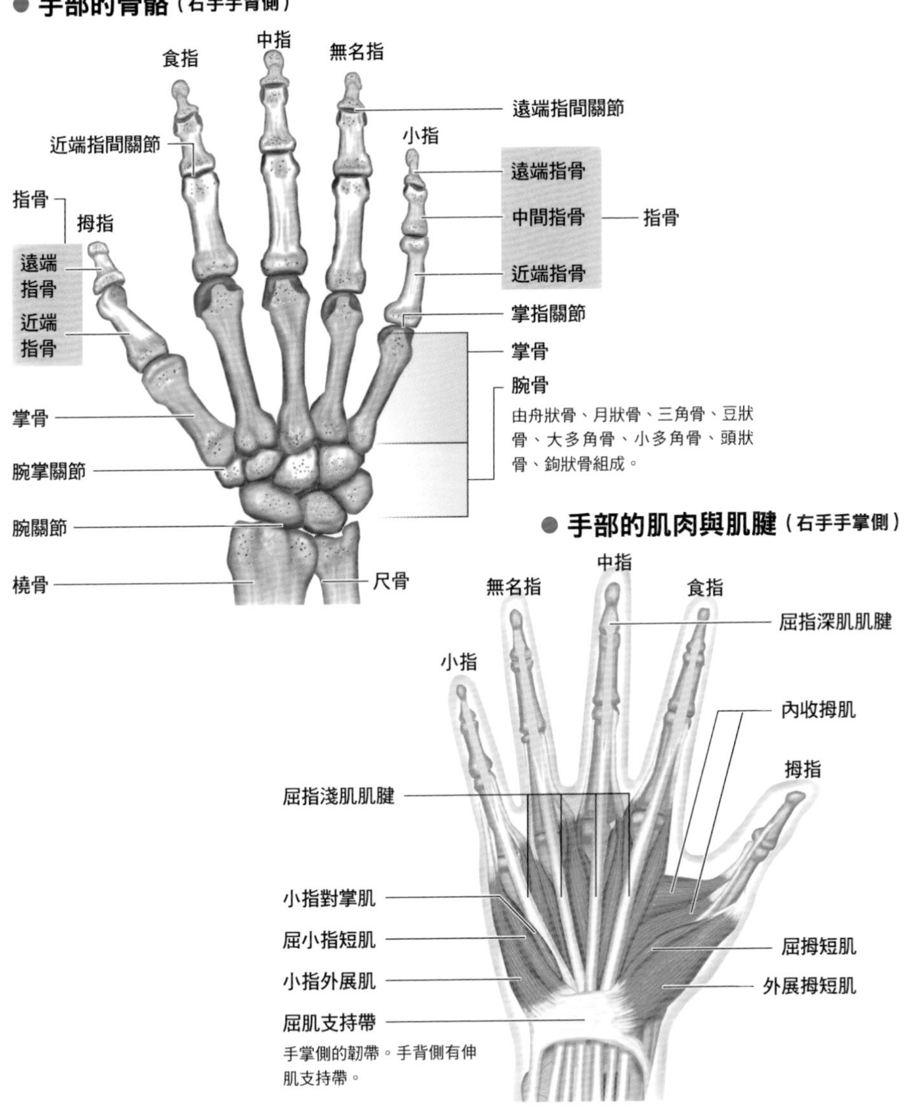

食指
中指
無名指
遠端指間關節
近端指間關節
小指
指骨
拇指
遠端指骨
中間指骨
指骨
遠端指骨
近端指骨
近端指骨
掌指關節
掌骨
腕骨
掌骨
由舟狀骨、月狀骨、三角骨、豆狀骨、大多角骨、小多角骨、頭狀骨、鉤狀骨組成。
腕掌關節
腕關節
橈骨
尺骨
中指
無名指
食指
屈指深肌肌腱
小指
內收拇肌
拇指
屈指淺肌肌腱
小指對掌肌
屈小指短肌
屈拇短肌
小指外展肌
外展拇短肌
屈肌支持帶
手掌側的韌帶。手背側有伸肌支持帶。

腿部的構造

雙腿是由股骨、脛骨、腓骨、臀大肌、股四頭肌、股二頭肌、腓腸肌、比目魚肌和兩個關節組成。

支撐體重的股骨與脛骨 完成各種動作的腓骨

位置 **雙腿（下肢）**

構造&功能 構成雙腿（下肢）的主要骨骼有**股骨**、**脛骨**和**腓骨**。

股骨是人體最大的骨骼，長度依每個人的身高而異。日本成年男性的股骨平均長度約41公分，女性約為38公分；至於股骨中央最細部位的直徑，男性則約2.62公分，女性約2.35公分。

股骨近端部位的球體稱為**股骨頭**，與**骨盆**形成**髖關節**。股骨的遠端部位經**膝關節**，與**小腿**連接在一起。

膝蓋至**踝關節**之間為脛骨，位於小腿內側前面。脛骨的近端與股骨、**髕骨**形成膝關節，也與股骨共同支撐體重。

位於小腿外側的腓骨很細，不具備支撐體重的功用，但是與雙腿的各種動作息息相關。

膝蓋部位除了**前十字韌帶**、**後十字韌帶**外，還有**膝橫韌帶**、**內側副韌帶**、**外側副韌帶**，共同輔助支撐與固定膝關節。膝關節與雙腿的屈曲、伸展，甚至走路有密不可分的關係，是非常重要的關節之一。

腿部肌肉支撐上半身重量 使身體得以直立行走

構造&功能 雙腿的主要肌肉包含**臀大肌**、**股四頭肌**、**股二頭肌**、**腓腸肌**、**比目魚肌**和**脛前肌**。

臀大肌位於臀部，厚實且強而有力，不僅使髖關節和膝關節順利活動，也是直立行走時不可或缺的重要肌肉。大腿前面的股四頭肌與後方的股二頭肌互為拮抗肌，兩者共同作用於膝關節的屈曲與伸展。

腓腸肌與比目魚肌合稱小腿三頭肌。

腿部的「擠乳作用」

大家應該聽過「小腿是第二個心臟」這個說法吧？來自心臟的血液透過動脈收縮運動，運送至下半身的雙腳。但是雙腳距離心臟最遠，血液經微血管進入靜脈後，光靠靜脈收縮也很難抵抗重力，將血液順利送回心臟。

這個時候，就必須仰賴肌肉的收縮與擴張，藉此壓迫與肌肉並行的靜脈，好將血液送回心臟。腿部肌肉就好比運送血液回心臟的幫浦，而肌肉的收放運動則像在擠牛奶一般，因此稱為擠乳作用（milking action）。

腓腸肌俗稱小腿肚，與位於深處的比目魚肌共同作用於足跟的提放運動。這兩塊肌肉向下融合成肌腱，附著於跟骨上，這條肌腱就是人體最大的肌腱——**阿基里斯腱**。一旦因意外或運動傷害造成阿基里斯腱受損或斷裂，將可能導致行走困難。

當我們跑步或行走時，皆是由**隨意肌**（受意志支配的肌肉）有意識地執行這些動作。但是透過不斷的反覆操作，跑步、行走逐漸變成一種無意識動作，可以說是隨意肌的一種反射性運動。

● 腿部的骨骼（前面觀）

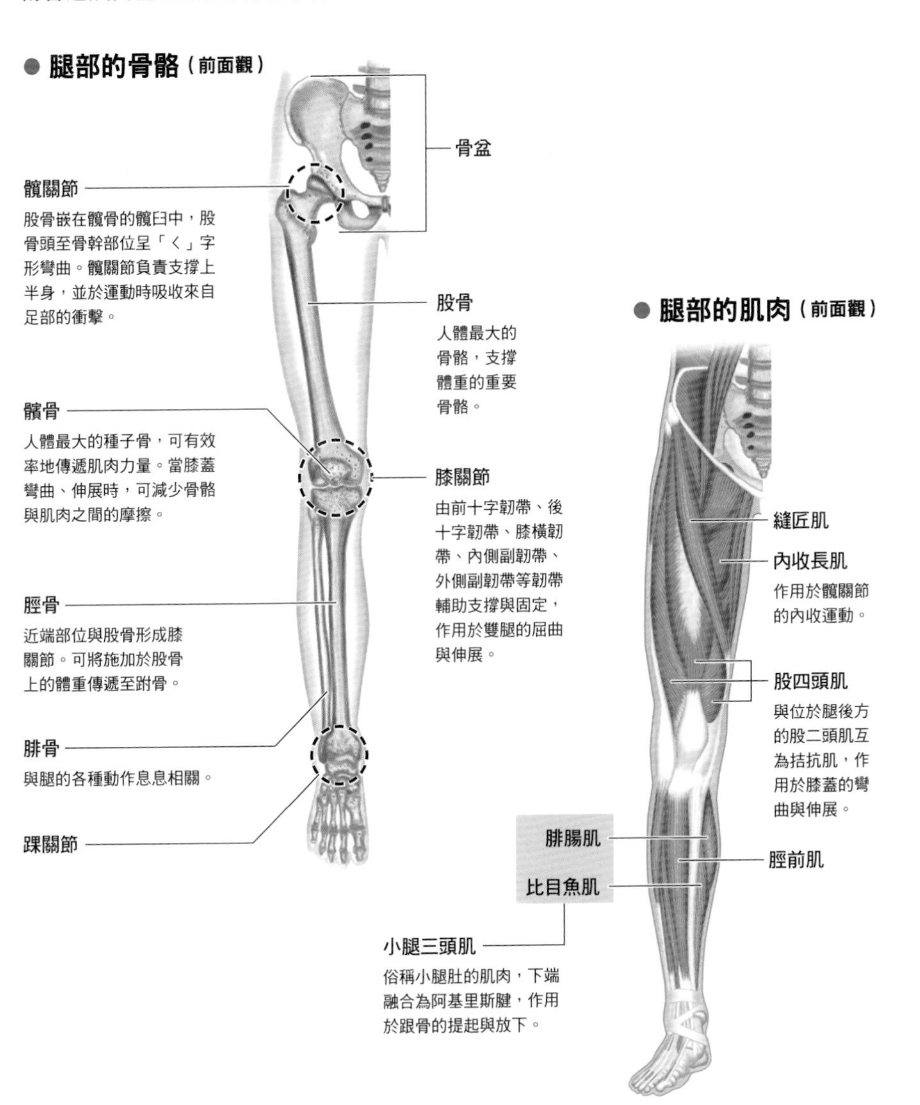
骨盆
髖關節
股骨嵌在髖骨的髖臼中，股骨頭至骨幹部位呈「く」字形彎曲。髖關節負責支撐上半身，並於運動時吸收來自足部的衝擊。
股骨
人體最大的骨骼，支撐體重的重要骨骼。
髕骨
人體最大的種子骨，可有效率地傳遞肌肉力量。當膝蓋彎曲、伸展時，可減少骨骼與肌肉之間的摩擦。
膝關節
由前十字韌帶、後十字韌帶、膝橫韌帶、內側副韌帶、外側副韌帶等韌帶輔助支撐與固定，作用於雙腿的屈曲與伸展。
脛骨
近端部位與股骨形成膝關節。可將施加於股骨上的體重傳遞至跗骨。
腓骨
與腿的各種動作息息相關。
踝關節
● 腿部的肌肉（前面觀）
縫匠肌
內收長肌
作用於髖關節的內收運動。
股四頭肌
與位於腿後方的股二頭肌互為拮抗肌，作用於膝蓋的彎曲與伸展。
腓腸肌
比目魚肌
脛前肌
小腿三頭肌
俗稱小腿肚的肌肉，下端融合為阿基里斯腱，作用於跟骨的提起與放下。

足部的構造

足部是由26塊骨骼、骨骼間的關節、肌腱、韌帶、肌肉所組成，彼此緊密結合，支撐全身重量。

強韌的肌腱與肌肉共同支撐26塊足部骨骼

位置 足部

構造&功能 基本上，足部骨骼的架構如同手部，但是腳趾卻無法抓取物體，這是因為腳趾只用於走路、跑步，造成功能退化，長度也隨之變短。另一方面，由於足部負責支撐全身重量，**足底**和**足背**便相對發達。

足部和手部一樣，均是由許多小骨骼組合而成。足部的骨骼共26塊，最靠近**踝關節**的是7塊骨骼組成的**跗骨**（**跟骨、距骨、舟狀骨、骰骨、內側楔狀骨、中間楔狀骨、外側楔狀骨**），接續跗骨的是5塊**蹠骨**、14塊**趾骨**（**第一趾〈拇趾〉**的**近端趾骨、遠端趾骨，第二～第五趾〈小趾〉**的近端趾骨、**中間趾骨**、遠端趾骨）。

各小骨之間形成關節，各關節之間又以**韌帶**相連接，由強韌的**肌腱**和**肌肉**支撐並固定。

跗骨中的距骨和**脛骨**形成踝關節，而**阿基里斯腱**即附著於跟骨上。

蹠骨與跗骨形成**跗蹠關節**，小腿骨與距骨間的連結部位稱為踝關節，而距骨與跟骨間形成**距骨下關節**。腳趾之間的關節與其他各關節互助合作，輔助步行更加順暢且有力。

承載體重與吸收地面衝擊自在行走的弓形關鍵

構造&功能 每當我們站立、走路時，便是由足踝至趾尖這個範圍負責支撐全身的重量。這個部位的骨骼和關節構造不僅要支撐體重，也必須吸收行走時來自地面的衝擊。

不具足弓的扁平足

從內側邊觀察正常足部時，會發現足弓呈圓弧狀，但是扁平足的人卻沒有這個漂亮的弧形。

足弓的功用在於保持站立和走路時的身體平衡，並且緩和來自地面的衝擊力。一般人在足跟著地時，身體重心會往趾尖移動，並於趾尖觸地後向前踏出一步。

另一方面，扁平足的人由於整個足底都是平的，即使足跟著地，身體重心也無法順利移動至趾尖，因此容易出現拖著腳走路的步態；也因為足底承受壓力的面積較大，雙腿容易感到痠痛。走路容易疲勞的人，不妨選擇附有足弓設計的鞋子，或者利用足弓型鞋墊，有助於緩解足部不適。

跗蹠關節之間由**韌帶**相互連接，形成一個能承載重量的最理想弓形結構，稱為足弓。足弓以足跟為基點，分為兩個**縱弓**（**內側縱弓**、**外側縱弓**）和一個遠端跗骨形成的**橫弓**，並由韌帶、肌腱和肌肉加以支撐。

我們平時常說的足弓，指的正是內側縱弓，具有避震效果，可吸收走路、跑步時來自地面的衝擊。通常新生兒的足弓是扁平的，隨著學會站立和走路後，弧狀足弓也就隨之慢慢成形。

● 足部的骨骼（右足足背側）

● 足部的肌肉與肌腱（左足足背側）

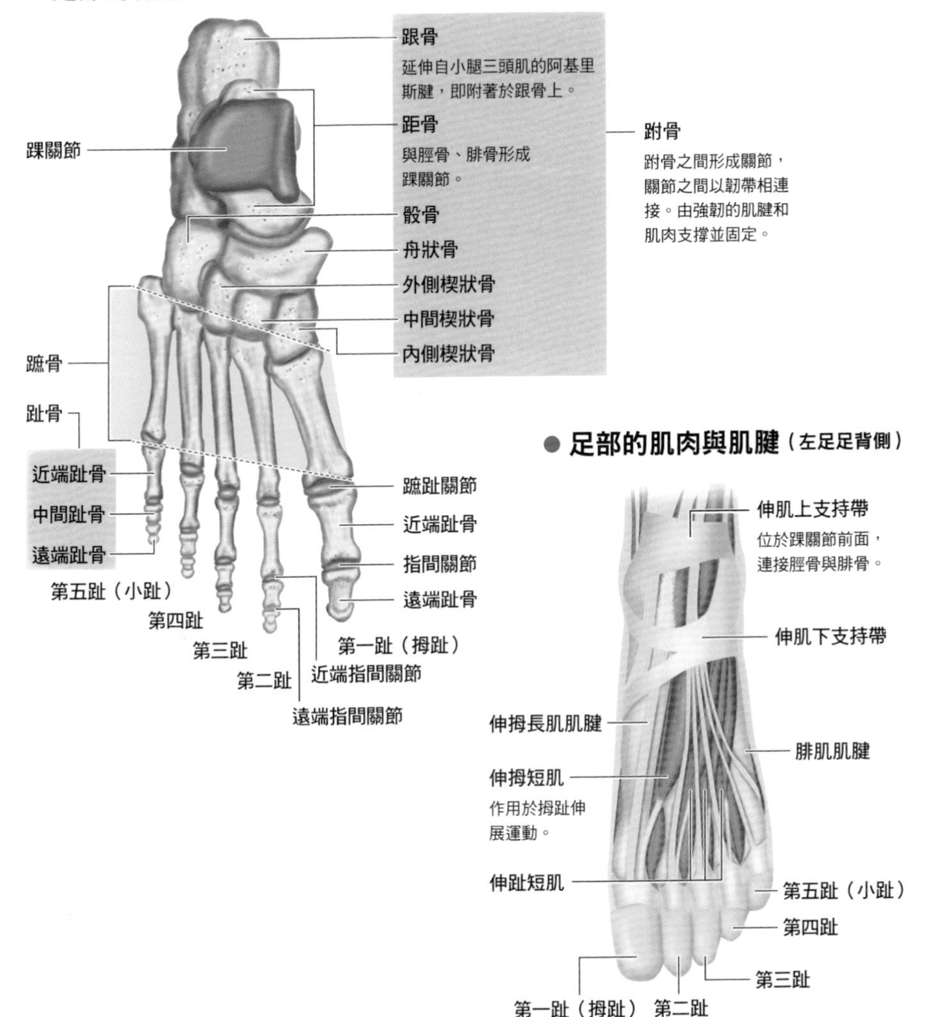
跟骨
延伸自小腿三頭肌的阿基里斯腱，即附著於跟骨上。
距骨
與脛骨、腓骨形成踝關節。
骰骨
舟狀骨
外側楔狀骨
中間楔狀骨
內側楔狀骨
跗骨
跗骨之間形成關節，關節之間以韌帶相連接。由強韌的肌腱和肌肉支撐並固定。
踝關節
蹠骨
趾骨
近端趾骨
中間趾骨
遠端趾骨
第五趾（小趾）
第四趾
第三趾
第二趾
蹠趾關節
近端趾骨
指間關節
遠端趾骨
第一趾（拇趾）
近端指間關節
遠端指間關節
伸肌上支持帶
位於踝關節前面，連接脛骨與腓骨。
伸肌下支持帶
伸拇長肌肌腱
腓肌肌腱
伸拇短肌
作用於拇趾伸展運動。
伸趾短肌
第五趾（小趾）
第四趾
第三趾
第一趾（拇趾）
第二趾

運動器官的疾病

運動障礙症候群

●原因

所謂的運動障礙症候群，是指活動身體的骨骼、關節、肌肉等運動器官因功能衰退，導致日常生活必要之動作發生困難，進而演變成臥床不起，需要仰賴他人照護的狀態。

發生運動障礙症候群的主要原因，多為運動器官功能衰退、骨質疏鬆症，或是退化性膝關節炎等骨骼或關節疾病。

除此之外，年齡增長也容易使大腦與肌肉、關節之間的協調性變差，致使身體難以甚至無法維持平衡，頻繁發生絆倒或跌倒等事故。

人體一旦邁入六十大關，支撐身體的大肌肉，例如小腿三頭肌、股四頭肌、臀大肌、臀中肌等，將出現明顯退化，致使跌倒機率因而增加。

尤其是女性，停經後骨量減少，骨質快速流失，容易罹患骨質疏鬆症，這也是跌倒後容易造成骨折的原因之一。

另外，覆蓋於腰、膝部關節表面的軟骨也因為磨損，站立或走路時便容易引起疼痛（即退化性關節炎）。人們因疼痛而減少行動頻率，進一步造成下肢肌肉衰退，維持身體平衡的能力也變得更差。

年齡增長等因素也會造成脊椎的椎管變狹窄，由於椎管有脊髓和馬尾神經通過，一旦因椎管狹窄而壓迫神經（即椎管狹窄症）時，便會造成手腳疼痛、發麻、無法出力等症狀。如若放任不管，容易演變成運動障礙症候群。

●症狀

患者臥床不起或需要照護的原因當中，約有四分之一是出於關節疼痛、骨質疏鬆症，或是因跌倒而造成的骨折、運動器官障礙等所引起。70歲以上的高齡者之中，高達95%以上的老年人都符合運動障礙症候群的要素。

運動障礙症候群的主要症狀，包含以下情形。

患者常在家中絆倒或滑倒，也無法從事需要搬運重物的家事，像是使用吸塵器吸地板、鋪床搬被等等。此外，上下樓梯需要仰賴扶手，無法單腳站立穿鞋。

另外還包括無法在戶外持續走路15分鐘以上、來不及在紅燈亮起前走完斑馬線、採買時難以一次帶回2瓶1公升的牛奶（約2公斤）。

●治療

配合患者的身體狀況，進行睜眼單腳站立的「預防運動障礙症候群體操」，有助於預防運動障礙症候群發生，也可防止症狀進一步惡化。

不過，運動障礙症候群的症狀輕重往往因人而異，需要進行預防運動障礙症候群體操時，務必先與復健科醫師討論。

社會逐漸高齡化，罹患運動器官疾病的人也越來越多。為了避免將來臥床不起，平時應注意不要過度肥胖，並且養成適度運動的習慣。

類風濕性關節炎

●原因

類風濕性關節炎導因於關節囊內側的滑液膜發炎，進而出現關節腫脹、疼痛的現象，最後造成骨骼受損、關節變形，而且這個疾病通常好發於女性。

雖然確切病因未明，但是類風濕性關節炎應與保護身體免受細菌或病毒等異物入侵的自體免疫有關。

明明沒有異物入侵體內，但免疫系統卻異常啟動，導致關節滑液膜發炎，進而引起類風濕性關節炎。

●症狀

類風濕性關節炎的症狀，包含晨間起床時，持續出現「無法順利握手、張開手」、「身體僵硬不能動」等不適症狀，短則數分鐘，長則1小時左右。

此外，手指關節（尤其第二關節）、近側指間關節、手腕關節等關節處，出現左右對稱性腫脹，也會感到疼痛，且伴隨37度微燒和倦怠感，持續兩週以上。

由於發炎的滑液膜變厚，軟骨受損且逐漸變薄，致使硬骨受損且變形，因此發炎時通常伴隨腫脹和強烈疼痛。

隨病情逐漸惡化，骨與骨之間具緩衝效果的軟骨幾乎被侵蝕殆盡，致使骨骼直接碰撞，無法順利彎曲、伸直關節。若情況持續惡化，骨與骨發展為融合在一起或各自分離時，將對日常生活產生莫大影響。

●診斷與檢查

● 類風濕性關節炎

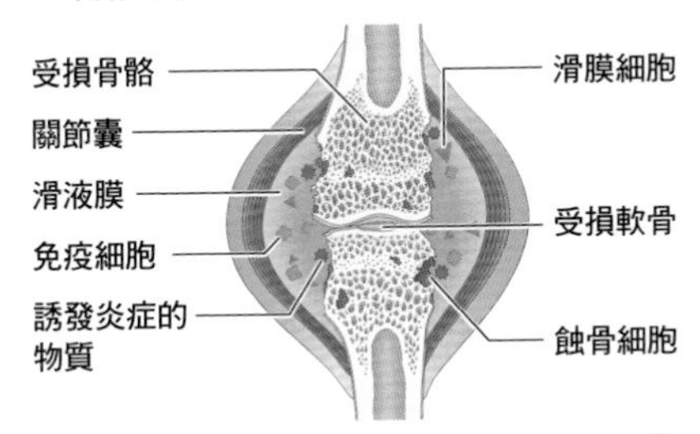
受損骨骼
關節囊
滑液膜
免疫細胞
誘發炎症的物質
滑膜細胞
受損軟骨
蝕骨細胞

免疫細胞與滑膜細胞相互刺激，產生誘發炎症的物質。發炎導致肥厚的滑液膜侵蝕軟骨，蝕骨細胞活性異常增加，加速破壞骨骼，進而造成關節變形。

醫師依據「慢性類風濕性關節炎診斷基準」問診，並採血液檢查（RA試驗：類風濕因子定量檢查）和X光攝影檢查。

●治療

針對類風濕性關節炎，通常以藥物治療為主。以往只能對症下藥，抑制腫脹和疼痛症狀，但現在有極先進的抗風濕藥物，可有效抑制異常的免疫活動。此外，新上市的細胞激素阻斷劑，也可有效緩解類風濕性關節炎引起的腫脹與疼痛症狀。

治療過程中，為避免症狀惡化，日常生活必須多注意以下幾點。

當發炎造成腫脹和疼痛時，務必安靜休息，直到症狀緩解前勿再增加關節負擔。平時適度運動，例如散步、游泳，或是做些可改善類風濕性關節炎的體操。生活中使用輔助器具，外出時穿著類風濕性關節炎專用鞋，減少關節承受的負荷。

慢性腰痛

●原因

誘發慢性腰痛的原因有很多。例如椎間盤突出、退化性脊椎病變、椎管狹窄症等脊椎本身的問題，或者胰臟炎、尿路結石等內臟器官疾病，都是誘發腰痛的因素。

其中最常見的原因是長期不良的生活習慣，致使腰椎（腰部脊椎）和支撐腰椎的肌肉長期承受過大的負荷。

舉例來說，站立時背部彎曲、腹部突出的姿勢，尤其容易誘發腰痛。此外，坐姿不良也是造成腰痛的原因之一。

坐著時，應留意背部打直，臀部向後靠到底，坐滿整張椅子，這樣就不會額外增加腰部的負擔。只坐椅子的前半段並將上半身靠在椅背上，或者身體向前彎曲，這樣的坐姿都會大幅增加腰部負擔。

●症狀

感覺腰痠，且腰部持續性鈍痛。

●診斷與檢查

一般問診時，醫師會詢問每日的生活作息、職業、脊椎等過往病史。必要時進行X光攝影檢查。

●治療

治療內容包含服用消炎止痛藥，緩解疼痛，透過熱療消除腰部一帶的肌肉疲勞並促進血液循環。

平時注意身體儀態，端正站姿、坐姿和走路姿勢，日常生活中隨時提醒自己保持正確的姿勢。可善用起床後、睡覺前的刷牙時間踮腳尖，自然可以達到伸展背脊的目的。另外，每天起床後，重複10次腹式呼吸法，持續不斷，便能在不知不覺間鍛鍊腹肌。

此外，身體歪斜也可能導致姿勢不良。用餐時改用非慣用手拿取湯匙或咖啡杯，便有助於減輕歪斜情況。身體一旦出現歪斜情況，便會造成左右側承載的負荷量不一，所以平時盡量養成左右交換的習慣。例如上班通勤或購物時，輪流用左右手提公事包或重物；嚼口香糖時，左右側交替各嚼30次。

至於長坐辦公桌前的人，容易長時間維持相同姿勢，一旦姿勢不良，恐造成腰部極大負擔。良好的坐姿是坐好坐滿，並將背部挺直，且膝蓋呈直角彎曲，有助於減輕腰部負荷。

平時不妨利用工作或家事空檔，做些拉背、扭轉身體的伸展操，不僅能放鬆腰部僵硬的肌肉，促進血液循環，還可以改善身體歪斜和不良姿勢。

一般而言，身體歪斜情況在晚上會最嚴重，建議大家在沐浴後好好檢視一下自己的身體。

9章
生殖器官

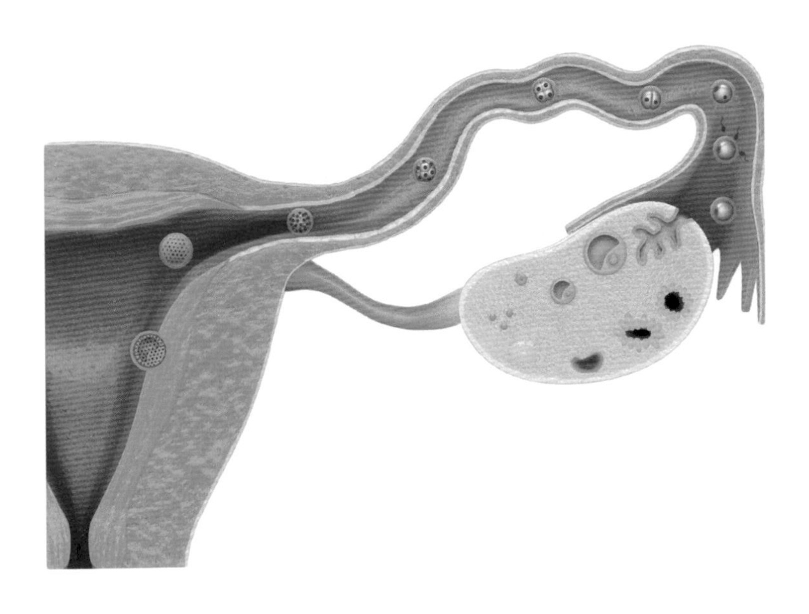

男性生殖器官的構造

男性生殖器官包含陰囊、生成精子的睪丸、分泌精液的精囊、攝護腺、輸精管和性交器官的陰莖。

由陰囊、陰莖等外生殖器官與睪丸等內生殖器官組成

位置 **男性生殖器官**位於恥骨下方

構造 男性生殖器官由**外生殖器**與**內生殖器**構成。

外生殖器包含了內有**睪丸**和**副睪**的**陰囊**、排尿兼性交器官的**陰莖**，內生殖器包含生成**精子**的睪丸、分泌**精囊液**的**精囊**、運送精子的**輸精管**、分泌攝護腺液的**攝護腺**。

陰囊垂於陰莖後方，皮膚表面微黑且布滿皺褶。陰囊內有睪丸和副睪。

睪丸呈卵圓形，長度約4～5公分。睪丸上覆蓋一層硬硬的**皮膜**，而副睪就位於睪丸上方。

輸精管自副睪連接至腹腔，從**膀胱**上方繞至後方，最後形成**輸精管壺腹**，並分支至左右兩側呈袋狀的精囊裡。輸精管壺腹和精囊匯合成**射精管**，貫穿攝護腺後開口於**尿道**。

製造精液成分的**外分泌腺**，即位於睪丸、攝護腺與**尿道球腺**。

攝護腺呈倒栗子狀，延伸自膀胱後，圍繞尿道起始部。

陰莖內部呈海綿狀，由**陰莖海綿體**和**尿道海綿體**構成。

睪丸製造精子從尿道射精排出體外

功能 睪丸裡約有100多條長管狀的**曲細精管**（約70公分），主要負責製造**雄激素**和精子。

睪丸生成的精子儲存在副睪，待10～20天熟成。副睪同時具有分解老舊精子的功用，此外，運送精子的輸精管也始於副睪。

精囊分泌的精囊液約占精液的三分之二。當精子從輸精管射出後，精囊便分泌精囊液，供給精子能量。

攝護腺分泌的攝護腺液，約占精液成

男性尿道的兩大功用

陰莖是由柱狀的陰莖主體部和前端的龜頭組成。陰莖中心有尿道穿過，周圍由尿道海綿體和陰莖海綿體包覆。

女性的尿道僅有排尿的功能，但男性的尿道不只用於排尿，也作為性交時射出精子的管道。

分的20～30％，其作用為提高精子的生命力。攝護腺會隨著年紀增長而衰老肥大，當整個攝護腺的體積大到壓迫尿道時，便會導致排尿不順，這就是攝護腺肥大症。

射精時，精液在精囊和輸精管的收縮下進入尿道，然後再透過尿道和陰莖海綿體強力收縮，進而排出體外。

● 男性生殖器官的構造

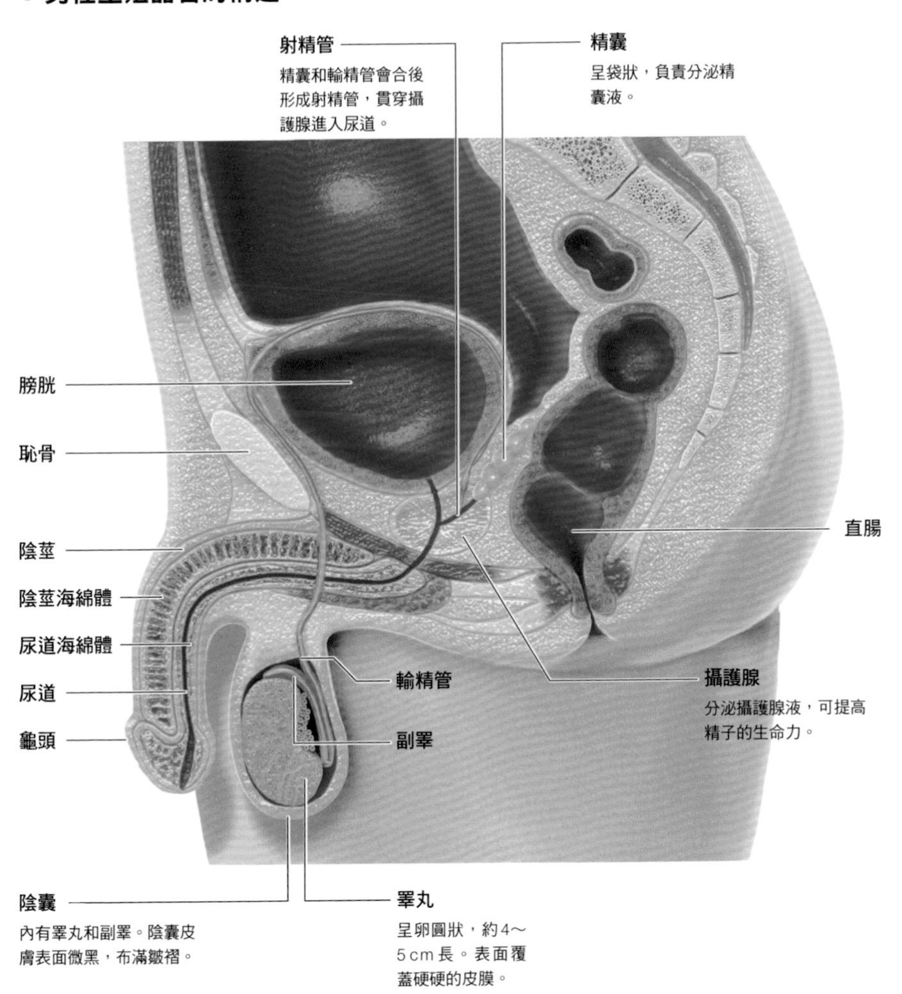
射精管
精囊和輸精管會合後形成射精管，貫穿攝護腺進入尿道。
精囊
呈袋狀，負責分泌精囊液。
膀胱
恥骨
陰莖
陰莖海綿體
尿道海綿體
尿道
龜頭
直腸
輸精管
副睪
攝護腺
分泌攝護腺液，可提高精子的生命力。
陰囊
內有睪丸和副睪。陰囊皮膚表面微黑，布滿皺褶。
睪丸
呈卵圓狀，約4～5cm長。表面覆蓋硬硬的皮膜。

精子的構造

精子頭部的細胞核裡有23條染色體，染色體上有來自父親的基因。

精子分為頭、頸、中和尾部 為男性體內最小的細胞

位置 **陰囊**裡的**睪丸**製造精子，通過**陰莖**射出體外。

構造 **精子**由**頭部**、**頸部**、**中段**和**尾部**構成，**細胞核**即位於頭部。精子的細胞核有23條**染色體**，各染色體裡存在來自父親的基因。精子的頭部前端為橢圓狀的**尖體**，方便精子進入**卵子**。

細胞的**粒線體**則以螺旋方式纏繞在精子中段，至於長長的尾巴是精子尾部，由**鞭毛**構成。

睪丸內部細胞 經減數分裂產生精子

功能 精子在睪丸內彎曲細長的**曲細精管**內產生。

精子最原始階段的**原始生殖細胞**位於曲細精管內，於**胎兒期**進行第一次細胞分裂後產生**精原細胞**，之後進入十數年的休眠狀態。

直到男性進入青春期後，在**腦下垂體**分泌的**促性腺激素**刺激下，精原細胞從休眠中覺醒，變成**精原母細胞**。精原母細胞進一步分裂成**初級精母細胞**，再不斷分裂成**次級精母細胞**、**精細胞**，約莫64天後終於變成精子。

次級精母細胞原有23對（46條）染色體，但經減數分裂後，精子內的染色體只剩下半數。

睪丸製造精子後，會先儲存於**副睪**直至熟成，為期約10～20天。當精子通過**輸精管**的期間，會與**精囊液**、**攝護腺液**混合成**精液**。

精子的頭部除了有內含基因的染色體外，還有進入卵子時用於溶解卵膜的**酵素**。中段的粒線體提供精子運動時所需的能量，尾部的鞭毛利用粒線體提供的能量，協助精子移動，並產生鑽入卵子裡的推動力。

每一次射精所射出的精液中，約含有1億～4億個精子。

進入**陰道**的眾多精子中，唯有通過**子宮頸管**黏膜的精子才能進入**子宮**。進入子宮後，白血球視精子為異物而展開攻擊，最終抵達**輸卵管**的精子其實少之又少，最終能夠靠近至卵子附近的精子大概只剩50～200個。

一個**卵子**只會與一個精子結合，完成受精作用。當精子進入卵子之後，促使卵子變得活躍，隨之展開一系列的細胞分裂活動。

● 精子的構造

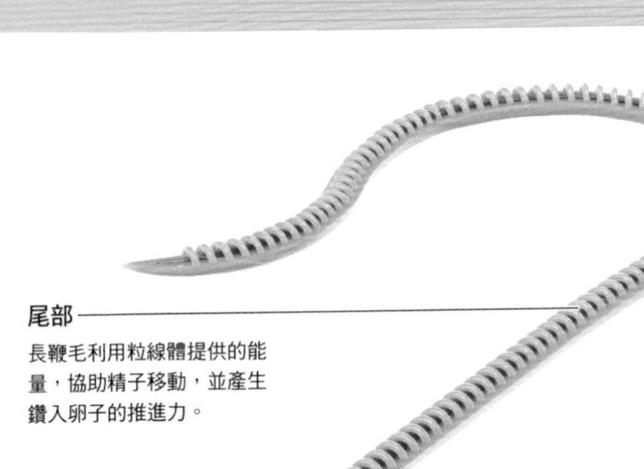
尾部
長鞭毛利用粒線體提供的能量，協助精子移動，並產生鑽入卵子的推進力。
粒線體
提供精子運動時所需的能量。
尖體
精子前端的尖體呈橢圓形，方便鑽入卵子。
中段
頸部
頭部
細胞核
細胞核裡有染色體，內含來自父親的基因。另外還有精子進入卵子時用於溶解卵膜的酵素。

● 精子的生成過程

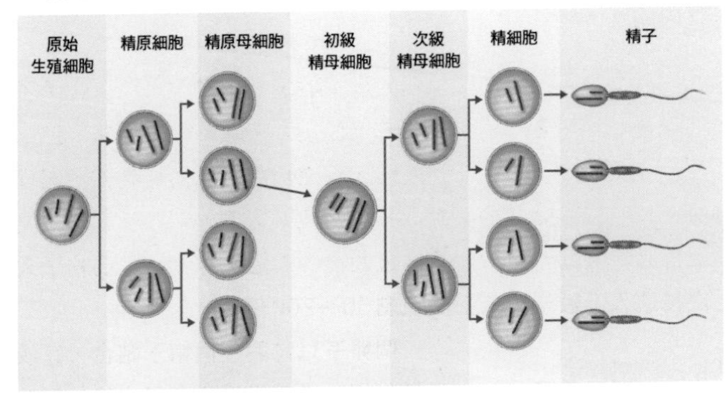
原始
生殖細胞
精原細胞
精原母細胞
初級
精母細胞
次級
精母細胞
精細胞
精子

進入青春期後，精原細胞於睪丸中經數次細胞分裂，形成初級精母細胞、次級精母細胞、精細胞，最後成為精子獨特的形狀。

人體最小的細胞

精子的長度約50～70微米（1微米為1/1000公釐），是人體最小的細胞。另一方面，與精子結合受精的卵子則是人體最大的細胞。

精子呈弱鹼性，也具備了游向卵子分泌物的特性。

勃起與射精的原理

勃起可分成精神性勃起與反射性勃起，當性興奮達到高潮時，肌肉群收縮，促使陰莖射精。

陰莖海綿體會因為心理、物理刺激而充血

位置 **男性生殖器官**

構造&功能 **陰莖**的**勃起**現象。可分為**精神性勃起**和**反射性勃起**兩種。

例如看見裸體女性、想像情色畫面時，這些情色影像對**大腦皮質**產生心理刺激，訊號經中樞神經，傳遞至**脊髓**的**勃起中樞**而引起勃起。這種勃起現象便稱為精神性勃起。

反射性勃起，則是陰莖受外在壓力觸及等物理刺激所引起的勃起。例如早上起床時出現的「早晨勃起」現象，也是反射性勃起的一種，乃是因膀胱蓄尿膨脹進而引起的反應。

當陰莖受到心理或物理刺激時，大量血液自**陰莖深動脈**流進**海綿體**的空洞裡，陰莖海綿體組織充滿血液，進而壓迫陰莖的**靜脈**，陰莖因此膨脹而變硬變大，呈勃起狀態。

肌肉群同時收縮壓力促使射精

功能 當性興奮達到最高潮時，**攝護腺**、**精囊**、**副睪**、輸精管周圍的**尿道括約肌**、**海綿體肌**、**會陰橫肌**等肌肉群開始反覆收縮，收縮產生的壓力將精液從**尿道前列腺段**一口氣推向**尿道口**，再從陰莖前端的尿道外口射出體外。這就是射精的瞬間。

射精的過程中，膀胱出口處的括約肌收縮，因此精液只會流向尿道，而不會

勃起障礙是年紀大才有的症狀嗎？

勃起功能障礙（Erectile dysfunction，縮寫為ED），其定義為：男性持續性或經常性地無法達到及（或）維持足夠的陰莖勃起，從而進行滿意的性行為。

雖然有性慾，卻無法勃起，有這種困擾的男性似乎還不少。而當男性上年紀後，有勃起功能障礙問題的人變得更多了。然而實際上，勃起功能障礙其實和年紀並無直接關係。

年紀增長或精神壓力，往往是導致勃起功能障礙的原因之一，但最主要的起因還是生活習慣病，例如糖尿病、高血壓、動脈硬化、心臟疾病、腎臟疾病、腦腫瘤。

另外，腦、脊椎、脊髓的神經病變、憂鬱症、攝護腺肥大，以及降血糖劑等藥物影響，或是飲酒過量等生活惡習，也都是導致勃起功能障礙的常見原因。

進入膀胱。射精過後，陰莖的勃起現象便會快速消退。

年輕時，由於肌肉力量強，射精力道相對較大。可是當肌力隨年紀增長而衰退時，射精力道也會逐漸減弱，伴隨射精的快感也漸漸下降。

● 射精的過程

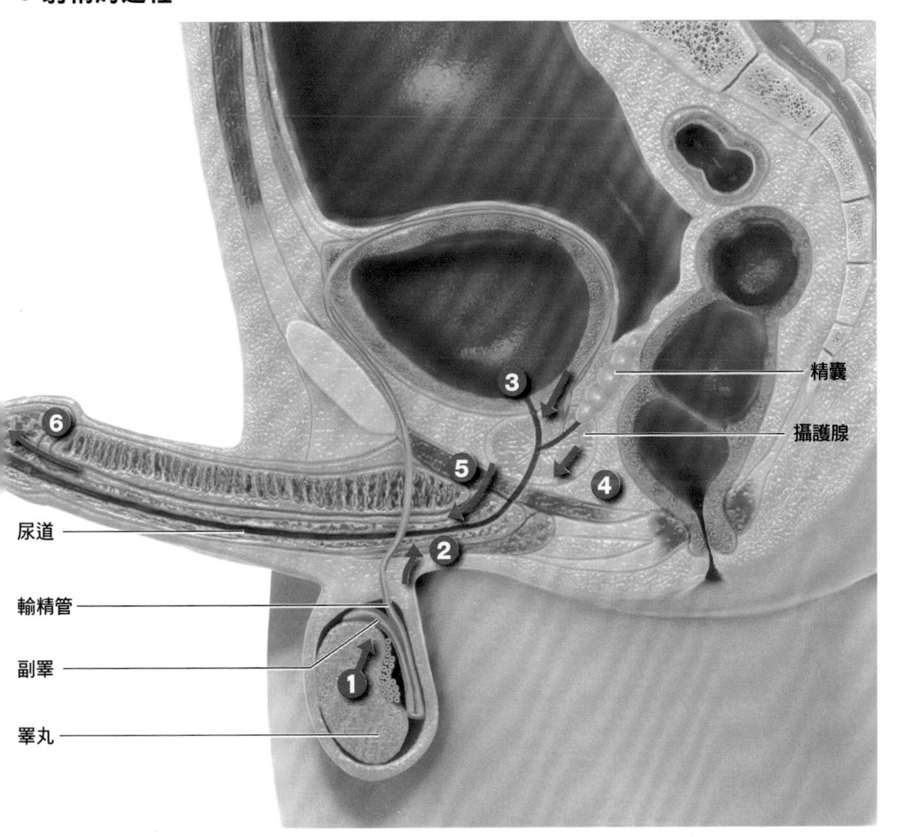
精囊
攝護腺
尿道
輸精管
副睪
睪丸
1
2
3
4
5
6

❶ 睪丸製造精子，運送至副睪儲存，並在副睪發育成熟。
❷ 經輸精管運送至精囊。
❸ 儲存於精囊的同時，精囊開始分泌精囊液。
❹ 從精囊運送至攝護腺，此時攝護腺開始分泌攝護腺液。
❺ 尿道括約肌、海綿體肌、會陰橫肌等肌肉群反覆收縮，精液一口氣送至尿道口。
❻ 尿道和陰莖收縮，精液被射出體外。

女性生殖器官的構造

女性生殖器官包含卵巢、輸卵管、子宮、陰道等內生殖器，與陰蒂、大小陰唇等外生殖器。

由子宮等內生殖器與陰蒂等外生殖器構成

位置 位於下腹部**膀胱**與**直腸**之間的**骨盆內**。

構造 **女性生殖器官**由**內生殖器**與**外生殖器**（**外陰部**）構成。

內生殖器包含**卵巢**、**輸卵管**、**子宮**、**陰道**，外生殖器則包含了**陰蒂**、**陰道前庭**、**小陰唇**和**大陰唇**。

子宮的左右兩側各有一顆卵巢，靠近骨盆腔側壁，長度約為3～4公分，呈橫躺的卵圓形。

輸卵管位於卵巢上方，是一條由**平滑肌**構成的細長管子，延伸自子宮兩側，長度約10～13公分。輸卵管整體可分為**輸卵管漏斗部**、**輸卵管壺腹部**、**輸卵管峽部**三個部分。

子宮是孕育胎兒的器官，位於腹膜，亦即**闊韌帶**的中央，介於膀胱與直腸之間，兩側上緣連接輸卵管。

子宮的長度約7～8公分，寬約4公分，厚約3公分，為三層構造，由內至外依序為**黏膜**、**肌筋膜**（**平滑肌**）、**漿膜**（**腹膜**）。

子宮黏膜又稱**子宮內膜**，是受精卵著床的地方。子宮上方的左右側各連接一條輸卵管，下方變細長的部位稱為**子宮頸**，突出於陰道上方。

陰道是連接子宮和外生殖器的管狀器官，位於尿道口前方的陰蒂，則相當於**男性生殖器官**的**陰莖**。

陰道口和**尿道口**的附近稱為陰道前庭，大前庭腺開口於此，可分泌黏液，以利性交行為。小陰唇包圍陰道前庭，左右各有一片，外形為又薄又細長的皮膚皺褶。小陰唇外側較寬較厚的皮膚皺褶稱為大陰唇。

卵巢製造的卵子於輸卵管與精子結合受精

功能 卵巢製造**卵子**，從輸卵管漏斗部排放至輸卵管，再透過輸卵管內壁的**纖**

陰道的自潔能力

陰道具有自潔能力，可預防細菌感染等造成的感染症。這種自潔能力來自陰道內含有的杜氏桿菌，可使陰道維持在弱酸性環境，預防細菌等病原體入侵。

女性平時應留意外陰道乾淨清潔，以防感染陰道炎，但是若使用洗淨工具過度清潔的話，反而容易導致陰道的自潔能力下降，這一點務必特別留意。

毛，慢慢運送至子宮。如果此時男女發生性交行為，卵子與精子在輸卵管漏斗部相遇，並於輸卵管壺腹完成受精。

● 女性生殖器官的構造

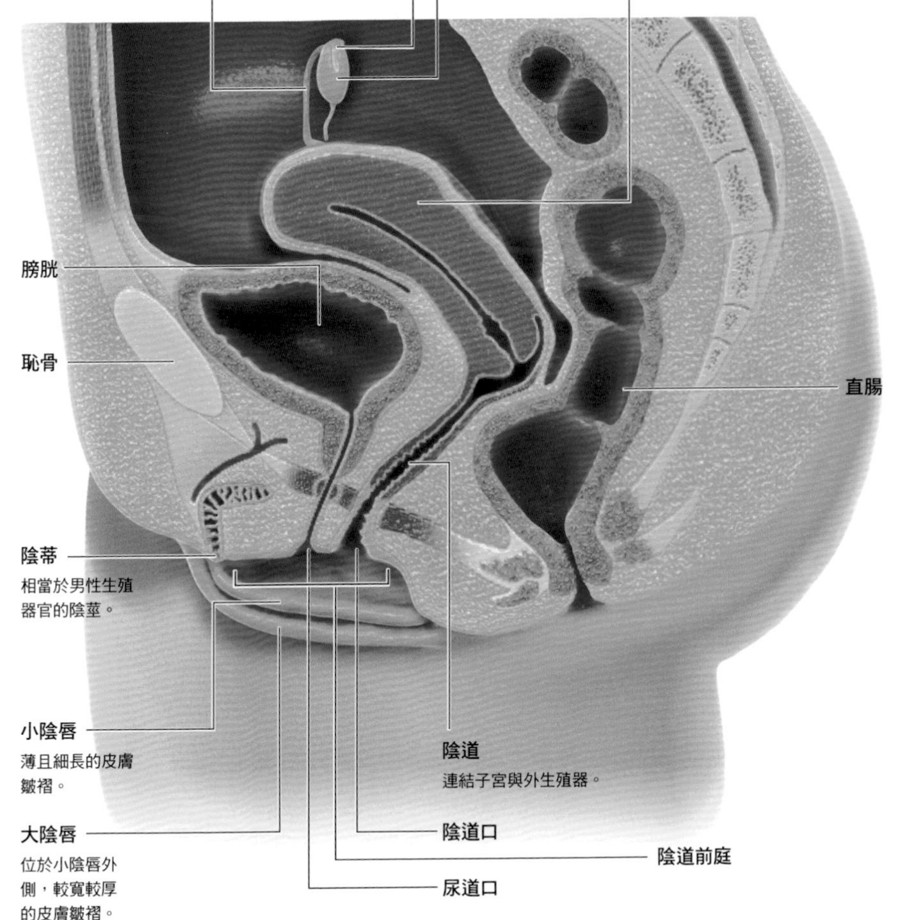
輸卵管
位於卵巢上方，由平滑肌構成。包含輸卵管漏斗部、輸卵管壺腹部、輸卵管峽部3個部分。
輸卵管繖部
輸卵管漏斗部的邊緣鑲有許多手指狀的突起，開口朝向卵巢。於卵巢排卵時負責捕捉卵子。
卵巢
子宮左右兩側各一顆，靠近骨盆腔側壁。藉由子宮延伸的韌帶固定於子宮左右。
子宮
位於子宮闊韌帶中央，介於膀胱與直腸之間。子宮為3層構造，由內向外依序為黏膜、肌筋膜（平滑肌）、漿膜（腹膜）。黏膜（子宮內膜）是受精卵著床的地方。
膀胱
恥骨
直腸
陰蒂
相當於男性生殖器官的陰莖。
小陰唇
薄且細長的皮膚皺褶。
陰道
連結子宮與外生殖器。
大陰唇
位於小陰唇外側，較寬較厚的皮膚皺褶。
陰道口
陰道前庭
尿道口

卵巢的構造

從子宮延伸的韌帶，將卵巢固定於骨盆腔側壁。受精第三週時，卵巢內即有原始生殖細胞。

子宮左右各一顆 生成卵子並輸送至輸卵管

位置 位於**子宮**外側，左右各一顆。

構造 **卵巢**長約2.5～4公分，寬約1.2～2公分，從子宮延伸而來的**韌帶**將卵巢固定於骨盆腔側壁。

卵巢前端上方有**平滑肌**構成的**輸卵管漏斗部**覆蓋。輸卵管漏斗部是**輸卵管**的一部分，整個輸卵管又可分為漏斗部、**壺腹部**、**峽部**三個部分。輸卵管漏斗部的前端有手指狀突起，稱為**輸卵管繖部**，負責於卵巢排卵時捕捉卵子。

卵子為人體最大的細胞 排卵週期約28天

功能 當卵子與精子在輸卵管結合受精後，自第三週的胎兒期開始，卵巢內就有100～200萬個日後會變成卵子的**原始生殖細胞**。

原始生殖細胞於胎兒期分裂成**卵原細胞**、**初級卵母細胞**、**卵母細胞**。變成卵母細胞後，細胞暫時停止分裂，並進入休眠期，儲存於**濾泡**中。

直到進入青春期後，在**腦下垂體**分泌的**促性腺激素**刺激下，卵母細胞分裂成兩個**次級母細胞**。次級卵母細胞經減數分裂，成為帶有23條染色體的卵細胞。但是成為卵子的兩顆次級卵母細胞中，只有一顆具有生殖能力。

卵子的直徑約為0.1～0.2公釐，是人體最大的細胞。不同於小小的精子，肉眼就看得到卵子。

卵子中央有**卵黃**和**細胞核**，卵子外層有一層透明膜（**透明帶**）包覆，透明帶外的**顆粒細胞**呈放射狀排列。卵子的細胞核裡有23條染色體，內有來自母親的基因。

自青春期第一次月經來潮後，左右輸卵管便會以28天為週期輪流排卵，一直持續到停經為止。

濾泡的成長機制

濾泡於卵巢之內成長，外觀呈袋狀，每個濾泡之中都有一個進入休眠期的卵母細胞。濾泡也會配合卵子的發育而改變。

當月經週期進入濾泡期後，卵巢分泌雌激素（動情素），成熟濾泡則於排卵後變成黃體，開始分泌助孕素（黃體素）。

卵子若沒有與精子受精，最終會死亡而消失。如果與精子受精，黃體便會繼續發育，並持續分泌妊娠所需的助孕素。

卵巢除了排卵之外，也負責分泌**性激素**。卵巢分泌的女性激素，包含**雌激素**（**動情素**）、**助孕素**（**黃體素**）兩種。雌激素可促使**皮下脂肪**增加，使**乳房**膨脹，身負打造女性豐滿體態的任務。另一方面，助孕素則負責活化卵巢。

● 卵巢的構造

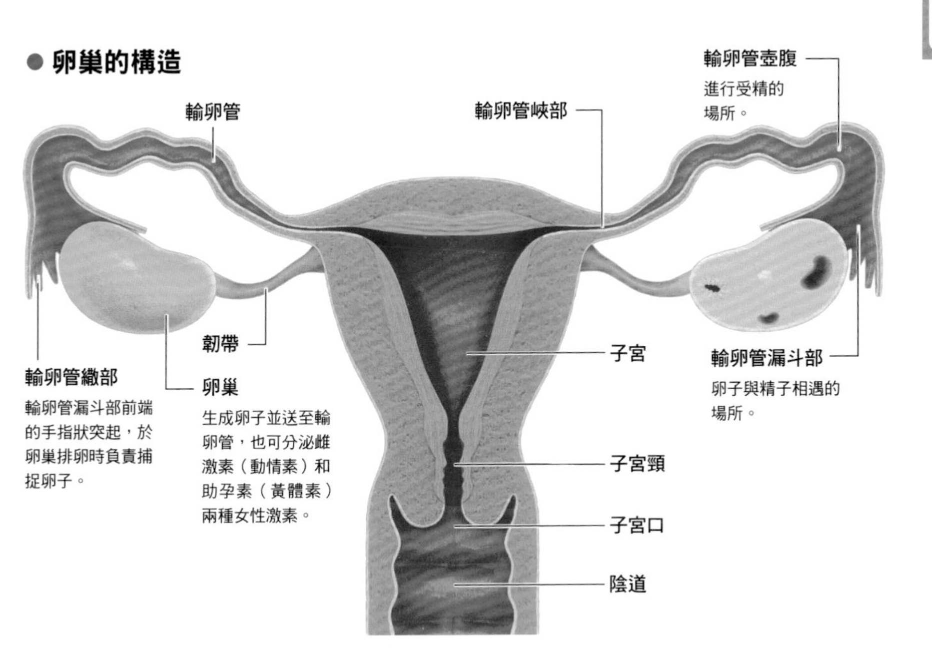

輸卵管
輸卵管峽部
輸卵管壺腹
進行受精的場所。
韌帶
輸卵管繖部
輸卵管漏斗部前端的手指狀突起，於卵巢排卵時負責捕捉卵子。
卵巢
生成卵子並送至輸卵管，也可分泌雌激素（動情素）和助孕素（黃體素）兩種女性激素。
子宮
輸卵管漏斗部
卵子與精子相遇的場所。
子宮頸
子宮口
陰道

● 卵子的生成過程

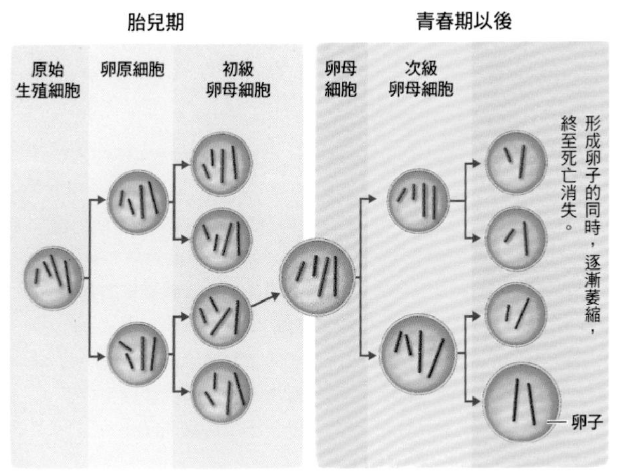

胎兒期
青春期以後
原始生殖細胞
卵原細胞
初級卵母細胞
卵母細胞
次級卵母細胞
形成卵子的同時，逐漸萎縮，終至死亡消失。
卵子

● 卵子的構造

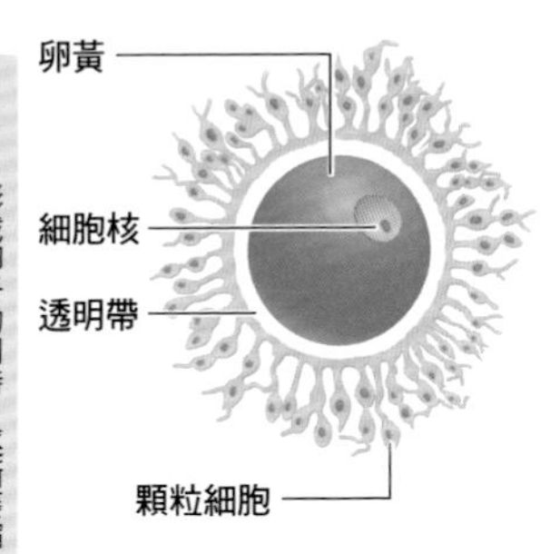

卵黃
細胞核
透明帶
顆粒細胞

排卵與月經機制

濾泡在濾泡刺激素的作用下成長。濾泡中的卵子逐漸發育成熟，從卵巢經輸卵管進入子宮。

濾泡膜破裂 排出卵子至卵巢中

位置 **卵巢、輸卵管、子宮**

構造 剛出生的女嬰卵巢裡，便已經有日後會變成**卵子**的**原始生殖細胞**，數量達100萬～200萬個。

女性進入青春期後，數顆**濾泡**在**腦下垂體**分泌的**濾泡刺激素**作用下開始發育。濾泡成熟後，便會分泌大量的女性激素，即**雌激素（動情素）**，同時濾泡也開始往卵巢內壁的表面移動。

這時候最早成熟的濾泡膜破裂，裡面的卵子噴出，並從**輸卵管繖部**進入輸卵管，這個過程即排卵，這段期間便稱為**排卵期**。

女性的左右卵巢都會排卵，即使因為疾病而不得不切除單側卵巢，另一側的卵巢依舊能夠生成成熟的濾泡，並且正常排出卵子。

排出的卵子，經輸卵管進入子宮。如果輸卵管裡有精子，卵子可能會與精子結合受精；如果沒有精子，卵子便直接進入子宮，最後被排出體外。

子宮內膜增生增厚 剝落後形成月經

功能 排卵後，卵巢開始分泌雌激素和**助孕素（黃體素）**。

在這兩種女性激素的作用下，子宮內側的**子宮內膜**開始增生變厚，為受精卵打造一張舒服的床，使**受精卵**易於著床和生長。

不過如果此時卵子沒有受精，子宮就不需要這張床了，於是子宮內膜開始剝落，並連同血液一起被排至子宮外，這個現象就稱為**月經**。

為什麼女性年紀愈長愈不易受孕？

女性體內形成卵子的原始生殖細胞，其數量會隨著成長而逐漸減少。剛出生時約有100萬～200萬個原始生殖細胞，進入青春期後剩下30萬～40萬個，停經前後甚至減少到1,000個以下，卵巢功能隨之停止。換句話說，女性年紀愈大，就愈不容易受孕。

以日本女性為例，平均停經年紀為50歲前後。停經前後的10年稱為更年期，這時期的女性激素分泌變得混亂，因此有不少女性深受更年期障礙所苦。

年輕女性若體內女性激素分泌紊亂，同樣也會出現類似更年期障礙的症狀，例如失眠、膚質變差、心悸等等問題。

正常的月經期間約3天至7天，天數過少或過多皆屬不正常。此外，月經現象每月會重複一次，兩次之間的週期便稱為**月經週期**。月經週期的長短因人而異，但平均為28天。

● 月經週期與激素、卵巢、子宮內膜的變化

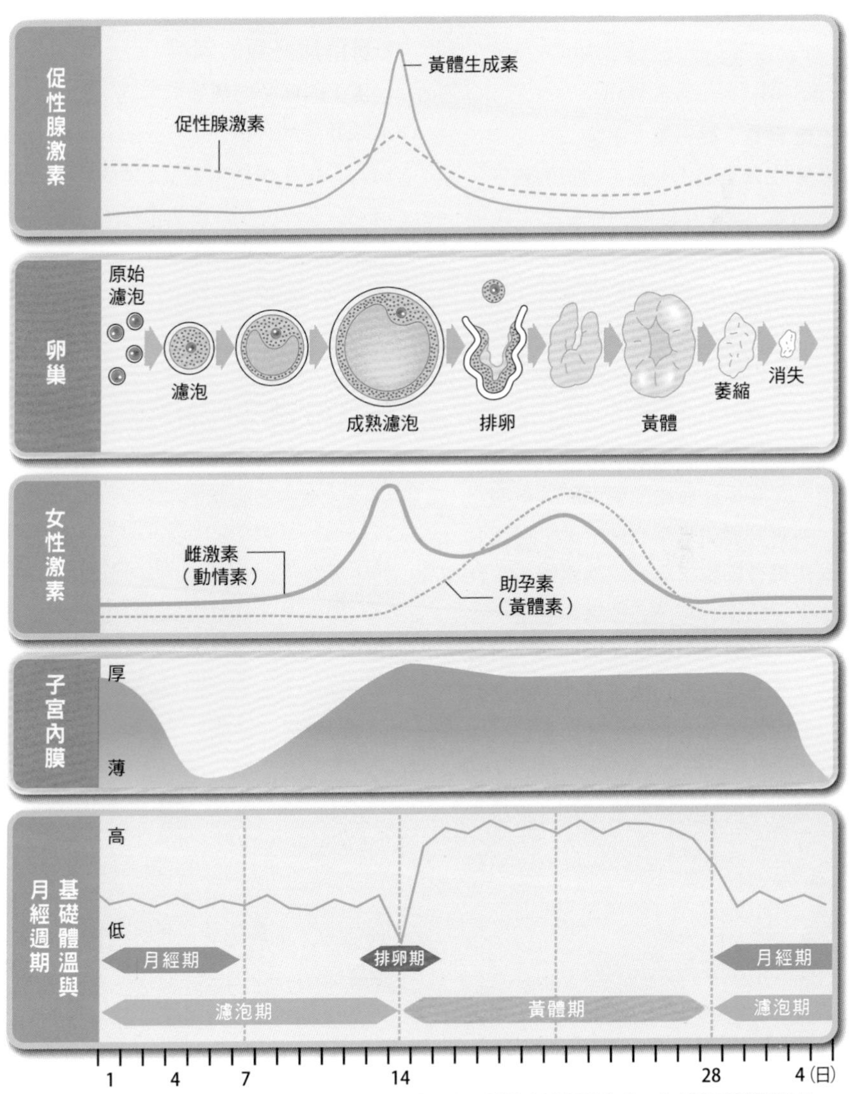
促性腺激素
黃體生成素
促性腺激素
卵巢
原始濾泡
濾泡
成熟濾泡
排卵
黃體
萎縮
消失
女性激素
雌激素（動情素）
助孕素（黃體素）
子宮內膜
厚
薄
基礎體溫與月經週期
高
低
月經期
排卵期
月經期
濾泡期
黃體期
濾泡期
1
4
7
14
28
4（日）

持續低體溫（低溫期）的最後一天為排卵日。排卵後，體溫立即慢慢上升。如果基礎體溫穩定，只要從體溫上升的那一天開始計算，大約13～14天後月經便會再次來潮。

受精與妊娠機制

抵達輸卵管壺腹部的精子當中，只有一個與卵子結合並成為受精卵。受精卵著床於子宮內膜。

精子克服種種難關 成功與卵子結合受精

位置 **卵巢、輸卵管、子宮**

構造 從**陰莖**射出並進入陰道的**精子**，數量高達1億～4億個，但是要從**陰道**進入**子宮**並到達**輸卵管壺腹部**，必須經過重重難關。

大部分的精子會遭到**子宮頸**黏膜和**子宮內膜**的白血球攻擊而滅亡，能夠順利抵達輸卵管壺腹部的精子，大約只剩下50～200個。

精子克服種種難關來到輸卵管壺腹部後，便會將**卵子**團團包圍。卵子周圍有一層由**顆粒細胞**組成的銅牆鐵壁，想進入卵子，精子必須同心協力除去這層屏障。從一個精子的頭部接觸到卵子的瞬間，到僅有頭部進入卵子當中，**受精**過程就算完成，接著精子與卵子便結合成**受精卵**。

此時卵子的表面會覆蓋一層**受精膜**，防止其他精子入侵。

● **受精與妊娠的過程**

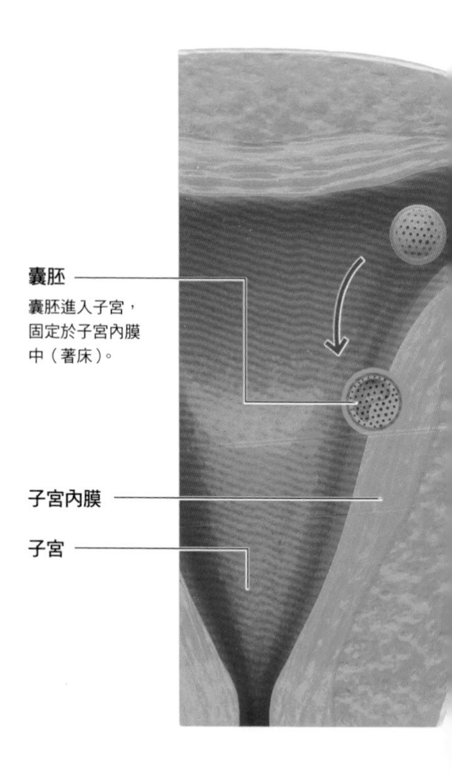
囊胚
囊胚進入子宮，固定於子宮內膜中（著床）。
子宮內膜
子宮

受精卵不斷分裂 從輸卵管進入子宮著床

功能 受精的卵子成為受精卵後，藉由輸卵管內壁的纖毛緩緩向子宮移動。

移動過程中，受精卵不斷分裂增生，從一個分裂為2個、4個、8個，達到16個以上的細胞時，此時的狀態便稱為**桑椹胚**。

受精卵繼續分裂增生，當細胞數達到64～128個時，細胞會往受精卵四周集中，形成中空構造的**囊胚**。囊胚抵達子宮後，嵌入子宮內膜中，這樣的狀態稱為**著床**。從受精到著床完成，大約需要一個星期。

受精卵著床之處會形成**胎盤**。胎盤既是呼吸器官、供應營養素的器官，同時也是排泄器官。一個受精卵就這樣慢慢地成長為**胎兒**。

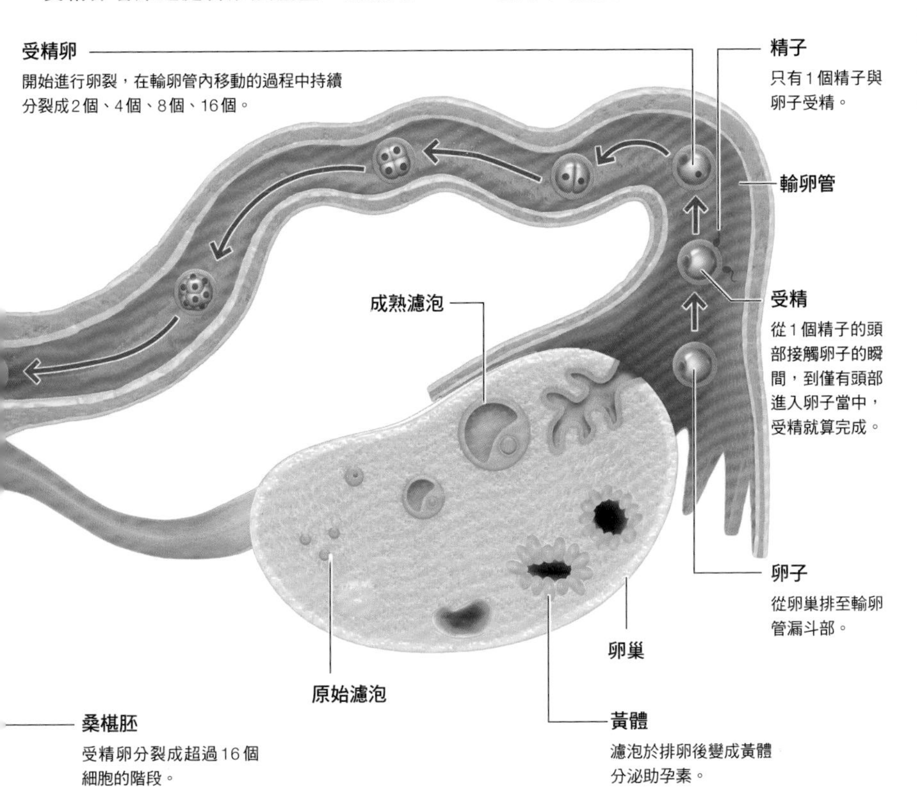
受精卵
開始進行卵裂，在輸卵管內移動的過程中持續分裂成2個、4個、8個、16個。
精子
只有1個精子與卵子受精。
輸卵管
受精
從1個精子的頭部接觸卵子的瞬間，到僅有頭部進入卵子當中，受精就算完成。
成熟濾泡
卵子
從卵巢排至輸卵管漏斗部。
卵巢
原始濾泡
桑椹胚
受精卵分裂成超過16個細胞的階段。
黃體
濾泡於排卵後變成黃體分泌助孕素。

同卵雙胞胎與異卵雙胞胎

一般來說，一個卵子只能與一個精子結合，形成一個受精卵，然後細胞不斷分裂增生。但是受精卵若分裂成兩個，便會發育成同卵雙胞胎。同卵雙胞胎由於擁有相同的基因，因此擁有相同的血型和性別。

另一方面，當兩個卵子分別與兩個精子結合，形成兩個受精卵時，則發育成異卵雙胞胎。就如同兄弟姊妹般，擁有不同的基因，因此性別、血型、長相可能相同，但也可能大不同。

胎兒的成長

受精卵經由臍帶，從胎盤獲取氧氣和營養素，歷經胎芽、胚胎階段後發育成胎兒，約40週誕生。

胎盤的臍帶連接母體與胎兒

位置 **子宮**內

構造&功能 剛受精完成的**受精卵**只有0.2公釐大小，但**著床**時已經長大至1公釐左右。

受精卵著床後，**母體**與**胎兒**間的物質交換，全仰賴連接**胎盤**與胎兒的**臍帶**。臍帶內有兩條**臍動脈**和一條**臍靜脈**通過。胎盤透過臍帶運送氧氣和營養，讓小小的受精卵慢慢長大成人。

妊娠第四週時，受精卵發育成胎芽，已看得出**頭**、**手腳**等部位。第七週之前稱為**胚胎**，第八週後才稱為胎兒。

在胎兒這個階段，80％的**腦**和**脊髓**已經形成，四肢具有鑑別度，**心臟**和**腎臟**等臟器也已經成形，具備完整的全身**骨架**。第十六週後，容貌清楚可見；到了第三十週時，胎兒已經是完整的人。

激素促使子宮收縮引起分娩陣痛

構造&功能 胎兒在充滿**羊水**的**羊膜**中成長，進入第三十週後，胎兒開始改成頭部朝下、臀部朝上的姿勢，並且慢慢往下降，默默地為出生做準備。

當胎兒發育成熟後，母親的**腦下垂體**分泌**催產素**，促使子宮肌肉收縮並引起陣痛。胎兒隨著陣痛被擠出子宮，然後通過**陰道**分娩出來。一般來說，胎兒的頭部先娩出，但有時卻是腳或臀部先娩出，這樣的情況稱為「臀位分娩」。

胎兒娩出後，胎盤隨後自動剝離並排出，整個分娩過程即算大功告成。分娩過後，子宮收縮，腦下垂體分泌激素，促使**母乳**分泌。

產後胎盤、臍帶再利用

胎兒的成長需要透過胎盤，從母體獲取氧氣和營養素，而連接胎兒和胎盤的管狀組織便是臍帶。臍帶內有兩條臍動脈和一條臍靜脈通過。

分娩後，胎盤會自動從母體剝離，助產人員也會協助剪斷臍帶。胎盤和臍帶儘管結束了臟器功用，但其實還能再次活用在臨床醫療上。

例如自臍帶採集的臍帶血中，即富含了造血幹細胞（負責製造血液的定形成分，也就是血球），可用於日後治療疾病所需，進行臍帶血移植。另外，取人類胎盤萃取物製成的注射劑，也可用於治療肝臟疾病或婦科疾病。

● 胎兒的成長

● 胎兒的模樣

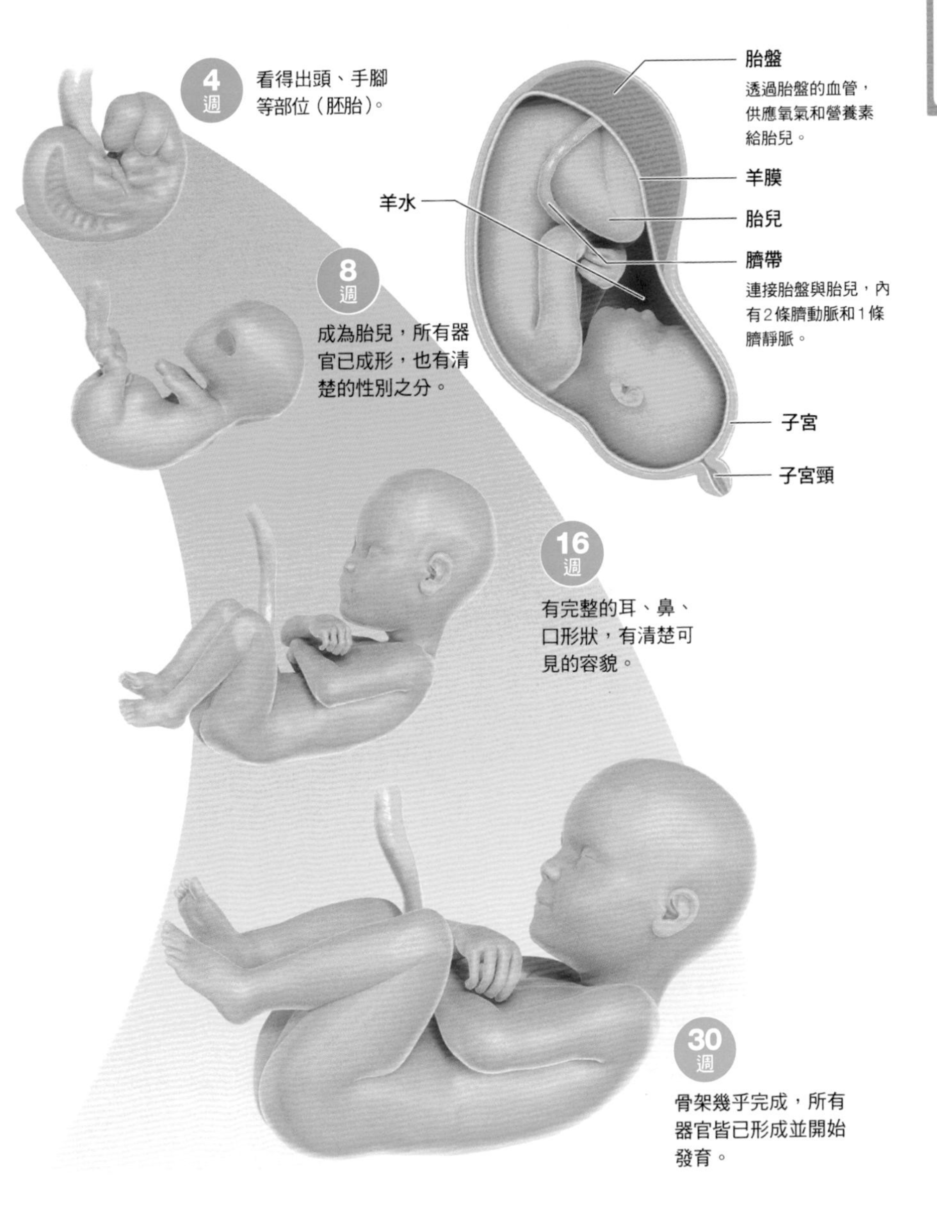
4 週
看得出頭、手腳
等部位（胚胎）。
8 週
成為胎兒，所有器
官已成形，也有清
楚的性別之分。
16 週
有完整的耳、鼻、
口形狀，有清楚可
見的容貌。
30 週
骨架幾乎完成，所有
器官皆已形成並開始
發育。
胎盤
透過胎盤的血管，
供應氧氣和營養素
給胎兒。
羊膜
羊水
胎兒
臍帶
連接胎盤與胎兒，內
有2條臍動脈和1條
臍靜脈。
子宮
子宮頸

乳房的構造

乳房的中央部位有色素沉澱、顏色比皮膚深的乳暈，乳暈中間隆起的部分為乳頭。

雌激素與助孕素作用之下 乳房於青春期開始發育

位置 乳房位於**胸骨**與**側胸部**之間，大約是**第三肋骨**至**第七肋骨**的高度。

構造 女性的**乳房**，在女性激素**雌激素**（**動情素**）的刺激下開始發育。覆蓋胸大肌的**胸大肌肌膜**，其表層上的**乳腺**也會隨著**脂肪組織**一起膨脹。

乳房近乎中央的部位有色素沉澱，且顏色比皮膚深，稱為**乳暈**，乳暈中間隆起的部分即**乳頭**。

女性進入青春期後，連接乳腺的**乳管**在雌激素刺激下開始發育。另一方面，在**助孕素**（**黃體素**）刺激下，**腺泡**也開始成長。

乳房有90%為脂肪組織，剩下的10%為**乳腺組織**。乳腺負責分泌**乳汁**，乳腺末端形成**乳小葉**，乳小葉由**乳腺細胞**聚集的腺泡所組成。由乳腺組織延伸至乳房部的乳管則是輸送乳汁的通道，乳管膨脹部位稱為**輸乳竇**，可於哺乳期間儲存乳汁。

乳管於**乳頭部**形成**乳頭管**，開口處為**乳小孔**。

激素刺激進入授乳期 促使乳腺製造乳汁

功能 乳腺深受女性激素影響。當女性未妊娠時的**月經**來潮至**排卵**期間，以及**退乳後**，乳腺即進入靜止期。

乳小葉在**妊娠期**變得活躍，隨預產期接近開始分泌乳汁。**腦下垂體**於**授乳期**分泌促進乳汁分泌的激素**泌乳素**，而乳腺在激素的刺激下開始大量製造乳汁。

當女性哺育嬰兒時，藉由嬰兒吸吮乳頭的動作，促使乳頭周圍的肌肉組織收縮，儲存於輸乳竇的乳汁便經由乳頭的開口乳小孔流出。

若輸乳竇裡沒有乳汁時，蓄積於腺泡裡的乳汁便移動至輸乳竇。

為什麼乳癌細胞會快速擴散與轉移？

乳房集結許多淋巴管，周圍也有腋淋巴結、胸肌腋窩淋巴結、外側腋窩淋巴結、內乳淋巴結、鎖骨上淋巴結等不少的淋巴結。流經乳房的淋巴液，多是經由淋巴結匯集於腋淋巴結。

因此罹患乳癌時，癌細胞容易經由淋巴液移轉至腋淋巴結。

當腋淋巴結內的淋巴液流往全身時，癌細胞可能隨之移轉至肺、骨骼等其他臟器和組織。

● 乳房的構造

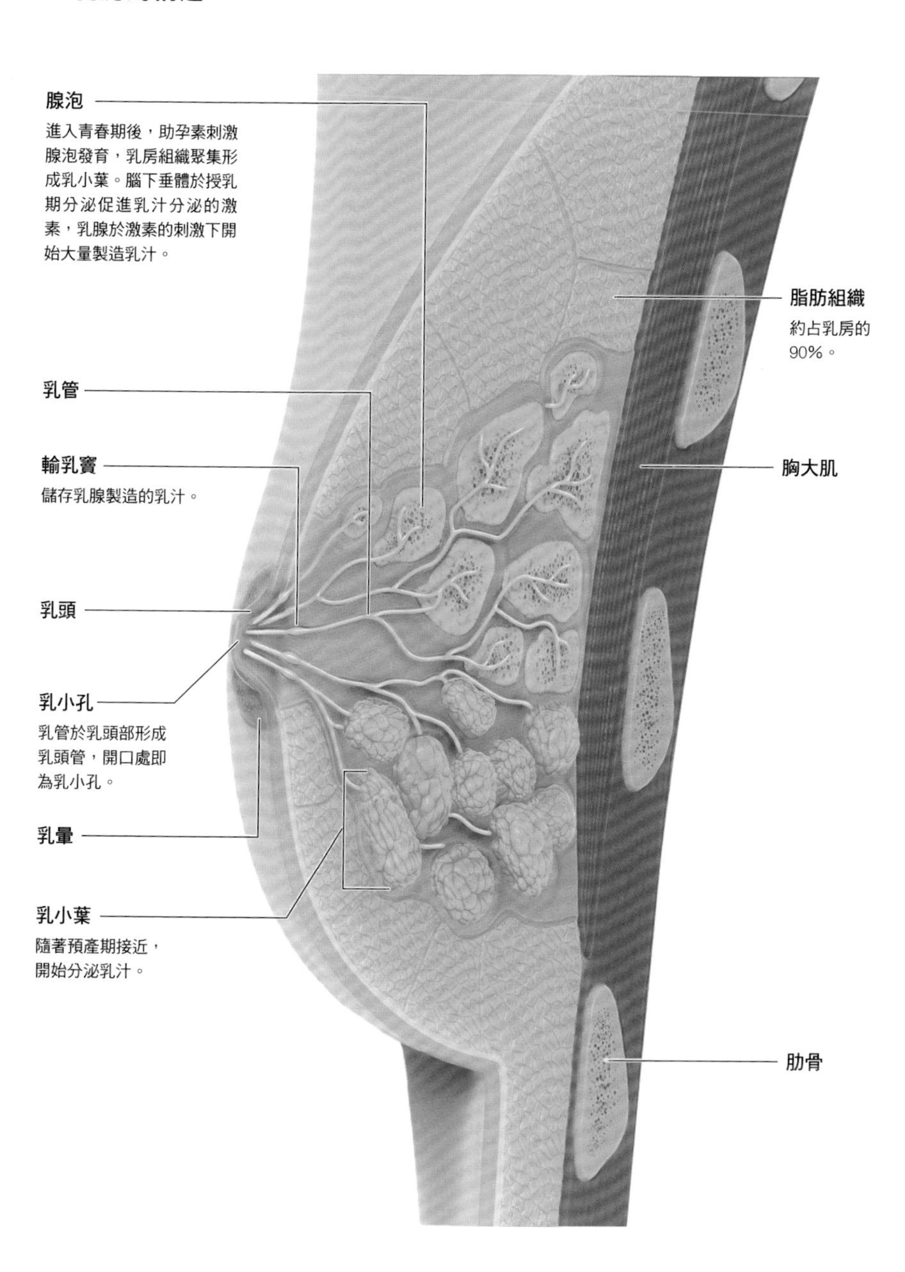
腺泡
進入青春期後，助孕素刺激腺泡發育，乳房組織聚集形成乳小葉。腦下垂體於授乳期分泌促進乳汁分泌的激素，乳腺於激素的刺激下開始大量製造乳汁。
乳管
輸乳竇
儲存乳腺製造的乳汁。
乳頭
乳小孔
乳管於乳頭部形成乳頭管，開口處即為乳小孔。
乳暈
乳小葉
隨著預產期接近，開始分泌乳汁。
脂肪組織
約占乳房的90%。
胸大肌
肋骨

激素的功用

激素負責維持身體環境的穩定，促進或抑制器官、細胞、組織的功能。

訊息傳導物質 維持身體的穩定

位置 全身

構造 人體的**神經系統、內分泌系統、免疫系統**彼此緊密結合且息息相關，共同維持體內環境的穩定。此即人體的**恆定性**（**體內恆定機制**）。

內分泌系統的訊息傳導物質是**激素**，換句話說，激素是**內分泌腺**分泌的化學物質。激素隨著**血液**和**淋巴液**前往標的器官、細胞和組織，負責維持其功能的穩定運作，並且視情況加以促進或抑制功能。

舉例來說，當人體需要激素時，**下視丘**分泌**釋放激素**至**腦下垂體**，腦下垂體受到刺激後，再分泌**促激素**，使特定的內分泌腺分泌所需的激素。

內分泌腺固定存在於體內某些部位，而各內分泌腺分泌的激素量與分泌時間，均由下視丘負責掌控。

人體內共有超過百種的激素 每種激素各有其功能

功能 目前已知的激素種類有100多種，均由**腺體細胞**負責製造。激素的分泌與抑制取決於血液中的激素濃度，而且各種激素各有其負責的功能。

分泌激素的器官組織，包含下視丘、腦下垂體、**松果體**、**甲狀腺**、**胸腺**、**腎上腺**、**胰臟**、**腎臟**、**睪丸**、**卵巢**等，各自分泌不同功能的激素。

下視丘分泌**促腎上腺皮質素釋放激素**等釋放激素，腦下垂體分泌促使成長的**生長激素**，胰臟分泌降低血糖值的**胰島素**與升高血糖值的**升糖素**，**腎上腺皮質**分泌使血壓上升的**腎上腺素**和**正腎上腺素**，睪丸分泌**雄激素**和**睪固酮**、卵巢分泌女性激素的**雌激素**（**動情素**）和**助孕素**（**黃體素**）等。激素非常重要，擔負維持生命活動、成長、生殖功能等重責大任。

守護女性健康的激素

女性進入青春期後，腦下垂體開始分泌濾泡刺激素，卵巢在刺激素的刺激下，開始分泌大量女性激素的雌激素（動情素）。

女性在雌激素的作用之下，身體逐漸變得圓潤起來，乳房、子宮、卵巢、陰道等生殖器官也開始發育，為接下來的妊娠和生產階段做足準備。

不僅體內發育，女性激素也會對外表塑造提供重要的貢獻，使頭髮充滿光澤，皮膚看起來水嫩、富含彈力。

● 主要的內分泌腺位置與分泌激素

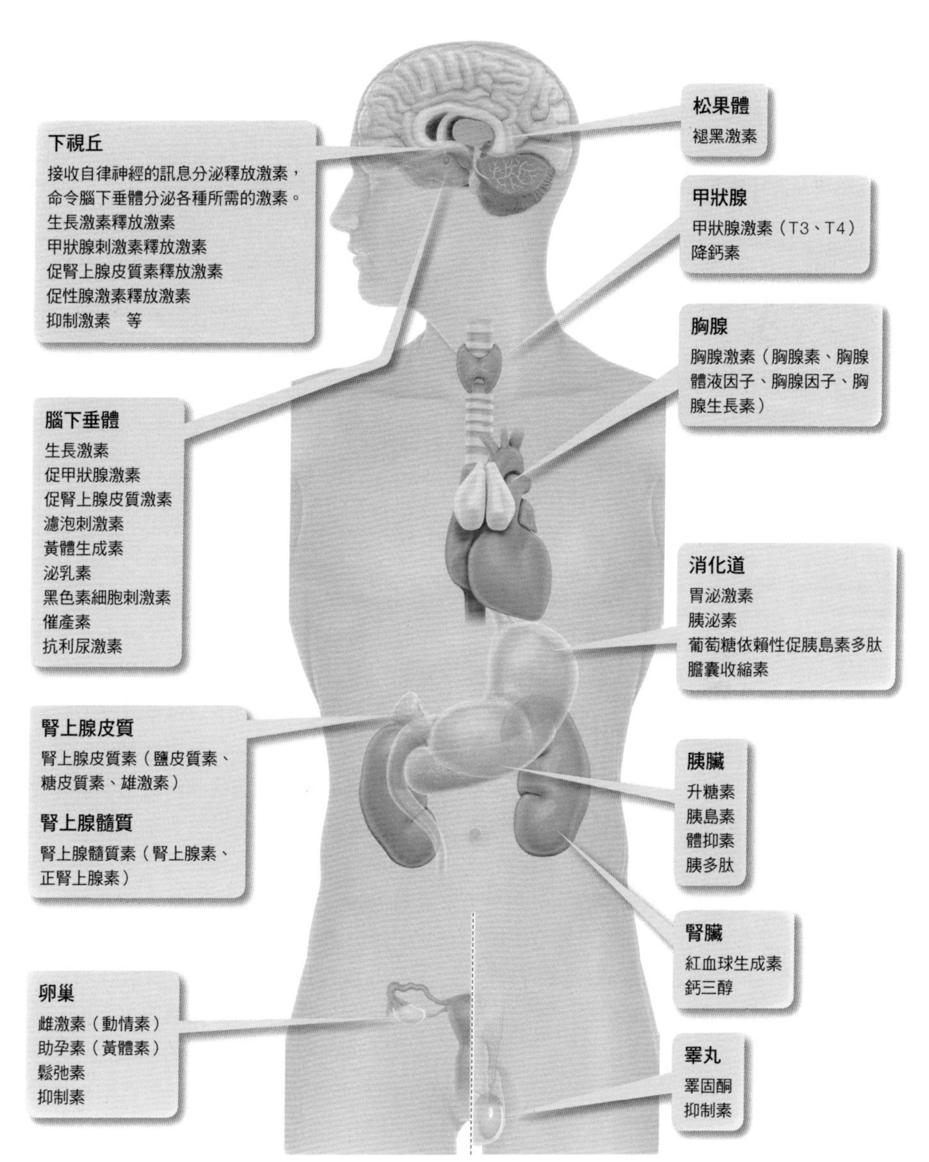
下視丘
接收自律神經的訊息分泌釋放激素，命令腦下垂體分泌各種所需的激素。
生長激素釋放激素
甲狀腺刺激素釋放激素
促腎上腺皮質素釋放激素
促性腺激素釋放激素
抑制激素　等
腦下垂體
生長激素
促甲狀腺激素
促腎上腺皮質激素
濾泡刺激素
黃體生成素
泌乳素
黑色素細胞刺激素
催產素
抗利尿激素
腎上腺皮質
腎上腺皮質素（鹽皮質素、糖皮質素、雄激素）
腎上腺髓質
腎上腺髓質素（腎上腺素、正腎上腺素）
卵巢
雌激素（動情素）
助孕素（黃體素）
鬆弛素
抑制素
松果體
褪黑激素
甲狀腺
甲狀腺激素（T3、T4）
降鈣素
胸腺
胸腺激素（胸腺素、胸腺體液因子、胸腺因子、胸腺生長素）
消化道
胃泌激素
胰泌素
葡萄糖依賴性促胰島素多肽
膽囊收縮素
胰臟
升糖素
胰島素
體抑素
胰多肽
腎臟
紅血球生成素
鈣三醇
睪丸
睪固酮
抑制素

攝護腺肥大症

原因

攝護腺最內側部分的腺體增生肥大，造成排尿困難。年齡增長是主因，半數以上的病例發生在中高齡男性身上。

症狀

因攝護腺肥大壓迫尿道，主要症狀有排尿不順（排尿困難）、排尿次數增加（頻尿）、排尿不乾淨（餘尿感）、有尿意卻排不出來（排尿慢）、尿意猛然來襲而來不及上廁所（尿失禁）等。如果一直未能適當處理排尿問題，恐誘發腎功能衰退的腎衰竭或腎臟浮腫的水腎等疾病。

診斷與檢查

醫師會針對患者的排尿狀況評估，並依據是否影響日常生活來判斷症狀輕重。

攝護腺肥大症的檢查方式，包括直腸指診、超音波檢查。直腸指診是以一根手指伸進肛門，越過直腸壁後觸診攝護腺，約略瞭解攝護腺的硬度與肥大程度。透過超音波檢查，則可以進一步確認攝護腺的形狀、肥大程度、是否有癌病變現象。必要時依情況，進行尿流速率檢查、尿沉渣檢查，以及是否罹患攝護腺癌的PSA（攝護腺組織的特異性抗原）檢查。

治療

治療方式包含藥物治療與手術治療。

甲型交感神經阻斷劑可舒緩攝護腺與尿道旁的肌肉，促使排尿順暢。這種藥物屬

● 攝護腺肥大症

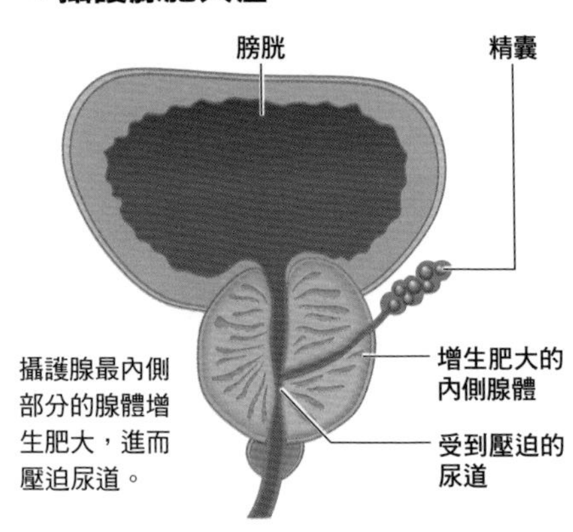
膀胱
精囊
攝護腺最內側部分的腺體增生肥大，進而壓迫尿道。
增生肥大的內側腺體
受到壓迫的尿道

於降血壓藥劑，可能會產生起身頭暈、眩暈、頭痛等副作用。服用激素抑制劑，可減少雄激素分泌，阻止攝護腺組織增生。但是這種藥物恐有性慾降低、勃起功能障礙、乳房女性化等副作用。

手術方面包含TURP（經尿道攝護腺刮除術），基本原理為透過內視鏡經由尿道，以電刀刮除肥大的攝護腺組織。手術時間約1.5小時，必須住院5天至1週。手術後的副作用包含逆行性射精（射精時，精液從攝護腺直接進入膀胱內）、尿失禁、血尿、排尿困難。

另外還有HoLEP（鈥雷射攝護腺切割術）、HoLAP（鈥雷射攝護腺汽化術）等術式。兩種術式都是將內視鏡插入尿道，HoLEP是利用鈥雷射切割肥大的內側腺體，而HoLAP則是利用鈥雷射汽化凝固內側腺體。這兩種手術時間大約1～2小時，必須住院3～5天。

生殖器官容易受到性激素的影響。尤其女性進入更年期後，容易因為女性激素分泌減少，進而引發各種身心症狀。

乳癌

●原因

乳癌發生原因之一，可能是以動物性脂肪為主的西方飲食習慣所致。另外，多數乳癌病例與女性激素的雌激素（動情素）相關，雌激素促使癌細胞增生。

當女性懷孕或停經後，雌激素的分泌會逐漸減少。但是近年來，由於初經普遍提早報到，以及高齡產婦與不生產的女性人數逐漸增加，雌激素分泌的期間相對以往更長，恐會造成罹患乳癌的風險提高。

另外，肥胖、飲酒過量、遺傳，也都是誘發乳癌的危險因子。

●症狀

日本每年有將近5萬人罹患乳癌，其中約1萬2千人因乳癌病逝。

乳癌的主要症狀為乳房腫塊，其他還有乳頭異常的帶血分泌物、乳房痛、乳房皮膚凹陷、紅腫等。

發炎性乳癌的特徵之一是乳房皮膚有橘皮樣變化，伴隨發熱、疼痛。

如果癌細胞隨淋巴液轉移至腋淋巴結等乳房周圍的淋巴結，則會出現腋下腫塊、手臂發麻等症狀。

●診斷與檢查

一般問診時，醫師會詢問初經年紀、停經年齡、月經狀況、月經週期等相關問題。

透過視診、觸診等方式，檢查有無腫塊或淋巴結腫脹。疑似乳癌時，進一步進行乳房攝影、超音波檢查。

●治療

乳房腫瘤的直徑若小於3公分，可施行乳房保留手術，僅切除病灶以及周圍的部分組織。

如果癌細胞轉移至淋巴結，或疑似有轉移現象時，則須切除乳房，並追加腋下淋巴結廓清術，切除癌細胞轉移（或疑似）的腋下淋巴結。

為避免再次復發，通常術後需要接受化學治療，搭配數種抗癌藥物一起使用。

化學治療的主要副作用是併發感染症，這是因為抗癌藥物會產生某種程度的骨髓抑制，導致白血球數量減少。除此之外，也可能出現掉毛、噁心、味覺障礙、口腔潰爛、便祕或腹瀉、手腳發麻、浮腫、疲倦、關節痛等症狀。

若是激素依賴性乳癌的情況，可採用激素治療法，抑制雌激素作用在癌細胞。搭配使用抗癌藥物和只攻擊癌細胞的分子標靶藥物，以及消滅致癌基因的放射線治療等，都是目前能有效治療乳癌的方法。

更年期障礙

●原因

更年期障礙的主要原因是女性激素的分泌減少，女性激素包含雌激素（動情素）和助孕素（黃體素）。一般來說，下視丘會下達指令給腦下垂體，腦下垂體再進一步刺激卵巢分泌女性激素。

進入更年期後，女性激素的分泌減少；下視丘為了提升激素的分泌，處於過度旺盛的狀態。

下視丘是自律神經的中樞，一旦過度旺盛，容易引起自律神經失調，從而產生熱潮紅、盜汗等身體症狀。另外，控制情緒的大腦邊緣系統也因為受到影響，進而出現精神方面的症狀。

女性激素減少，再加上一絲不苟的完美主義個性、小孩成人離家後的環境變化、人際關係，以及經濟關係等等壓力，更年期障礙便容易找上身。

●症狀

更年期是指卵巢功能衰退，女性激素的分泌驟然減少，月經逐漸趨於停止，終至卵巢不具功能的過渡期。以日本人來說，平均50歲左右停經，停經前後共10年的這段期間稱為更年期。

更年期會出現各種身心症狀，程度和種類因人而異，但主要有臉部和上半身突然發熱的熱潮紅、盜汗、倦怠、喘不過氣、心悸、頭暈、肩頸僵硬、腰痛、手腳發冷等身體症狀。

至於精神症狀則包含焦躁、抑鬱、心情沮喪、凡事提不起勁等。另外可能有注意力無法集中、沒有思考能力、不安、失眠等症狀。

●診斷與檢查

通常以問診為主，依情況進行激素量表評估或心理健康檢測。

●治療

更年期障礙的主要治療方式為藥物治療。

激素補充療法主要是補充雌激素。但因為容易引起子宮癌，通常會合併使用黃體素以降低癌症發生的風險。

精神症狀較嚴重的患者，可服用抗憂鬱藥物、抗焦慮藥物、安眠藥等。

至於症狀較輕、雌激素未驟然減少，亦不適合接受激素補充療法的患者，不妨接受中醫治療，中藥較溫和且藥效穩定。

更年期可以說是人生的折返點，而非障礙，女性應該利用這個機會重新審視自己的生活習慣、做事方法、思考模式，並且加以改善。

只要多留意攝取均衡的飲食，適度運動防止肥胖，防止骨量和肌肉量減少，找到抒發壓力的方法，適時調整心境。就算進入更年期，也能放鬆作自己。

資　料

人體資料庫

●細胞與基因

・細胞

細胞　大小：平均約3μm
　壽命：紅血球 約120天、白血球 約9天、血小板 約10天、皮膚約28天

・DNA

人類的DNA　數量：21,787個（估計值）

●腦與神經

・腦

腦　重量：男性 1,350～1,400g
　女性 1,200～1,250g
　血流量：1分鐘約750mℓ
　耗氧量：約全身的20%

大腦　長度：長邊 約16～18cm
　短邊 約12～14cm

大腦皮質　厚度：約2～5mm
　表面積：2,000～2,500cm²（約1張報紙大）

神經細胞　數量：1千數百億個

小腦　重量：男性平均 約135g
　女性平均 約122g

・脊髓

脊髓　長度：約44cm
　直徑：約1～1.5cm
　重量：約25g

腦脊髓液　總量：約100～150mℓ

●感覺器官

・眼睛

眼球　直徑：平均約24mm
　前後長度：平均約23～25mm
　重量：約7～8g

視神經　數量：錐細胞 約600萬個
　桿細胞 約1億1千萬～1億3千萬個

視野（兩眼）　角度：左右 約200度
　上方 約50度
　下方 約70度

・耳朵

外耳道　長度：約2～3cm
　直徑：約6mm

鼓膜　長邊：約8～9mm
　短邊：約8mm
　厚度：約0.1mm

耳蝸　長度：全長約35mm

內耳　毛細胞數量（單耳）：約24,000個

・鼻子

嗅細胞　數量：約5千萬個

・舌頭

舌頭　長度：約7cm
　寬度：約5cm
　厚度：約2cm

唾液　分泌量：1天約1,000～1,500mℓ

味蕾　數量：約10,000個

長度：約70μm

寬度：約20～40μm

●呼吸器官

・咽部、喉部

咽部　長度：約12～15cm

喉部　長度：男性 約4cm，女性 約3cm

聲帶　長度：男性 約4cm，女性 約1.5cm

・氣管、支氣管

氣管　長度：約10～11cm

主支氣管　長度：右主支氣管 約3cm

左主支氣管 約4～6cm

・肺

肺臟　重量：男性 約1,060g

女性 約930g

肺活量　男性 約3,000～4,000mℓ

女性 約2,000～3,000mℓ

呼吸　次數：1分鐘15～20次

一次吸氣量：約400～500mℓ

肺泡　數量（兩肺）：約6億個

面積：攤平約60～70㎡

●循環器官

・心臟

心臟　長邊：約14cm

短邊：約10cm

厚度：約8mm

重量：約250～300g

心跳　次數（安靜時）：

成年男性 約62～72次

成年女性 約70～80次

血液量：1分鐘輸出量約5ℓ

體循環　全身一圈：20～30秒

肺循環　一圈：3～4秒

冠狀動脈　血液量：約全身血液的1/20

・血管

血管　全長：約90,000km

血流　速度：升主動脈 60～100cm/s

降主動脈 20～30cm/s

微血管　速度：0.5～1cm/s

・血液

紅血球　直徑：約7.7μm

厚度：約2μm

數量：約25兆個

白血球　直徑：嗜中性白血球 約14μm

淋巴球 約10～14μm

單核球 約16～17μm

嗜酸性白血球 約15μm

嗜鹼性白血球 大小不一

血小板　直徑約2～3μm

厚度：約1μm

數量：1兆個以上

脾臟　長度：約10cm

厚度：約2.5cm

寬度：約7cm

重量：約100g

●消化器官

・上消化道

食道　長度：約25cm

通過速度：液體0.5～1秒

固體6～7秒

胃　長度：胃大彎 約42～49cm

胃小彎 約13～15cm

容量：1.5ℓ

胃液分泌量：1天1.5～2.5ℓ

・下消化道

十二指腸　長度：約25cm

直徑：約4cm

小腸　長度（生理）：約3m

直徑：約4cm

絨毛長度：約1mm

厚度：約0.1～0.3mm

攤平面積：約200㎡

大腸　長度：約1.5m
腸內細菌：100兆個
排便量：1天約150～200g

・**相關臟器**

肝臟　重量：約1,000～1,200g

膽囊　長度：約7～10cm
寬度：約2.5～3.5cm
容量：約40～70mℓ
膽汁：1天約500mℓ

胰臟　長度：約15cm
重量：約70～100g
胰液：1天約800～1,500mℓ

●泌尿器官

腎臟　長度：約11cm
寬度：約5cm
厚度：約5.5cm
重量：約130g
血液量：1分鐘800～1,000mℓ
尿液量：1天約1.5ℓ

輸尿管　長度：約28～30cm
直徑：約4～7mm

膀胱　容量：約500～600mℓ
感覺尿意的容量：約250～300mℓ

尿道　長度：男性 約16～20cm
女性 約4cm

●運動器官

骨骼　全身骨骼數量：206塊
重量：約體重的1/5

肌肉　全身肌肉數量：600塊以上
骨骼肌數量：約400塊以上
骨骼肌重量：約體重的1/2

●生殖器官

・**男性生殖器官**

陰莖　長度（放鬆時）：約8cm
周長（放鬆時）：約8cm
龜頭長度：約3cm
龜頭周長：約9cm

睪丸　長度：約4～5cm
容量：約8mℓ

精囊　長度：約5cm
寬度：約2cm
厚度：約1cm
容量：約10～15cm³

精子　長度：約50～70μm
一次射精數量：約1億～4億個
受精能力：射精後約30小時～3天

輸精管　長度：約50cm

攝護腺　長度：約2.5cm
寬度：約4cm
重量：約20g

・**女性生殖器官**

卵巢　長度：約2.5～4cm
寬度：約1.2～2cm
厚度：約1cm
重量：約6g

輸卵管　長度：約10～15cm
峽部長度：約3～5cm
壺腹部長度：約6～10cm

卵子　直徑：約0.1～0.2mm
受精能力：排卵後24小時

子宮　非妊娠時的長度：約7～8cm
寬度（最大）：約4cm
厚度：約3cm
重量：約40～65g
妊娠末期的長度：約36cm
重量：約1,000g

陰道　長度：約10cm

索引

英文

1畫

2畫

3畫

4畫

5畫

6畫

7畫

8畫

9畫

10畫

11畫

12畫

13畫

14畫

參考文獻

- 大野忠雄，黒澤美枝子，他 共訳『トートラ 人体の構造と功能 第２版』丸善
- 坂井建雄 監訳『プロメテウス解剖学 コア アトラス』医学書院
- 越智淳三 訳『解剖学アトラス』文光堂
- 松村譲兒 著『人体解剖ビジュアル からだの仕組みと病気』医学芸術社
- 青山弘 訳『人体カラーアトラス』総合医学社
- 小橋隆一郎 監訳『ヒューマン・ボディ <からだと病気>詳細図鑑』主婦の友社
- 岡野栄之 著『ほんとうにすごい！ iPS細胞』講談社
- Newton 別冊『iPS細胞 第2版』ニュートン プレス

監修

梶原 哲郎

東京女子醫科大學名譽教授

1962年日本新瀉大學醫學部畢業。曾任職於社會保險埼玉中央醫院、東京女子醫科大學附屬第二醫院，1983年擔任東京女子醫科大學附屬第二醫院外科教授，1988年兼任藤田學園保健衛生大學教授，1998年擔任東京女子醫科大學第二醫院副院長，現為輪生會白山大道醫療機構常任理事。

東京女子醫科大學任職期間，致力推動活化淋巴球的抗癌療法，已在輪生會白山大道醫療機構獲得不錯的治療成效。

封面插畫　飯島貴志〈(株) バックボーンワークス〉

內文插畫　金井裕也　(株) バックボーンワークス　(有) メディカル愛（50 音順）

封面設計　福井信明〈HOPBOX〉

內文設計　HOPBOX

編集　トゥー・ワン・エディターズ

UTSUKUSHII JINTAI ZUKAN

Copyright © 2013 KASAKURA PUBLISHING CO. LTD.

All rights reserved.

Originally published in Japan by KASAKURA PUBLISHING CO. LTD.,
Chinese (in traditional character only) translation rights arranged with
KASAKURA PUBLISHING CO. LTD., through CREEK & RIVER Co., Ltd.

透視人體圖鑑

人體系統全彩導覽手冊

出　　版／楓葉社文化事業有限公司
地　　址／新北市板橋區信義路163巷3號10樓
郵 政 劃 撥／19907596　楓書坊文化出版社
網　　址／www.maplebook.com.tw
電　　話／02-2957-6096
傳　　真／02-2957-6435
翻　　譯／龔亭芬
責 任 編 輯／江婉瑄
內 文 排 版／楊亞容
總　經　銷／商流文化事業有限公司
地　　址／新北市中和區中正路752號8樓
網　　址／www.vdm.com.tw
電　　話／02-2228-8841
傳　　真／02-2228-6939
港 澳 經 銷／泛華發行代理有限公司
定　　價／350元
初 版 日 期／2019年3月

國家圖書館出版品預行編目資料

透視人體圖鑑 / 梶原哲郎監修 ; 龔亭芬譯
. -- 初版. -- 新北市 : 楓葉社文化,
2019.03　面 ;　公分

ISBN 978-986-370-191-0（平裝）

1. 人體解剖學　2. 人體生理學　3. 人體學

397　　　107023654